北美典型页岩油气藏开发特征丛书

Marcellus 页岩气藏开发特征

于荣泽　张晓伟　胡志明　等著

石油工业出版社

内 容 提 要

　　本书对北美地区典型浅层—中深层巨型常压 Marcellus 页岩气藏截至 2020 年底完钻的 20000 余口页岩气井进行了系统全面分析，对页岩气水平井钻完井、分段压裂、开发指标和开发成本现状及发展趋势进行了详细论述。通过派生水垂比、平均段间距、加砂强度、用液强度、百米段长 EUR、百米段长压裂成本、建井周期、年产量递减率、百吨砂量 EUR 等系列标准指标阐述气藏开发特征和技术发展趋势。基于气藏开发特征数据，对水平段长、加砂强度和段间距等关键开发技术政策进行了分析论述。

　　本书适合从事页岩油气勘探开发的技术人员参考阅读，也可供相关专业高等院校师生参考。

图书在版编目（CIP）数据

Marcellus 页岩气藏开发特征 / 于荣泽等著 .—北京：石油工业出版社，2022.1

（北美典型页岩油气藏开发特征丛书）

ISBN 978-7-5183-5102-2

Ⅰ . ① M… Ⅱ . ① 于… Ⅲ . ① 油页岩 – 油气田开发 – 研究 Ⅳ . ① P618.130.8

中国版本图书馆 CIP 数据核字（2021）第 262058 号

出版发行：石油工业出版社

　　　　（北京安定门外安华里 2 区 1 号　　100011）

　　　　网　　址：www.petropub.com

　　　　编辑部：（010）64523537　　图书营销中心：（010）64523633

经　　销：全国新华书店

印　　刷：北京中石油彩色印刷有限责任公司

2022 年 1 月第 1 版　　2022 年 1 月第 1 次印刷

787×1092 毫米　开本：1/16　印张：14

字数：300 千字

定价：110.00 元

（如出现印装质量问题，我社图书营销中心负责调换）

《Marcellus 页岩气藏开发特征》
编 写 组

组　长：于荣泽

副组长：张晓伟　胡志明　董大忠

成　员：孙玉平　郭　为　端详刚　王玫珠　俞霁晨

　　　　李俏静　康莉霞　刘钰洋　高金亮　王　莉

　　　　周尚文　刘　丹　张　琴　武　瑾　张磊夫

　　　　梁萍萍　常　进

序

　　油气工业勘探开发领域正快速从占油气资源总量 20% 的常规油气向占油气资源总量 80% 的非常规油气延伸。非常规油气用传统技术无法获得工业产量、需要有效改善储层渗透率或流体黏度等新兴技术才能经济有效规模开采。继油砂、油页岩、致密气和煤层气等非常规油气资源规模有效开发后，借助水平井钻完井、体积压裂、工厂化作业等核心技术突破，页岩油气实现了规模有效开发并在全球范围内掀起了一场"黑色页岩革命"。页岩油气的规模有效开发具有三大战略意义：一是大幅延长了世界石油工业生命周期、突破了传统资源禁区；二是引发了油气工业科技革命，促进整个石油工业理论技术升级换代；三是推动了全球油气储量和产量跨越式增长，改变了全球能源战略格局。

　　我国非常规油气也取得了战略性突破，目前以四川盆地为重点，实现了海相页岩气规模有效开发。国内页岩气规模开发经历了合作借鉴、自主探索和工业化开发三大阶段。通过引进、吸收和自主创新，实现了海相页岩气直井、水平井、"工厂化"平台井组和"工厂化"作业跨越发展。以四川盆地埋深 3500m 以浅海相页岩为重点，2020 年全国累计探明页岩气储量超 $2.0 \times 10^{12} m^3$，实现页岩气产量 $200 \times 10^8 m^3$，其中中国石油在川西南长宁、威远和昭通等区块实现页岩气产量 $116 \times 10^8 m^3$，中国石化在川东涪陵、川南威荣等区块实现页岩气产量 $84 \times 10^8 m^3$。我国已成为除北美之外最大的页岩气生产国，页岩气也成为未来中国天然气增储上产的重要组成部分。

　　北美页岩油气资源丰富，开采条件优厚，在页岩油气理论、关键工程技术、作业管理模式等方面持续创新发展。美国能源信息署（EIA）数据显示，2020 年美国页岩气产量为 $7330 \times 10^8 m^3$，占其天然气总产量约 80%，致密油 / 页岩油产量 $3.5 \times 10^8 t$，占其原油总产量比例超 50%。北美页岩油气产量快速增长的同时也积累了海量油气井数据，可为我国页岩油气开发和学习曲线的建立提供参考借鉴。因此，系统剖析北美典型页岩油气开发特征必将有助于我国页岩油气勘探开发快速发展，促进页岩油气勘探开发理论技术进步，实现页岩油气产量快速增长。

《北美典型页岩油气藏开发特征丛书》共六册，分别为《Marcellus 页岩气藏开发特征》《Haynesville 深层页岩气藏开发特征》《Eagle Ford 深层页岩油气藏开发特征》《Barnett 页岩气藏开发特征》《Utica 页岩油气藏开发特征》和《Austin Chalk 页岩油气藏开发特征》。丛书对近 70000 口页岩油气井开发数据进行全面分析，信息涵盖水平井钻完井、分段压裂、生产动态、开发指标、开发成本及开发技术政策等。丛书作者由中国石油勘探开发研究院一直从事页岩油气开发的专业技术人员组成，丛书覆盖北美地区已开发典型页岩油气藏开发特征，类型包括浅层常压、中深层常压、中深层超压、深层超压和超深层页岩油气藏；数据分析系统全面，涉及钻完井、分段压裂、生产动态及开发成本全业务流程；开发趋势详实可靠，依托海量数据派生系列关键指标体系，多维度总结开发特征及发展趋势。

　　本次为《北美典型页岩油气藏开发特征丛书》作序，一方面是丛书信息全面、资料详实、内容丰富，涵盖页岩油气开发工程全业务流程。另一方面，我国页岩油气勘探开发进入了新阶段，重点转向海相深层和非海相页岩油气资源，相信《北美典型页岩油气藏开发特征丛书》的出版可为我国页岩油气资源的规模高效开发起到积极的推动作用。

中国科学院院士

丛书前言

页岩一般指层状纹理较为发育的泥岩，主要类型有：硅质泥岩、灰质白云质泥岩、生屑质泥岩等。按照沉积学的理论，页岩主要发育在水体较深，且比较安静的还原环境，如深水陆棚、大型湖盆中央等，往往富含有机质。通常都具页状或薄片状层理，其中混有石英、长石的碎屑以及其他化学物质。根据其混入物成分可分为钙质页岩、铁质页岩、硅质页岩、碳质页岩、黑色页岩、油母页岩等。其中铁质页岩可能成为铁矿石，油母页岩可以提炼石油，黑色页岩可以作为石油的指示地层。页岩形成于静水的环境中，泥沙经过长时间的沉积，所以经常存在于湖泊、河流三角洲地带，在海洋大陆架中也有页岩形成，页岩中也经常含有古代动植物的化石。

页岩油气是指富集在富有机质黑色页岩地层中的石油天然气，油气基本未经历运移过程，不受圈闭的控制，主体上为自生自储、大面积连续分布。页岩油气藏属于典型低孔极低渗油气藏，基本无自然产能，通常需要大规模储层压裂改造才能获得工业油气流。页岩油气藏基本特征包括：（1）页岩本身既是烃源岩又是储层，即自生自储型油气藏；（2）储层大面积连续分布，资源潜力大；（3）页岩储层具备低孔隙度和极低渗透率特征；（4）裂缝发育程度是页岩油气运移聚集经济开采的主要控制因素之一；（5）气井几乎无自然产能，通常需要大规模水力压裂措施才能获得工业油气流；（6）开发投资大、开采周期长，投资回收期长。

美国率先实现了页岩油气规模开发，在页岩气勘探开发理论认识、关键工程技术装备、管理模式等方面不断创新发展，在全球范围内掀起了一场"页岩油气革命"，带动了产业飞速发展。美国页岩油气也成为全球油气产量增长的主要领域，推动美国实现了能源独立。页岩油气革命突破了传统油气勘探理念，其内涵包括科技革命、管理革命、战略革命。科技革命以"连续型"油气聚集理论、水平井平台化开采技术为标志，将资源视野由单一资源类型扩展到烃源岩系统。管理革命实现将按圈闭部署开发扩展到按资源量体裁衣，低成本高效运行。战略革命将区域性能源影响扩展到全球性能源战略，助推美国实现能源独立。页岩油气革命的发展影响全球战略，重塑国际能源新版图。

美国最早实现了页岩油气资源的规模勘探开发，其境内发育多个页岩层系、分布范围广、页岩油气资源丰富。目前已经对本土48个州境内40多套页岩层系开展了勘探开发工作，已经规模开发的页岩油气藏包括Antrim、Bakken、Barnett、Eagle Ford、Fayetteville、Haynesville、Marcellus、Utica、Woodford等。已开发页岩油气藏从垂深上涵盖浅层、中深层和深层，从地层压力特征涵盖常压和超压页岩油气藏。页岩油气产量快速增长的同时也积累了海量页岩油气井开发数据，可为同类型页岩油气藏开发提供价值信息及学习曲线。《北美典型页岩油气藏开发特征丛书》共包含六册，分别为《Marcellus页岩气藏开发特征》《Haynesville深层页岩气藏开发特征》《Eagle Ford页岩油气藏开发特征》《Barnett页岩气藏开发特征》《Utica页岩油气藏开发特征》《Austin Chalk页岩油气藏开发特征》。其中Marcellus为巨型常压页岩气藏，垂深覆盖浅层和中深层。Haynesville为典型深层超压页岩气藏，垂深覆盖中深层、深层和超深层。Eagle Ford为深层超压页岩油气藏，垂深覆盖中深层和深层。Barnett为常压页岩气藏，垂深覆盖浅层和中深层。Utica为超压页岩油气藏，垂深覆盖中深层和深层。Austin Chalk为深层超压页岩油气藏，垂深覆盖中深层和深层。

丛书内容主要包括气藏概况、气藏特征、水平井钻完井、水平井分段压裂、开发指标、开发成本、开发技术政策和展望，基本涵盖了浅层常压、中深层常压、中深层超压和深层超压页岩油气藏的工程参数及开发指标，可为科研院所、油气公司等从事页岩油气研究的科研人员提供参考借鉴。丛书由中国石油勘探开发研究院一直从事页岩油气开发的专业技术人员编写。

本书在页岩油气藏概况及特征内容中引用了大量北美页岩油气勘探开发研究成果，在此一并感谢。丛书编写过程中难免有不足之处，敬请读者批评指正。

前　言

随着全球对清洁能源需求的持续扩大，天然气需求快速增长。油气勘探开发领域从占油气资源总量 20% 的常规油气向占油气资源总量 80% 的非常规油气延伸。非常规油气资源主要包括油页岩、油砂矿、煤层气、页岩气、致密气、水合物等。近年来，继油砂、致密气和煤层气之后，美国、中国、加拿大及阿根廷等国家也陆续实现了页岩气的商业开发。水平井钻完井和分段压裂技术的进步及规模应用，使得美国率先在多个盆地实现了页岩气商业性开采，在能源领域掀起了一场全球范围内的"页岩油气革命"。页岩油气革命延长了世界石油工业生命周期，助推了全球油气储量和产量增长，影响着各国能源战略格局。中国页岩气资源丰富，可采资源量高达 $12.85 \times 10^{12} m^3$，具有广阔的勘探开发前景。目前在四川盆地及周缘上奥陶统五峰组—下志留统龙马溪组海相页岩成功实现页岩气商业开发，2019 年页岩气产量达到 $153 \times 10^8 m^3$。

Marcellus 页岩气藏位于 Appalachian 盆地，总面积约 $24.60 \times 10^4 km^2$，其中有利区面积约 $18.65 \times 10^4 km^2$，是迄今为止北美已投入开发的最高产常压页岩气藏，其开发特征可为同类型页岩气藏提供参考借鉴。2015 年美国能源信息署（EIA）评价结果显示，Marcellus 页岩气藏天然气探明储量高达 $2.18 \times 10^{12} m^3$，原油探明储量为 $2002 \times 10^4 t$。2008 年 Marcellus 页岩气产量 $3.3 \times 10^8 m^3$，突破 $1 \times 10^8 m^3$ 产量规模。2009 年实现页岩气年产量 $25.3 \times 10^8 m^3$，突破 $10 \times 10^8 m^3$ 产量规模。2010 年实现页岩气年产量 $112 \times 10^8 m^3$，突破 $100 \times 10^8 m^3$ 产量规模，成为仅次于 Haynesville 深层高温高压页岩气藏之后的北美第二高产页岩气区。2013 年实现页岩气年产量 $1029 \times 10^8 m^3$，突破 $1000 \times 10^8 m^3$ 产量规模，页岩气年产量超越 Haynesville 成为北美最高产页岩气区。2018 年实现页岩气年产量 $2012 \times 10^8 m^3$，突破 $2000 \times 10^8 m^3$ 产量规模，成为北美唯一迈入 $2000 \times 10^8 m^3$ 产量规模的巨型页岩气产区。2020 年页岩气年产量高达 $2442 \times 10^8 m^3$。截至 2020 年底，Marcellus 页岩气藏已累计发放各类型钻井许可超过 23000 口，累计产页岩气 $1.53 \times 10^{12} m^3$。

本书内容共分为八章，针对 Marcellus 页岩气藏 23000 口页岩气井进行了深入系统分析，第 1 章 Marcellus 页岩气藏概况、第 2 章 Marcellus 页岩气藏特征、第 3 章水平井钻完井、第 4 章水平井分段压裂、第 5 章开发指标、第 6 章开发成本、第 7 章开发技术政策、第 8 章展望。每个章节针对具体内容进行了丰富详实的论述，对页岩油气勘探开发研究具有一定的参考价值。

　　本书由中国石油勘探开发研究院一直从事页岩油气开发的专业技术人员编写，具体人员包括于荣泽、张晓伟、胡志明、董大忠、孙玉平、郭为、端祥刚、王玫珠、俞霁晨、李俏静、康莉霞、刘钰洋、高金亮、王莉、周尚文、刘丹、张琴、武瑾、张磊夫、梁萍萍、常进。

　　衷心祝愿本书能够为科研院所、高校、油气公司等从事页岩气勘探开发及相关研究人员提供参考。本书编写过程中难免有不足之处，敬请读者批评指正。

目　录

第 1 章　Marcellus 页岩气藏概况

1.1　气藏简介

　　Marcellus 页岩气藏位于 Appalachian 盆地，是迄今为止北美已投入开发的最高产页岩油气藏之一（图 1-1）。1839 年地质勘查首次在纽约州的 Marcellus 地区发现了该页岩层露头，故将该页岩命名为 Marcellus 页岩。黑色富有机质页岩在俄亥俄州（俄亥俄）、西弗吉尼亚州（西弗吉尼亚）、宾夕法尼亚州（宾夕法尼亚）和纽约州（NewYork）广泛发育，同时还在马里兰州（Maryland）、肯塔基州（Kentucky）、田纳西州（Tennessee）和弗吉尼亚州（Virginia）的部分地区发育。Marcellus 页岩为泥盆纪时期浅海沉积而成，总面积约 $24.60 \times 10^4 \mathrm{km}^2$，其中有利区面积约 $18.65 \times 10^4 \mathrm{km}^2$（何培等，2015；孟庆峰等，2012；孙健等，2018；孙喜爱等，2015；王淑芳等，2015；夏永江等，2014；颜彩娜等，2016；张涛等，2016）。2015 年美国能源信息署（EIA）评价结果显示，Marcellus 页岩气藏天然气

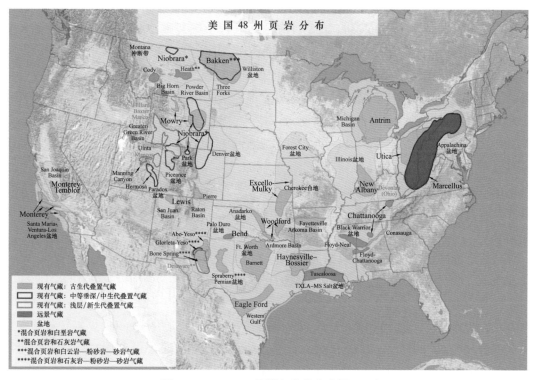

图 1-1　Marcellus 页岩气藏分布（据 EIA）

探明储量高达 $2.18 \times 10^{12} m^3$，原油探明储量为 $2002 \times 10^4 t$。作为 Appalachian 盆地多套油气产层的主要烃源岩，Marcellus 页岩同时也是北美地区规模最大的浅层—中深层常压页岩气藏。

2007 年以前，Marcellus 页岩仅仅是油气勘探的次级目标。20 世纪 70 年代，"东部页岩气项目"（East Gas Shale Project）项目研究人员将 Marcellus 页岩作为 Appalachian 盆地中部和北部的潜在油气勘探层位，20 世纪 70 年代至 80 年代初，部分能源作业公司对该页岩层段开展了油气开发试验。由于缺乏对天然裂缝发育特征认识和技术局限性，前期开发试验均未能实现突破。Marcellus 页岩开发利用可划分为五个阶段。

第一阶段为 20 世纪 30 年代至 60 年代的初期阶段，Marcellus 页岩下部 Huntersville Chert 和 Oriskany 砂岩中天然气开发过程中初步发现了 Marcellus 页岩。

第二阶段为 Marcellus 页岩作为次要目的层与其上部浅层天然气合采阶段。在西弗吉尼亚南部 Big Sandy 气田，超过 1100 口气井在 Marcellus 页岩层段进行了完井投产，此阶段 Marcellus 页岩层段天然气与浅层天然气混合开采。该阶段尽管对 Marcellus 页岩天然气进行了开采，但并未明确该页岩层位的开发潜力。

第三阶段为勘探阶段，在 20 世纪 70 年代至 80 年代作为非常规天然气的重要勘探层位，并在宾夕法尼亚州和纽约州进行了开发试验，但未实现勘探突破。

第四阶段为直井开发突破阶段，Marcellus 页岩现代油气资源开发始于 2004 年 10 月，Range Resources 能源公司沿用 Barnett 页岩气藏的大规模滑溜水压裂工艺技术对宾夕法尼亚州 Washington 县 Mount Pleasant 镇一口完钻井进行了压裂施工并获得 $1.13 \times 10^4 m^3/d$ 的高产工业气流。自此直井在 Marcellus 页岩实现了勘探突破。

第五阶段为规模开发阶段，水平井钻完井和大规模滑溜水分段压裂技术的规模应用揭示了页岩油气资源的开发前景并大幅提升了该地区的知名度。2006 年 Marcellus 页岩气藏开始规模投入开发，众多能源公司涌入该地区获取油气矿权并完钻了大量直井和水平井，开发区域逐渐扩大。Marcellus 页岩气藏实现了规模效益开发，并快速跃升为北美最大的页岩气产区。

与北美典型页岩油气藏开发相似，水平井钻完井和分段水力压裂是 Marcellus 页岩气藏开发的关键技术。除水平井钻井和水力压裂技术外，还有其他多项技术不断降低勘探开发成本。

（1）技术转让：在 Marcellus 页岩气藏开发之前，Barnett 等页岩气藏已经投入开发。Marcellus 页岩气藏的开发直接应用已成熟的流程和开发技术，大幅度缩减了学习曲线时间并提高了施工效率。

（2）钻井设计：为了降低钻井成本提高钻井效率，许多在 Marcellus 页岩气藏开发页岩气的公司在同一井场钻 2～4 口页岩气井。Chesapeake 石油公司利用 "Apex" 系列钻机实现了钻机快速移动并节省了钻机组装过程，降低了井场用地面积和地面运输工作量。针对 Marcellus 页岩气藏地表公路规模和载重受限问题，部分作业公司采用 "Quick Silver"

钻机系统，其可在 48h 内完成拆卸运输。

（3）地层评价：Schlumberger ECS 系统在实际钻井过程中应用光谱探头结合集成电缆测井设备分析气井产能。水平段钻井中多功能随钻测井和探头设备提供地层评价、井位和钻井参数的测量。该系统能够提供储层渗透率、有效孔隙度、含气量、有机质含量、干酪根含量和矿物组分等信息。一些作业公司还同时采用声波扫描或声波可视系统识别储层各向异性、裂缝发育程度、力学性质。上述测试信息可用于井眼轨迹、靶体位置和压裂优化设计。

（4）微地震监测：Marcellus 页岩气藏实现高产的关键是通过水力压裂措施沟通储层中天然裂缝，微地震监测技术广泛应用可实时监测水力压裂裂缝开启及延伸方向，进一步提高水力压裂设计及实施效果。

（5）Z 型压裂模式：Z 型压裂是保障页岩气井有效完井的另一个创新技术。CNX 和 Schlumberger 石油公司应用 Z 型压裂技术对两口邻近气井同时进行完井。完成一口井第一段射孔后，继续对第二口气井进行射孔施工，同时对第一口气井射孔段进行压裂措施。措施结束后第一口气井关井，开始对第二口气井进行压裂施工。CNX 石油公司完成一口气井完井的时间为 24h，而对两口气井进行 Z 型压裂仅需 30h，缩减了施工时间。

（6）碰撞化学水处理技术：Weatherford 石油公司研制了 CoMag 流体技术，其可加速水中颗粒沉降速度。碰撞化学水处理技术降低了对大型沉降池的依赖，同时还能够处理大量的返排液进行回收利用。

图 1-2 和图 1-3 分别给出了 Marcellus 页岩气藏历年发放钻井许可数量及页岩气产量。2008 年 Marcellus 页岩气藏发放钻井许可 447 口，同年页岩气产量 $3.3 \times 10^8 m^3$，突破 $1 \times 10^8 m^3$ 产量规模。2009 年发放钻井许可跃升至 1956 口，同比增长 337.6%，同年实现页岩气年产量 $25.3 \times 10^8 m^3$，突破 $10 \times 10^8 m^3$ 产量规模。2010 年发放钻井许可增加至 3197 口，同比增长 63.4%，同年实现页岩气年产量 $112 \times 10^8 m^3$，突破 $100 \times 10^8 m^3$ 产量规模，

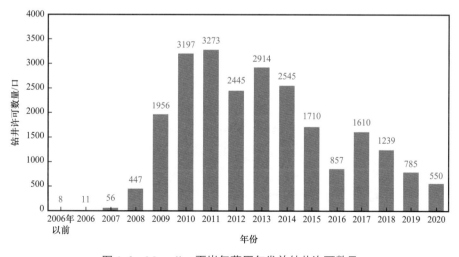

图 1-2　Marcellus 页岩气藏历年发放钻井许可数量

成为仅次于 Haynesville 深层高温高压页岩气藏之后的北美第二高产页岩气区。2013 年发放钻井许可 2914 口，同年实现页岩气年产量 $1029 \times 10^8 m^3$，突破 $1000 \times 10^8 m^3$ 产量规模，页岩气年产量超越 Haynesville 成为北美最高产页岩气区。2018 年发放钻井许可 1239 口，同年实现页岩气年产量 $2012 \times 10^8 m^3$，突破 $2000 \times 10^8 m^3$ 产量规模，成为北美唯一迈入 $2000 \times 10^8 m^3$ 产量规模的巨型页岩气产区。2020 年该页岩油气藏发放钻井许可 550 口，页岩气年产量高达 $2442 \times 10^8 m^3$。截至 2020 年底，Marcellus 页岩气藏已累计发放各类型钻井许可超过 23000 口，累计产页岩气 $1.53 \times 10^{12} m^3$。

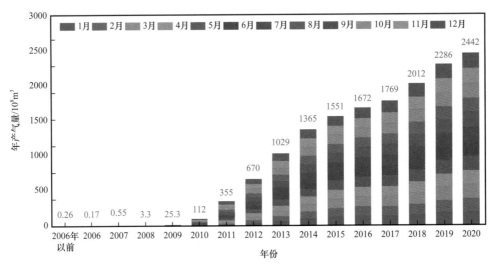

图 1-3　Marcellus 页岩气藏历年页岩气产量

1.2　开发现状

截至 2019 年底，Marcellus 页岩气藏已累计发放钻井许可 23604 口，其中煤层气井 7 口、无效井 4 口、采气井 19688 口、回注井 1 口、采油井 10 口、油气同采井 1366 口、其他未定义类型井 2529 口。统计气井中采气井占比 83.41%，采油井和油气同采井仅占 5.83%。Marcellus 页岩气藏以生产页岩气为主，页岩油产量较小且主要来自油气同采井。

油气藏开发区域已累计发放矿权近 18000 个，主要分布在宾夕法尼亚、西弗吉尼亚和俄亥俄州内的 89 个区县境内。Marcellus 页岩气藏的开发区主要分布在宾夕法尼亚州境内，已完钻各类油气井 17996 口，分布在其行政区域内的 38 个区县内。西弗吉尼亚州完钻各类油气井 5542 口，分布在其行政区域内的 45 个区县内。俄亥俄州累计完钻井 66 口，分布在其行政区域内的 6 个区县。表 1-1 给出了 Marcellus 页岩气藏不同区县内完钻井数。

表 1-1　Marcellus 页岩气藏不同区县完钻井数统计表

序号	所在州名称	所在区县名称	完钻井数 / 口
1	宾夕法尼亚	Bradford	3355
2	宾夕法尼亚	Washington	2686
3	宾夕法尼亚	Susquehanna	2461
4	宾夕法尼亚	Greene	1665
5	宾夕法尼亚	Lycoming	1506
6	宾夕法尼亚	Tioga	1389
7	西弗吉尼亚	Doddridge	846
8	宾夕法尼亚	Butler	754
9	西弗吉尼亚	Marshall	732
10	西弗吉尼亚	Wetzel	617
11	宾夕法尼亚	Wyoming	586
12	西弗吉尼亚	Tyler	570
13	宾夕法尼亚	Westmoreland	490
14	西弗吉尼亚	Harrison	487
15	宾夕法尼亚	Sullivan	404
16	西弗吉尼亚	Ritchie	363
其他			4693
合计			23604

根据气藏特征，Marcellus 页岩气藏平面上可进一步划分为 15 个子气藏，分别为 Allegheny Mountains、Big Sandy Field Area、Bradford Area、Central PA、Greene Dry Gas Area、High Plateau、Lycoming Area、Northeast PA、 俄 亥 俄、Pittsburgh Area、Rich Gas Core、Southwest Rich Gas、Susquehanna Core、WV Dry Gas 和 WV Rich Gas 子气藏。图 1-4 给出了 Marcellus 页岩气藏不同子气藏完钻井数统计图，其中有 10 个子气藏累计完钻井超过 1000 口，分别为 Northeast PA 子气藏 4082 口、Bradford Area 子气藏 3119 口、Rich Gas Core 子气藏 2188 口、WV Rich Gas 子气藏 2134 口、Greene Dry Gas Area 子气藏 1952 口、Central PA 子气藏 1841 口、Southwest Rich Gas 子气藏 1655 口、WV Dry Gas 子气藏 1438 口、Pittsburgh Area 子气藏 1268 口、Lycoming Area 子气藏 1138 口。

纵向上，主要完钻层位为 Marcellus 页岩，其中 22456 口井在 Marcellus 页岩地层内完钻投产，其他 1148 口井在 Devonian、Onondaga、Middle Devonian、Big Injun、Brallier、

Loyalhanna 和 Marcellus–Utica 等储层完钻投产。Marcellus 页岩地层内完钻投产井中页岩气水平井共 18948 口，其他为采油及油气同采井。Marcellus 页岩气藏以开采天然气为主，因此本章重点针对 Marcellus 页岩地层内完钻的 18948 口页岩气水平井进行重点分析论述。

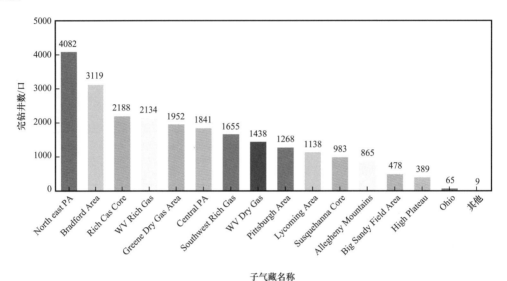

图 1-4　Marcellus 页岩气藏不同子气藏完钻井数

目前，已有超过 150 家能源作业公司在 Marcellus 页岩气藏实施油气开发作业，不同作业公司在矿权面积及完钻井数上存在差异。表 1-2 给出了 Marcellus 页岩气藏不同作业公司累计完钻井数，其中 6 个能源作业公司累计完钻井数超过 1000 口。目前规模最大的作业公司为切萨皮克能源公司（Chesapeake Energy），已累计完钻各类油气井 3387 口。其他累计完钻井数超过 1000 口的作业公司依次为 Range Resources、EQT Corporation、Antero Resources、Southwestern Energy 和 Talisman 公司。累计完钻井数 500~1000 口公司的有 8 个，依次为 Cabot Oil & Gas、Chevron、CNX Gas、SWEPI、Rice Drilling、Chief Oil & Gas、Seneca Resources 和 Anadarko 公司。

表 1-2　Marcellus 页岩气藏不同作业公司完钻井数

序号	作业公司名称	完钻井数 / 口
1	Chesapeake Energy	3387
2	Range Resources	2144
3	EQT Corporation	1794
4	Antero Resources	1309
5	Southwestern Energy	1271

第 1 章　Marcellus 页岩气藏概况

续表

序号	作业公司名称	完钻井数 / 口
6	Talisman	1007
7	Cabot Oil & Gas	991
8	Chevron	788
9	CNX Gas	760
10	SWEPI	751
11	Rice Drilling	658
12	Chief Oil & Gas	653
13	Seneca Resources	622
14	Anadarko	607
15	XTO Energy	497
16	WPX Energy	418
17	EXCO Resources	380
18	EOG Resources	312
19	Noble Energy	255
20	Ultra Resources	247
21	RE Gas Development	212
22	Pennsylvania General Energy	201
23	PennEnergy Resources	198
24	Energy Corporation of America	180
25	Vantage Energy	169
26	Stone Energy	164
27	Northeast Natural Energy	153
28	Arsenal Resources	149
29	Carrizo Oil & Gas	145
30	Jay-Bee Oil & Gas	130
	其他作业公司	3052
	合计	23604

Marcellus 页岩气藏以生产页岩气为主，伴随少量页岩油开采，目前已成为北美最大的页岩气产区。2020 年页岩气年产量高达 $2442 \times 10^8 m^3$，日产能力（6.4～7.0）$\times 10^8 m^3/d$。截至 2020 年底，Marcellus 页岩气藏已累计发放各类型钻井许可超过 23000 口，累计产页岩气 $1.53 \times 10^{12} m^3$。Marcellus 页岩气藏因巨型页岩气产量规模而成为全球最受关注的页岩气产区。

作为北美典型海相近常压中浅层页岩油气藏，Marcellus 页岩气藏已成为北美和全球页岩气开发的焦点。Marcellus 页岩气藏的规模开发同时也积累了海量钻完井、压裂、开发和成本数据，可为全球其他地区同类型或相似页岩油气藏开发提供技术参考。

第2章　Marcellus 页岩气藏特征

作为 Appalachian 盆地多套油气产层的主要烃源岩，Marcellus 已成为北美巨型热成因页岩油气藏。Marcellus 页岩气藏具备构造复杂、断裂断层发育等特征。Marcellus 页岩气藏开发的地质主控因素包括热成熟度、有机碳含量（TOC）、储层垂深、压力梯度、地层厚度、孔隙度、渗透率、储量丰度、构造及断层特征、天然裂缝发育程度、岩石可压性等。

2.1　盆地概况

Appalachian 盆地位于美国东北部（图 2-1），是美国最重要的油气产区之一。盆地是两亿年前经三次独立造山运动形成的非对称前陆盆地，三次独立的造山运动分别为奥陶纪中晚期太康造山运动、中泥盆世至下密西西比河阿卡迪亚造山运动和二叠纪阿勒格尼造山运动。Appalachian 盆地由北向南贯穿纽约、宾夕法尼亚、俄亥俄州东部、弗吉尼亚州西部、马里兰州西部、肯塔基州东部、弗吉尼亚州东部、田纳西州东部、田纳西州东部、乔治亚州东北部和亚拉巴马州东北部区域。盆地东北至西南方向长 1730km，西北至东南方向宽 32～499km，总面积约为 $48.0 \times 10^4 km^2$（Arthur et al.，2009；Arthur et al.，2008；Belvalkar et al.，2010；Coleman et al.，2011）。

Appalachian 盆地以前寒武纪结晶岩为基底，发育寒武系至二叠系沉积岩，沉积厚度达 12000m。下寒武统为碎屑岩沉积，下寒武统至中奥陶统地层厚度 30～2500m；上奥陶统下部为黑色页岩，向上过渡为紫红色页岩、砂岩及泥岩互层，地层厚度 760～1025m；下志留统主要为砂岩，为区域性含气层系，地层厚度 55～365m；中—上志留统由砂岩、页岩、石灰岩和蒸发岩组成，地层厚度 380～520m；下泥盆统由石灰岩、页岩组成，是主要产气层，地层厚度 50～60m；中—上泥盆统地层厚度 110～2800m，下部为褐色页岩，厚约 300m，为盆地主要烃源岩，上部为厚层三角洲砂岩，是重要油气产层；密西西比系以粉砂岩、砂岩为主，夹页岩，地层厚度 300～600m。整个沉积剖面中，页岩约占一半，以泥盆系中上部黑色页岩最为发育，厚度 100～540m。黑色页岩是泥盆系—中上古生界常规油气和非常规油气的主力烃源岩。

Appalachian 盆地具有较长的油气开采历史，于 1821 年在纽约州 Fredonia 地区钻探了世界第一口页岩气井并实现了商业利用，该地区也被普遍认为是天然气工业的发源地。1859 年宾夕法尼亚州西北部 Venango 县 "Drake" 油井的钻探标志着该盆地油气开采工业

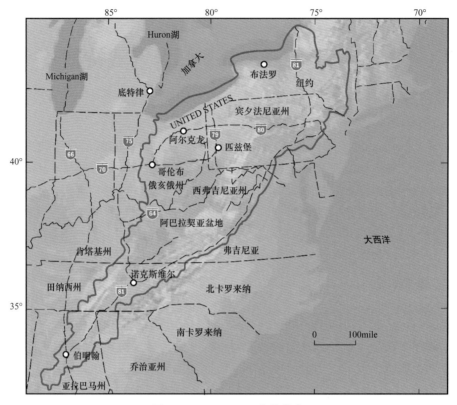

图 2-1 Appalachian 盆地分布

的开始，Drake 井的原油产自晚泥盆世砂岩地层。1885 年早志留世 Clinton 砂岩的发现标志着 Appalachian 盆地的油气开采进入了第二阶段。20 世纪 50 年代水力压裂技术的出现大幅度提高了 Clinton 地层的开采规模。1900 年在志留系和泥盆系碳酸盐储层中发现了大量原油储量。1924 年该盆地开始在下泥盆统开采天然气，推动了该区域天然气的大规模开发。在过去的十年里，Appalachian 盆地开始了致密砂岩气藏和页岩油气藏的规模开发。目前已经发现和开发了 19 个常规油气藏和 16 个非常规油气藏。

2.2 地理位置

图 2-2 给出了 Marcellus 页岩分布图，中泥盆世 Marcellus 页岩在美国东北部 Appalachian 盆地内部广泛发育，在盆地东部和北部出露至地表。该页岩油气藏的近似边界东至 Allegheny 构造前缘、东北部至 Adirondack 隆起、西部至 Waverly 或 Cincinnati 背斜（Daniel and William，2009；Dennison，1971；Engelder and Lash，2008；Engelder，2008）。通常认为页岩地层厚度超过 15m 的区域为开发核心区。Marcellus 页岩气藏的核心区主要包括宾夕法尼亚州、西弗吉尼亚州和纽约州地区，核心区总面积为 $12.95 \times 10^4 km^2$。Marcellus 页岩评价单元划分为 7 个气藏：Pittsburgh Basin、Eastern Rome Trough、New

River、Portage Escarpment、Penn–York Plateau、Western Susquehanna 和 Catskill。

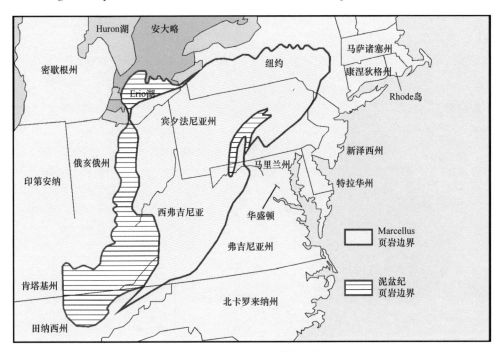

图 2-2　Marcellus 页岩分布范围

2.3　构造特征

Appalachian 前陆盆地主要沉积环境为台地—边缘沉积，以早寒武世—早二叠世的硅质和碳酸盐地层为主。图 2-3 给出了 Marcellus 页岩气藏构造图，盆地呈非对称形态，受 Alleghenian 造山运动的影响，形成北东走向凹槽，东南缘以 Blue Ridge Green 山脉为边界，西北缘以 Cincinnati 穹隆为边界（Kaufman et al.，2013；Marcellus Play Report，2017；Marcellus Play updates，2015；Milici and Swezey，2009）。古生代盆地沉降主要与岩石圈构造弯曲及前陆盆地复活运动相关。盆地倾向为从北东到南西，在 Appalachian 山脉的逆冲带和褶皱带的深度达 5000m 以上。针对该盆地中泥盆统 Marcellus 页岩的研究较多，由浅海黏土岩与石灰岩组成的楔状沉积向东、南东方向变厚。在 Appalachian 山脉中部的 Valley 和 Ridge 地区北东向褶皱带中，Marcellus 页岩出露地表。

图 2-4 为 Marcellus 页岩构造要素图。盆地基底结构、断层及 Rome 凹陷是控制该区域地层沉积和埋藏的关键要素。解释的基底断层可分为两种类型：（1）走向与盆地平行的断层与 Rome 凹陷相关；（2）与盆地走向垂直的转换断层，被解释为与盆地走向相交的构造不连续带。这些基底断层反映了那些自古生代起就被多次激活的构造弱带，到第四纪仍持续活动。

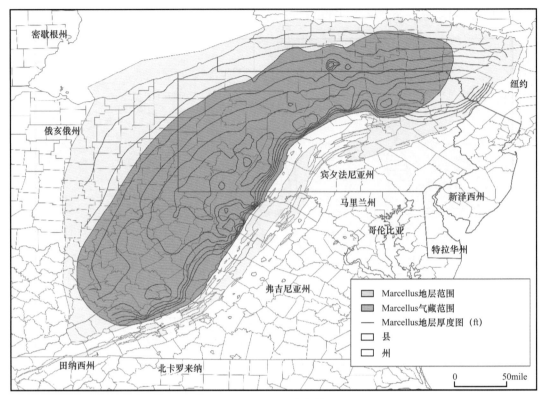

图 2-3　Marcellus 页岩气藏构造图

中泥盆统（385Ma）古地理环境显示现今的西弗吉尼亚州、宾夕法尼亚州、纽约州的部分地区，弗吉尼亚州、马里兰州和俄亥俄州，整体为近似封闭的陆表海相环境。主要造山高原（Acadian 高地）位于 Marcellus 沉积盆地的东部，并为 Marcellus 盆地提供物源。这些高地也导致了变形载荷，为沉降盆地内的沉积物积累提供了空间。古地理重建表明，富有机质沉积发生在一个大的、三面封闭的海湾中。换言之，在中泥盆世该沉积环境限制了盆地内的海水循环（封闭还原环境）。

在 Appalachian 盆地中心部位，沉积速度变化能够反映出泥盆系—密西西比阿卡迪亚造山运动。大量硅质碎屑沉积物经寒武纪同化作用进入前缘盆地。阿卡迪亚造山运动可划分为四个阶段，每个阶段都出现新的轴向载荷深化前缘盆地。由于缺乏高地河流系统的冲刷和推动作用，盆地初期缺少陆源沉积，取而代之的是原地沉寂的黑色页岩。盆地沉降过程中，外围膨胀上升作用偏离盆地轴向载荷。最终东部高地沉积侵蚀作用沿盆地形成厚碎屑楔形层。静态构造载荷导致盆地下沉变窄，膨胀作用减弱并向造山地带移动。随着构造运动和侵蚀作用减缓，碳酸盐沉积物开始积累。黑色页岩经阿卡迪亚造山运动向西部运移。

Marcellus 页岩地层垂深范围 300～3000m，主体垂深位于 1000～2500m，地层垂深由西北向东南方向呈增加趋势，沿 Appalachian 山脉构造前缘隆起出露地表。目前 Marcellus 多数完钻井垂深位于 1000～2500m。

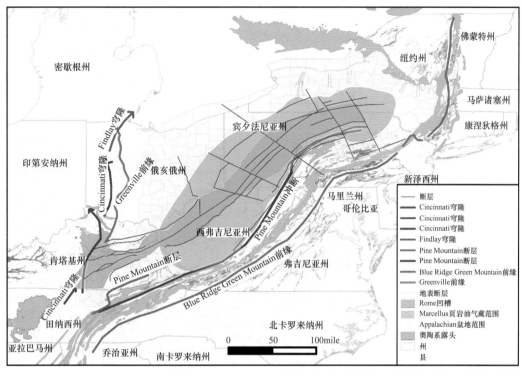

图 2-4　Marcellus 页岩构造要素图

2.4　地层特征

与其他富有机质页岩相似，Marcellus 页岩形成、沉积和保存受光合作用、细菌分解和整体沉降速度三个因素控制。图 2-5 为 Marcellus 页岩气藏地层图，该页岩是 Appalachian 盆地古沉积系统的一部分，黑色富有机质页岩主要在前陆盆地中沉积。Marcellus 页岩和上覆盖层 Mahantango 地层主要由泥盆纪中晚期 Eifelian、Givetian 阶段的 Hamilton 组构成。Marcellus 页岩位于 Hamilton 组下部，其上界是中泥盆世 Tully 石灰岩，下界是下泥盆世 Onondaga 石灰岩。Cherry Valley（Purcell）石灰岩将 Marcellus 页岩划分为两个段，即下 Marcellus（Union Springs）页岩和上 Marcellus（Oatka Creek）页岩。

多数地质学家认为泥盆系—密西西比系中的 Marcellus 页岩和其他黑色页岩起源于无氧深水沉积环境。Marcellus 页岩主要为碳质易碎、软到中等韧性、高放射性、灰黑色到黑色页岩，内含分散状黄铁矿、碳酸盐和化石。页岩呈层状分布，无生物扰动，主要矿物成分包括：混层黏土含量 9%～35%（上部地层黏土含量较高）、石英含量 10%～60%、长石含量 0～10%、黄铁矿含量 5%～13%（下部地层含量较高）、方解石含量 3%～48%、白云石含量 0～10%、石膏含量 0～6%。

Marcellus 页岩地层在 Appalachian 盆地内厚度范围为 0～290m（图 2-6），由盆地中部向西厚度呈减小趋势，并沿东部边界被挤压变形。地层厚度在纽约州中南部最大可达

300m，同时向东和向南呈减小趋势。页岩地层厚度在宾夕法尼亚州东北部分布范围为60～180m，在西部和西南部中心部位页岩厚度下降至 60m。西弗吉尼亚州地区页岩厚度减小至 40m 左右，最后在俄亥俄州东部页岩地层出现尖灭。富含天然气地层沿向斜轴线向西南方向延伸，与 Appalachian 盆地构造前缘呈平行关系。

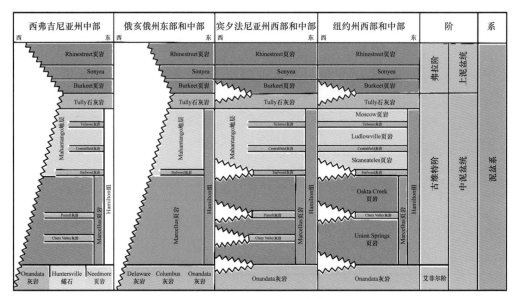

图 2-5　Marcellus 页岩气藏地层图

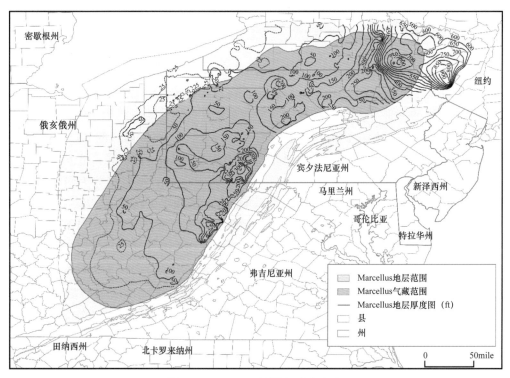

图 2-6　Marcellus 页岩厚度分布图

2.5　储层特征

2.5.1　有机质含量

　　Marcellus 页岩在不同区域和位置有机质含量变化幅度较大，有机质含量范围为 1%～15%，使其成为全球知名的优质烃源岩。宾夕法尼亚州 Range Resources 能源作业公司钻探的 15 口井取心测试分析显示 TOC 范围 1%～20%。纽约州页岩研究显示 Marcellus 页岩平均 TOC 范围为 1%～11%，平均为 6.5%。EGSP 研究分析了泥盆纪不同页岩地层的 TOC 含量，指出泥盆纪页岩的 TOC 含量范围为 1%～27%。Marcellus 页岩有机质类型以 Ⅱ 型干酪根为主（Ward，2010；Vanorsdale，1987；Roen，1984；Handwerger et al.，2011）。

2.5.2　热成熟度

　　富有机质页岩长期埋藏环境中温度和压力不断上升。随温度增加，有机质逐渐演化为干酪根，最后生成原油和天然气。热成熟度反映了岩石中的有机物热演化程度，通常利用镜质组反射率（R_o）数值进行量化表征。图 2-7 给出了 Marcellus 页岩热成熟度总体分布图，页岩镜质组反射率分布范围为 0.5%～3.5%，盆地内由西北向东南方向呈增加趋

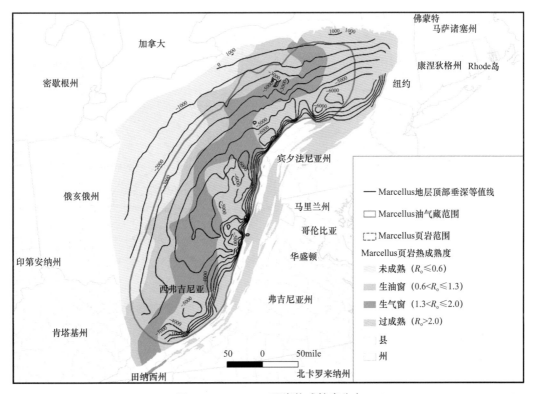

图 2-7　Marcellus 页岩热成熟度分布

势。Marcellus 页岩镜质组反射率最小值为 0.5%～1.0%（成熟峰值早期）出现在俄亥俄
州东部区域，最大值 3.0%～3.5%（过成熟）出现在宾夕法尼亚州东部地区（Curtis et al.,
2011）。Marcellus 页岩气藏开发实践显示，有利区整体位于镜质组反射率 1% 等值线东南
方向，镜质组反射率超过 3.5% 的区域基本不具备开发潜力。

2.5.3 地层压力

地层压力和压力梯度是影响 Marcellus 页岩油气井生产效果的关键因素。由于缺乏
生产井测压数据，目前还无法获取 Marcellus 页岩的准确地层压力梯度分布图。Marcellus
页岩储层压力范围为 5～30MPa，核心区地层压力系数为 0.80～1.20，储层具有近常压
至微超压特征，总体为典型常压页岩气藏。图 2-8 为 Marcellus 页岩气藏地层压力梯度
分布趋势图，整个气藏可划分为欠压区、过渡区、常压区和轻微超压区。西弗吉尼亚州
南部为欠压区，地层压力系数分布范围为 0.23～0.57，该区域 Marcellus 页岩储层油气
产量整体偏低，几乎所有气井都采用与上部其他层位合采模式。储层欠压特征与盖层发
育不完整和天然裂缝发育程度有关。过渡区位于西弗吉尼亚州中部，地层压力系数范围
0.57～0.92，该区域气井整体生产效果较差。西弗吉尼亚州北部进入宾夕法尼亚州和纽约
州地区为常压和超压区，地层压力系数介于 1.00～1.20。常压和超压区也是 Marcellus 页
岩气藏的核心开发区。常压和超压区域发育多套相对完整的盖层，能够有效保存热演化

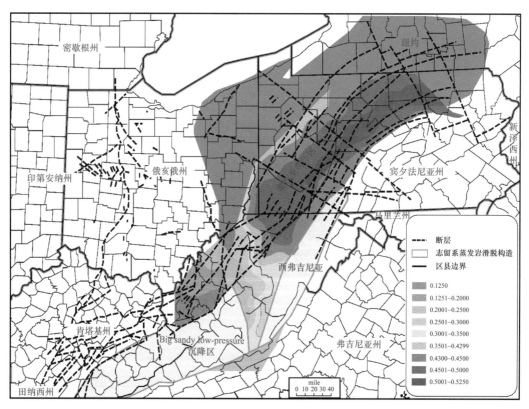

图 2-8　Marcellus 页岩气藏地层压力梯度分布

过程中生成的大部分石油和天然气资源。除此之外，西弗吉尼亚州和宾夕法尼亚州西部盖层发育不完整，Marcellus 页岩和其他泥盆纪黑色页岩被视为上部常规油气藏的烃源岩。

2.5.4　钻遇深度

Appalachian 盆地整体表现为不对称凹槽构造格局，Marcellus 页岩气藏已发放的多数钻井许可钻遇深度范围为 1500～2500m，页岩底部垂深向东南方向呈增加趋势，最大钻遇深度为盆地构造前缘同心轴部位。由于储层超压特征及垂深增加，储量丰度和油气井产量呈增加趋势。因此，多数气井钻遇深度均超过 1000m（Poedjono et al.，2010；Perkins，2008；Brown and Meckfessel，2010；Cakici et al.，2013）。

2.5.5　地层厚度

Marcellus 页岩气藏开发区块页岩厚度总体大于 15m，厚度范围为 15.2～201.1m，主体位于 15.2～79.2m。Marcellus 页岩的总厚度通常从俄亥俄州东部和西弗吉尼亚州西部的零等值线向东增加，到宾夕法尼亚州东北部的最大厚度超过 100m。页岩厚度增加趋势与 Appalachian 盆地构造前缘线平行。Marcellus 页岩的总沉积模式受基底断层模式影响，不仅表明 Rome 凹槽内总体走向平行增厚，又显示存在相关走向平行的基底断层（Carr et al.，2013；Carr et al.，2019；Emmanuel and Sonnenberg，2013）。

2.5.6　孔隙度

Marcellus 页岩孔隙度主要由两个部分组成，粒间空隙和裂缝，其中粒间空隙主要是指粉砂岩、黏土颗粒和有机质中的基质孔隙，平均孔隙度在范围在 6%～10%（Khalil et al.，2019）。粒间空隙中同时存储游离气和吸附气，多数粒间空隙形成于有机质热分解形成石油的阶段。页岩中有机质热成熟度较高时（Ro>2.0），基质孔隙度通常为 2% 或更高。

2.5.7　渗透率

Zielinski 的研究指出 Marcellus 页岩渗透率范围为 0.001～0.77mD（Zielinski，1977；Zielinski and McIver，1981；Zielinski and McIver，1982；Zielinski and Nance，1979）。页岩极低的渗透率源于有机质的塑性压缩作用。页岩渗透率主要受作用在岩石上的地应力的影响，双重的净围压使得岩石的渗透率下降接近 70%。液态烃的存在也会降低岩石的气相渗透率。宾夕法尼亚州 Range Resources 公司在 Marcellus 页岩层中钻探的油井的数据计算出的渗透率范围很广，从 0.00013～0.002nD 不等。多数作业公司认为具备商业开发的页岩气藏渗透率下限值为 0.0001mD，渗透率大于 0.0005mD 的储层品质较优。

2.5.8　天然裂缝

钻井和露头资料表明，Marcellus 页岩油气储层存在天然裂缝。在天然裂缝发育区，天然裂缝是影响开发效果的关键因素。Marcellus 页岩主要存在两组天然裂缝，分别为东北和西北方向。天然裂缝是影响页岩油气井生产效果的关键因素之一，不同地区影响程度有所差异。大量高产直井和水平井地质特征显示，高产与天然裂缝属性及分布相关。然而，天然裂缝发育同样会对储层产生负面影响，一定程度上会降低储层密封性（Li et al.，2020）。

2.5.9　含气饱和度

Marcellus 页岩含气饱和度范围为 55%～80%，含水饱和度范围为 20%～45%。气藏开发过程中地层水几乎不能产出，表明页岩中没有自由水，水相的相对渗透率为零。

2.5.10　含气量

图 2-9 为 Marcellus 页岩气藏页岩气储量丰度分布趋势图，天然气吸附在有机质和干酪根上（有机质和干酪根占 18～85%），同时还储存在粒间孔隙和微裂缝中。石英含量沿盆地向东逐渐增大，表明沿该方向吸附气含量逐渐减小，游离气含量逐渐增大。天然气主要以吸附气、游离气和小部分溶解气形式赋存于页岩中，天然气在页岩中的运移形式包括基质系统中的解析扩散运动和裂缝系统中的渗流运动。

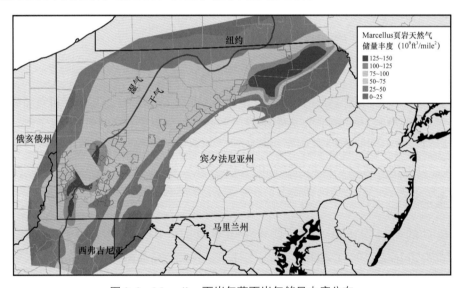

图 2-9　Marcellus 页岩气藏页岩气储量丰度分布

Marcellus 页岩气藏已开发区域天然气储量丰度范围为（4.4～16.4）× 10^8 m^3/km^2。天然气储量丰度与 Barnett［（5.5～21.9）× 10^8 m^3/km^2］和 Fayetteville［（4.4～10.9）× 10^8 m^3/km^2］等北美典型页岩气藏相当。Range Resources 能源公司在 Marcellus 页岩气藏开发实践显示，天然气平均储量丰度为 10.9 × 10^8 m^3/km^2。

20 世纪 80 年代中期，芝加哥天然气研究院（Institute of Gas Technology）对 Marcellus 页岩进行了室内测试，结果表明典型 Marcellus 页岩的平均含气量为 0.75m^3/t。部分学者预测 Marcellus 页岩的含气量范围为 0.57～4.25m^3/t。美国能源署化石能源办公室年度技术报告中给出的 Marcellus 页岩的含气量为 1.70～2.84m^3/t。

2.5.11　地应力

Marcellus 页岩气藏已开发区域水平井轨迹方位主体为北西—南东方向。"东部页岩气项目"研究和区域岩心测井成果显示该地区最大主应力方向为北东—南西方向。Marcellus 页岩气藏已开发区域水平井轨迹方向基本与最大主应力方向垂直，更有利于后期储层改造（Zinn et al.，2011；Zhu and Timothy，2020；El Sgher et al.，2019）。

2.6　资源潜力

不同学者对 Marcellus 页岩气藏天然气储量的预测也有所不同。美国地质调查局（USGS）报告中指出 Marcellus 页岩气藏的技术可采储量超过 85.0×10^{12}m^3。现代 Marcellus 页岩气的估算技术可采储量范围为（0.6～245.5）×10^{12}m^3，目前普遍认为其技术可采储量介于（62.3～138.5）×10^{12}m^3。

第3章 水平井钻完井

自 1991 年 Mitchell 能源公司成功实践后，水平井钻井技术在常规和非常规油气藏均得到了广泛的应用。水平井可最大化地接触气藏岩层，与页岩层中裂缝相交，明显改善储层流体的流动状况，尤其在超低渗透页岩中可起到提高采收率的作用。典型的水平井首先垂直钻井至造斜点，再以一定角度造斜至水平部分。水平井两大优势是提高单井产量和降低开采成本。相比直井，水平井开采延伸范围大，避免了地面不利条件的干扰。水平井钻井关键参数包括垂深、测深、水平段长、水垂比及钻井周期等。

3.1 钻井模式

页岩气钻井先后经历了直井、水平井、丛式"井工厂"的发展历程。加拿大能源公司（EnCana）最先提出"井工厂"作业模式的理念：用水平井钻井方式，在一个井场完成多口井的施工作业，所有井筒采用批量化的作业模式。工厂化作业的核心理念基于作业模式由分散到集中，由低效到集约。工厂化作业模式在北美各大典型页岩油气藏得以广泛应用。

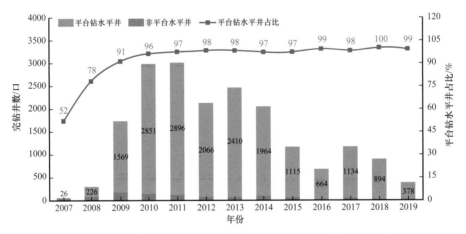

图 3-1 Marcellus 页岩气藏历年非平台及平台钻页岩气水平井数

Marcellus 页岩气藏通过采用工厂化作业模式，大幅降低了勘探开发成本，同时降低了环境影响。截至 2019 年底，Marcellus 页岩气藏在 Marcellus 页岩层段累计完钻页岩气水平井 18948 口，水平井钻井模式包括非平台和平台钻水平井。图 3-1 为 Marcellus 页岩气藏历年非平台及平台钻页岩气水平井数。2008 年前统计完钻页岩气水平井 50 口，其中非平台水平井 24 口，平台钻水平井 26 口，平台钻水平井占比 52%，此时众多油气作业公司在该地区已经开始采用工厂化钻井模式。2008 年累计完钻页岩气水平井 291 口，其中非平台水平井 65 口，平台钻水平井 226 口，平台钻水平井数量占比上升至 78%。2009 年累计完钻页岩气水平井 1727 口，其中非平台水平井 158 口，平台钻水平井 1569 口，平台钻水平井数量占比上升至 91%，此时该地区各油气作业公司已普遍采用工厂化钻井模式。自 2010 年起，该地区每年平台钻水平井数量占比一直保持在 96% 以上。

3.2　钻井垂深

历年钻井数据显示，Marcellus 已开发区域页岩底部垂深分布范围为 1000～3000m，垂深由北西向南东方向逐渐增加。图 3-2 为 Marcellus 页岩底部垂深图，页岩底部主体垂深小于 3500m，最大垂深超过 4000m。

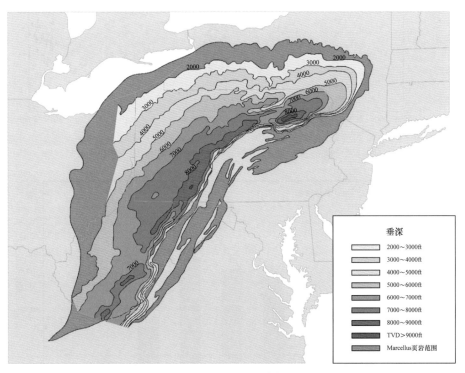

图 3-2　Marcellus 页岩底部垂深图

Marcellus 页岩气藏以页岩气开采为主，完钻页岩气水平井垂深主体位于 1500～2750m。根据目前国内天然气藏分类标准（GB/T 26979—2011《天然气藏分类》）中按埋藏深度分类，Marcellus 页岩气藏为中浅层至中深层页岩油气藏。其开发特征及技术政策可为国内目前已规模投入开发的中浅层及中深层页岩气藏提供借鉴。

Marcellus 页岩储层内完钻页岩气水平井统计结果显示气井实钻垂深范围为 1068～4040m。图 3-3 和图 3-4 分别给出了 Marcellus 页岩层段内历年完钻的页岩气水平井垂深分布及不同垂深井数占比。10034 口页岩气水平井垂深统计结果显示历年完钻页岩气水平井平均垂深 2158m，P50（中位数）垂深 2174m。目前仅有一口水平井实钻垂深超过 4000m，实钻垂深超过 3000m 气井仅有 20 口，实钻垂深小于 1250m 气井仅有 17 口。不同垂深范围页岩气水平井占比统计结果显示，实钻垂深小于 1250m 和实钻垂深大于 3000m 井数占比均为 0.2%。垂深 1500～1750m 气井占比 7.4%、垂深 1750～2000m 气井占比 23.8%、垂深 2000～2250m 气井占比 26.1%、垂深 2250～2500m 气井占比 29.6%、垂深 2500～2750m 气井占比 10.5%。气井实钻垂深主要分布在 1500～2750m，井数占比达到 98.4%。

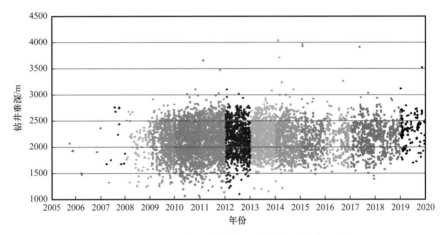

图 3-3　Marcellus 页岩历年完钻页岩气水平井垂深分布图

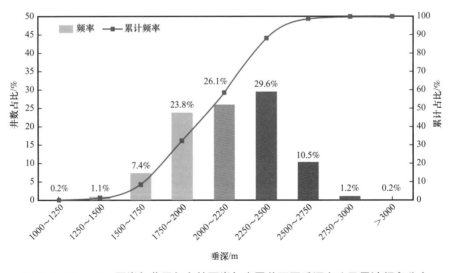

图 3-4　Marcellus 页岩气藏历年完钻页岩气水平井不同垂深占比及累计频率分布

　　图 3-5 和图 3-6 分别给出了 Marcellus 页岩气藏不同年度完钻页岩气水平井实钻垂深累计频率分布曲线及不同年度平均垂深分布。不同年度页岩气水平井实钻垂深累计频率分布曲线沿横轴右移，表明实钻垂深逐年呈增加趋势。统计结果显示，区域页岩气水平

井 P50 实钻垂深由 2009 年以前的 2060m 增加至 2019 年的 2350m。不同年度页岩气水平井平均实钻垂深统计结果显示历年完钻气井平均实钻垂深范围为 2103～2350m，实钻垂深整体呈逐年增加趋势。

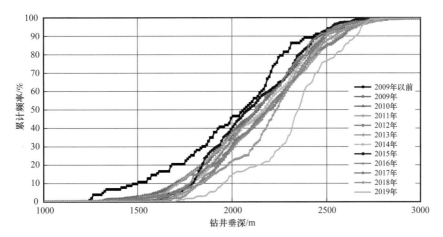

图 3-5　Marcellus 页岩气藏不同年度完钻页岩气水平井垂深累计频率分布

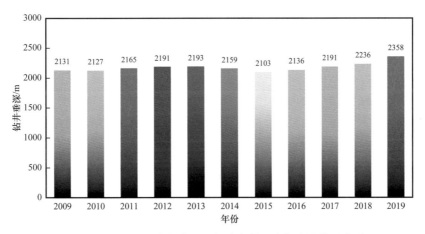

图 3-6　Marcellus 页岩气藏不同年度完钻页岩气水平井平均垂深

3.3　钻井测深

水平井测深指井口（转盘面）至测点的井眼实际长度，也常被称为斜深或测量深度。水平井测深一定程度上反映了现有钻完井和水力压裂设备的作业能力。通常，随水平井测深增加，钻完井和水力压裂施工作业难度随之增加，在现有设备作业能力、施工作业难度、作业风险、气井开发效果和经济效益之间存在一个最优平衡点。

图 3-7 给出了 Marcellus 页岩气藏 9808 口页岩气水平井测深分布，水平井测深范围 157.0～8432.6m，所有气井平均完钻井深为 3906m。"超长水平井"计划实施使得该地区最大完钻井深超过 8000m，但测深主体分布在 2000～5000m。图 3-8 给出了统计

气井中不同测深范围频率和累计频率分布曲线。测深小于3000m气井占比9%，其中2000～3000m测深气井占总井数7%。测深3000～5000m气井占比81%，是Marcellus页岩气藏气井测深主体分布范围。测深5000～6000m气井占比8%，测深超过6000m气井占比4%，统计气井中仅7口气井测深超过8000m。根据水平井测深累计频率分布曲线，测深小于6000m气井占比96%，测深超过6000m气井仅占4%，初步将测深6000m以内作为Marcellus页岩气藏的稳定工程作业井深。

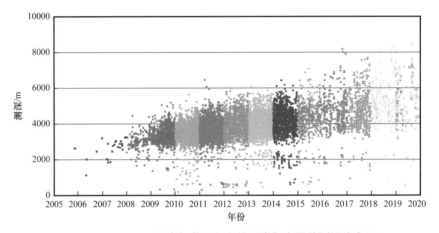

图3-7　Marcellus页岩气藏历年完钻页岩气水平井测深分布图

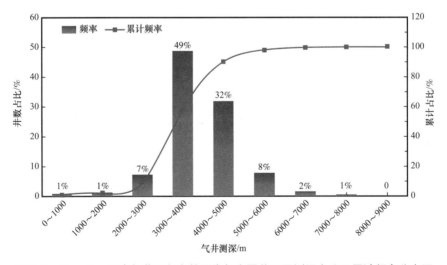

图3-8　Marcellus页岩气藏历年完钻页岩气水平井不同测深占比及累计频率分布图

图3-9给出了Marcellus页岩气藏不同年度页岩气水平井测深累计频率分布曲线，P50水平井测深由2009年以前的2990m逐渐增加至2019年的5260m。2009年至2014年水平井测深稳步增长，P50测深分别为3370m、3510m、3650m、3820m、3980m和4090m。2015—2017年水平井测深P50大幅增长至4360m、4550m和4690m。2018—2019年水平井测深又迎来一次显著增幅，P50测深增加至5060m和5260m。

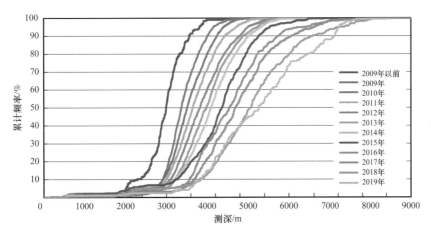

图 3-9　Marcellus 页岩气藏不同年度完钻页岩气水平井测深累计频率分布

图 3-10 给出了 Marcellus 页岩气水平井平均完钻井深学习曲线。历年完钻水平井测深散点分布（图 3-7）显示，由于钻井复杂及超长水平井计划等因素，水平井测深数据波动幅度相对较大，因此引入中值平均数（M50）分年度统计平均完钻井深。中值平均数是指累计频率分布 25%～75% 数据点算数平均值，去除由于钻井复杂导致的测深低值和超长水平井计划对应的测深高值，能够充分描述样本数据主体分布。2009 年以前水平井平均测深仅为 2992m。2009—2019 年平均水平井测深由 3386m 增加至 5209m，测深相对增幅稳定分布在 3.2%～7.2%，平均年增幅为 4.4%。

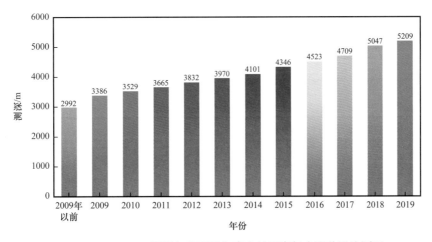

图 3-10　Marcellus 页岩气藏不同年度完钻页岩气水平井平均测深

3.4　水平段长

水平段长通常是指从着陆点（A 点，一般是指钻入预定油层组位，井斜达到基本水平的点）到完钻井深（B 点）的长度。水平井钻完井作为页岩油气藏开发的核心技术之一，主要是通过在页岩储层内水平井眼轨迹增加井筒与储层的接触面积。水平段长是水平井钻完井的关键参数，直接反映了钻完井和压裂工程技术水平，也是水平井产量的重要影响因素。长水平段水平井能够一定程度上减小开发井数、平台数、钻完井和压裂成本，提高单井开发效果。随钻完井和压裂技术不断进步，页岩油气藏钻完井水平段长呈持续增加趋势。

图 3-11 给出了 Marcellus 页岩气藏历年完钻 9497 口气井水平段长散点分布图，水平段长总体呈逐年增加趋势。所有统计气井水平段长范围为 160～5910m，平均水平段长为 1774m。气井频率和累计频率分布（图 3-12）显示水平段长主要分布在 500～3000m，井数占比 92%。水平段长小于 500m 气井共 30 口，仅占比 0.3%。水平段长超过 3000m 气井占比 7.7%。水平段长超过 5000m 气井共 30 口，水平段长 4000～5000m 气井共 138 口，水平段长 3000～4000m 气井共 458 口。

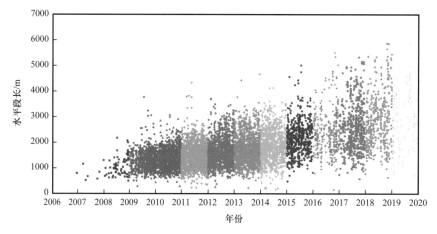

图 3-11　Marcellus 页岩气藏历年完钻页岩气水平井水平段长分布图

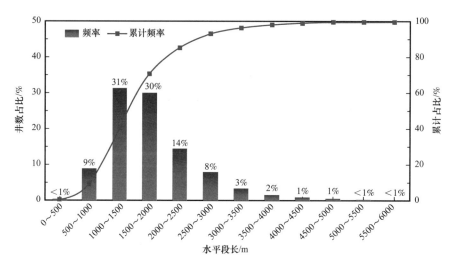

图 3-12　Marcellus 页岩气藏历年完钻页岩气水平井不同水平段长占比及累计频率分布图

水平段长不同年度累计频率分布（图 3-13）显示水平段长逐年呈增加趋势。2009 年以前，P50 水平段长仅为 990m。2009—2014 年，气井水平段长经历了第一个稳定增加阶段，P50 水平段长由 1270m 增加至 1810m。2015 年 P50 水平段长迅速上涨至 2160m，后续又逐年增加至 2019 年的 2740m。区块水平段长学习曲线显示（图 3-14）逐年呈上升趋势。2009 年以前平均 M50 水平段长仅为 1003m，2009 年增加至 1276m，后续逐年增加至 2019 年的 2794m。2009—2018 年水平段长平均年增幅约为 9%，2019 年同比 2018 年水平段长基本保持稳定。

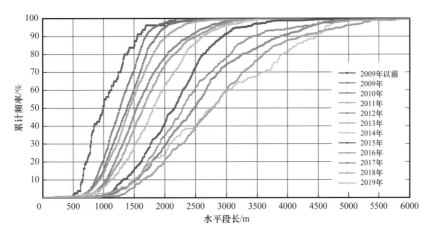

图 3-13　Marcellus 页岩气藏不同年度完钻页岩气水平井水平段长累计频率分布

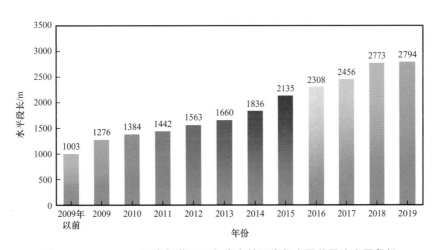

图 3-14　Marcellus 页岩气藏不同年度完钻页岩气水平井平均水平段长

3.5　水垂比

水垂比是指水平井的水平段长与垂深的比值，高水垂比能够在相同垂深条件下获取更长的水平段长，从而提高油气藏单井开发效果和效益。随水垂比增加，钻完井和压裂施工作业难度也随之增加。通常，根据油气藏垂深存在一个合理的水垂比范围，其既能够确保水平井开发效果，又能够实现钻完井和压裂等工程技术可行。

不同年度完钻页岩气井水垂比散点分布（图3-15）显示，Marcellus 页岩气藏页岩气井水垂比分布范围为0.04~3.0，主体分布范围为0.40~2.00。统计12018口完钻页岩气水平井平均水垂比为0.91。水垂比整体逐年呈增加趋势。不同水垂比频率和累计频率分布（图3-16）显示，页岩气井水垂比主体位于0.25~1.25之间，气井数量占比高达87.9%。水垂比低于0.25的气井仅占比0.6%，水垂比高于1.50的气井占比11.5%。

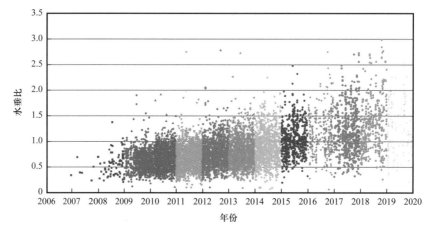

图 3-15　Marcellus 页岩气藏气井水垂比分布

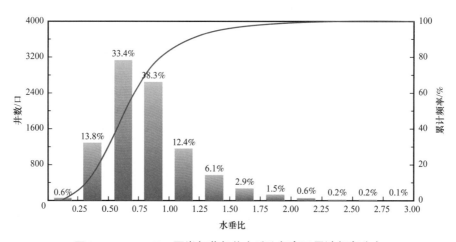

图 3-16　Marcellus 页岩气藏气井水垂比频率及累计频率分布

页岩气井水垂比与储层垂深直接相关，针对 Marcellus 页岩地层主体垂深范围1000~3000m 分垂深进行了水垂比统计（图3-17）。数据统计小提琴图中面积表示了统计样本数量，形状指示了水垂比的主体分布区间，小提琴面积图中矩形为 P25 水垂比到 P75 水垂比分布区间。Marcellus 页岩气藏页岩气水平井对应的水垂比随垂深增加呈下降趋势。

将不同垂深气井水垂比累计频率分布进行汇总，并将 P25 水垂比至 P75 水垂比区间作为同一垂深条件下气井的合理水垂比范围，进而绘制 Marcellus 页岩气水平井的合理水垂比学习曲线（图 3-18）。随垂深增加，P50 水垂比呈下降趋势，垂深 1000～1500m 时，P50 水垂比为 0.97，合理区间为 0.76～1.26。垂深 1500～2000m 页岩气水平井 P50 水垂比为 0.91，合理水垂比区间为 0.72～1.21。垂深 2000～2500m 页岩气水平井 P50 水垂比为 0.80，合理水垂比区间为 0.60～1.07。垂深 2500～3000m 页岩气水平井 P50 水垂比为 0.62，合理水垂比区间为 0.46～0.80。

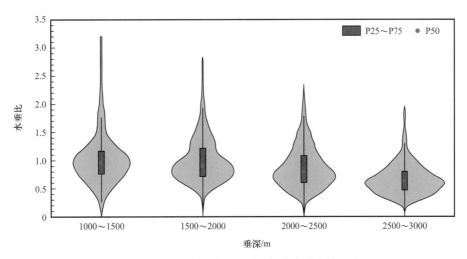

图 3-17　Marcellus 页岩气藏不同垂深气井水垂比统计小提琴图

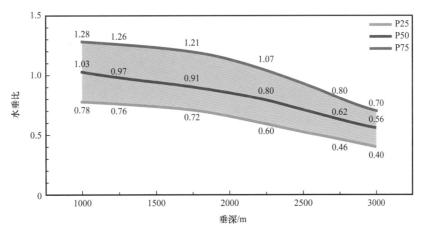

图 3-18　Marcellus 页岩气藏不同垂深气井合理水垂比学习曲线

3.6　钻井周期

钻井周期是指钻井中从第一次开钻到完钻（即钻完本井设计全部进尺，井深达到地质设计要求）的全部时间，是反映钻井速度快慢的一个重要技术经济指标，是钻井井史资料中的必要数据。页岩气水平井钻井周期不仅影响单井投产速度和气藏建产节奏，同时还直接影响钻完井成本。对于采用"日费制"钻完井工作模式的气藏,页岩气水平井钻井周期直接决定钻完井成本。页岩气水平井钻井周期受地层复杂程度、垂深、水平段长、水垂比、靶体层位性质、窗口范围、钻完井设备水平等多种因素影响。

Marcellus 页岩气藏页岩气水平井单井钻井周期散点分布(图 3-19)显示,单井钻井周期整体小于 120d,统计 6358 口页岩气水平井,平均钻井周期为 58d,P50 钻井周期为56d,P25 钻井周期为 30d,P75 钻井周期为 86d,单井钻井周期主体位于 30~86d。

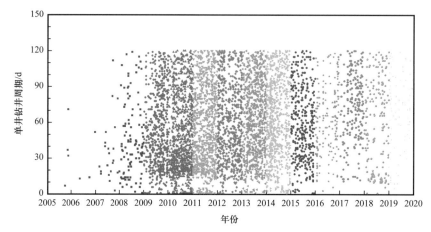

图 3-19 Marcellus 页岩气藏页岩气水平井单井钻井周期散点分布图

单井钻井周期频率分布统计结果显示(图 3-20),单井钻井周期为 0~15d 的气井533 口,占比 8%。单井钻井周期为 15~30d 的气井 1061 口,占比 17%。单井钻井周期为30~45d 的气井 962 口,占比 15%。单井钻井周期为 45~60d 的气井 862 口,占比 13%。单井钻井周期为 60~75d 的气井 787 口,占比 12%。单井钻井周期为 75~90d 的气井 789口,占比 12%。单井钻井周期为 90~105d 的气井 708 口,占比 11%。单井钻井周期为105~120d 的气井 656 口,占比 10%。

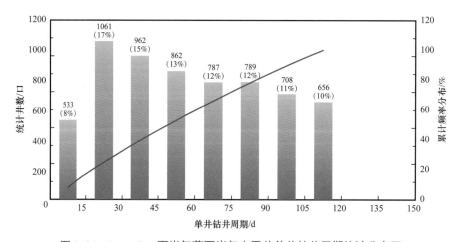

图 3-20 Marcellus 页岩气藏页岩气水平井单井钻井周期统计分布图

第4章 水平井分段压裂

水平井分段压裂储层改造技术是页岩气实现规模效益开发的两大关键技术之一，通常利用封隔器或桥塞分段实施逐段压裂，可在水平井筒中压开多条裂缝，从而有效改造储层并提高单井产量。页岩储层具有低孔特征和极低的基质渗透率，因此压裂是页岩气开发的主体技术。目前，北美页岩气逐渐形成了以水平井套管完井、分簇射孔、快速可钻式桥塞封隔、大规模滑溜水或"滑溜水＋线性胶"分段压裂、同步压裂为主，以实现"体积改造"为目的的页岩气压裂主体技术。

随工厂化作业模式日趋成熟，页岩气水平井分段压裂技术得以广泛推广应用。页岩气水平井分段压裂也称为页岩气水平井体积压裂技术，在形成一条或多条主裂缝同时，通过多簇射孔、高排量、大液量、低黏液体及转向材料应用，实现对天然裂缝、岩石层理的沟通，并在主裂缝的侧向强制形成次生裂缝，并在次生裂缝上继续分枝形成次生裂缝。通过构建主裂缝与次生裂缝形成的复杂裂缝网络系统实现裂缝与基质接触面积最大化，实现储层在长、宽、高三维方向的全面改造，最终提高页岩气水平井单井产量。

页岩气水平井分段压裂关键参数包括压裂水平段长、单井压裂段数、压裂支撑剂量、压裂液量、平均段间距、簇间距、加砂强度、用液强度和排量等。本节对 Marcellus 页岩气藏页岩气水平井单井压裂段数、支撑剂量、压裂液量、平均段间距、加砂强度和用液强度进行了统计分析。其中加砂强度和用液强度是指单位水平段长支撑剂和压裂液用量，反映了压裂规模，横向不同区块和井间具备可对比性。

4.1 压裂段数

单井压裂段数是页岩气水平井分段压裂的关键参数之一，通常根据页岩储层性质、水平段长、天然裂缝发育程度等优化设计单井压裂段数。同时，根据不同时期压裂技术和设备，单井压裂段数还存在差异。Marcellus 页岩气藏页岩气水平井压裂段数散点分布图（图4-1）显示，单井压裂段数分布范围为1～127段，主体位于10～50段，不同年度单井压裂段数整体呈上升趋势。统计6708口页岩气水平井平均单井压裂26段，P25压裂段数为14段、P50压裂段数为22段、P75压裂段数为34段。

Marcellus 页岩气藏页岩气水平井压裂段数频率统计（图4-2）显示，单井压裂段数主要集中在10～50段，统计井数累计占比达86%。单井压裂0～10段气井505口，井数占比7.5%。单井压裂10～20段气井2358口，井数占比35.2%。单井压裂20～30段气井 1588 口，井数占比 23.7%。单井压裂 30～40 段气井 1047 口，井数占比 15.6%。单井压裂 40～50 段气井 750 口，井数占比 11.2%。单井压裂超过 50 段气井 460 口，井数占比 6.8%。

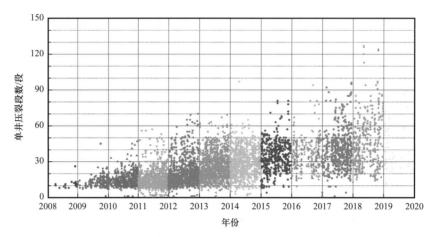

图 4-1　Marcellus 页岩气藏页岩气水平井单井压裂段数散点分布图

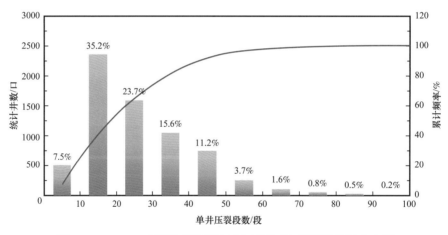

图 4-2　Marcellus 页岩气藏页岩气水平井单井压裂段数统计分布图

对不同年度单井压裂段数进行统计分析，将 P25 和 P75 单井压裂段数作为主体范围上下限值绘制单井压裂段数学习曲线（图 4-3）。2009 年统计气井 174 口，P25、P50 和 P75 压裂段数分别为 10 段、12 段和 15 段。2010 年统计气井 611 口，P25、P50 和 P75 压裂段数分别为 11 段、13 段和 17 段。2011 年统计气井 1073 口，P25、P50 和 P75 压裂段数分别为 11 段、14 段和 18 段。2012 年统计气井 947 口，P25、P50 和 P75 压裂段数分别为 13 段、17 段和 24 段。2013 年统计气井 1162 口，P25、P50 和 P75 压裂段数分别为 17 段、24 段和 31 段。2014 年统计气井 914 口，P25、P50 和 P75 压裂段数分别为 20 段、28 段和 37 段。2015 年统计气井 507 口，P25、P50 和 P75 压裂段数分别为 26 段、34 段和 43 段。2016 年统计气井 308 口，P25、P50 和 P75 压裂段数分别为 27 段、35 段和 44 段。

2017 年统计气井 511 口，P25、P50 和 P75 压裂段数分别为 30 段、39 段和 48 段。2018 年统计气井 399 口，P25、P50 和 P75 压裂段数分别为 29 段、42 段和 58 段。2019 年统计气井 82 口，P25、P50 和 P75 压裂段数分别为 28 段、33 段和 50 段。

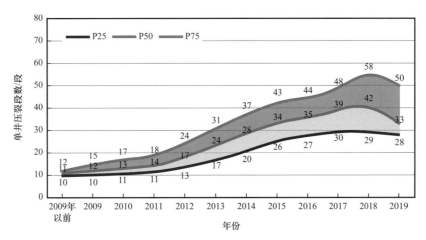

图 4-3　Marcellus 页岩气藏页岩气水平井不同年度单井压裂段数学习曲线

单井压裂段数逐年呈上升趋势，P25 压裂段数由初期 10 段增加至 2017 年的 30 段，2018 和 2019 年单井段数小幅下降至 29 段和 28 段。P75 压裂段数由初期 12 段增加至 2018 年的 58 段，2019 年下降至 50 段。P50 压裂段数代表了不同年度单井压裂段数的总体水平，整体随时间呈增加趋势，由初期 11 段增加至 2018 年的 42 段，2019 年 P50 压裂段数下降至 33 段。不同年度单井压裂段数散点图显示，2019 年统计样本点数仅 86 口，预计 P25、P50 和 P75 压裂段数代表性低于其他年度。

4.2　支撑剂量

支撑剂是指具有一定粒度和级配的天然砂或人造高强度陶瓷颗粒，用于保持压裂后裂缝的开启状态，从而保持裂缝网络的导流能力，为页岩油气产出提供流动通道。页岩气水平井分段压裂施工中需要将大量支撑剂注入页岩储层实现裂缝支撑作用。单井支撑剂量受页岩储层物性、水平段长、压裂施工规模、压裂液携砂能力等多种因素影响。

Marcellus 页岩气藏页岩气水平井单井支撑剂用量散点分布（图 4-4）显示，单井支撑剂用量范围为 80～25225t，主体位于 80～10000t。统计不同年度 7065 口页岩气水平井，平均单井支撑剂用量为 4570t，P25 支撑剂量为 2587t，P50 支撑剂量为 3864t，P75 支撑剂用量为 5805t。受水平井分段压裂规模及完钻水平段长增加影响，单井支撑剂量整体呈逐年增加趋势。

单井支撑剂用量频率统计显示（图 4-5），单井支撑剂用量主要集中在 10000t 范围内，统计气井数累计占比高达 94.4%。单井支撑剂用量 0～2000t 气井 1010 口，井数占比 14.3%。单井支撑剂用量 2000～4000t 气井 2673 口，井数占比 37.8%。单井支撑剂用量

4000～6000t 气井 1733 口，井数占比 24.5%。单井支撑剂用量 6000～8000t 气井 830 口，井数占比 11.7%。单井支撑剂用量 8000～10000t 气井 420 口，井数占比 5.9%。单井支撑剂用量超过 10000t 气井 399 口，井数占比 5.9%。统计气井中仅 3 口气井支撑剂用量超过 20000t，单井支撑剂用量介于 10000～20000t 气井 396 口。

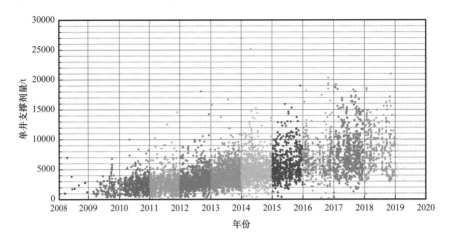

图 4-4　Marcellus 页岩气藏页岩气水平井单井支撑剂量散点分布图

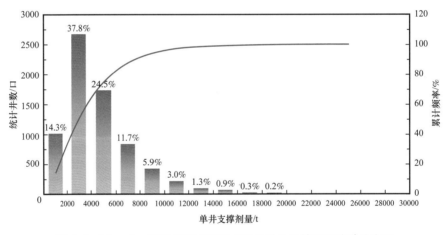

图 4-5　Marcellus 页岩气藏页岩气水平井单井支撑剂量统计分布图

对不同年度单井支撑剂量进行统计分析，将 P25 和 P75 单井支撑剂量作为主体范围上下限值绘制单井支撑剂量学习曲线（图 4-6）。2009 年统计气井 150 口，P25、P50 和 P75 支撑剂量分别为 910t、1708t 和 2695t。2010 年统计气井 611 口，P25、P50 和 P75 支撑剂量分别为 1539t、2293t 和 3054t。2011 年统计气井 934 口，P25、P50 和 P75 支撑剂量分别为 1714t、2476t 和 3273t。2012 年统计气井 1001 口，P25、P50 和 P75 支撑剂量分别为 2224t、2909t 和 3884t。2013 年统计气井 1310 口，P25、P50 和 P75 支撑剂量分别为 2918t、3830t 和 4988t。2014 年统计气井 1022 口，P25、P50 和 P75 支撑剂量分别为 3505t、4633t 和 5818t。2015 年统计气井 589 口，P25、P50 和 P75 支撑剂量分别为

4051t、5333t 和 7215t。2016 年统计气井 423 口，P25、P50 和 P75 支撑剂量分别为 4878t、6310t 和 8193t。2017 年统计气井 619 口，P25、P50 和 P75 支撑剂量分别为 5413t、7233t 和 9532t。2018 年统计气井 329 口，P25、P50 和 P75 支撑剂量分别为 5484t、8056t 和 10402t。2019 年统计气井 68 口，P25、P50 和 P75 支撑剂量分别为 4615t、6572t 和 9420t。

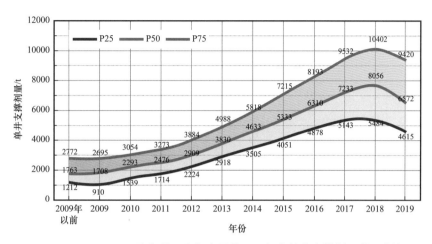

图 4-6　Marcellus 页岩气藏页岩气水平井不同年度单井支撑剂量学习曲线

单井支撑剂用量学习曲线（图 4-6）显示单井支撑剂用量整体呈逐年上升趋势。P25 单井支撑剂用量由初期 1212t 逐渐增加至 2018 年 5484t。P50 单井支撑剂用量由 1763t 增加至 2018 年 8056t。P75 单井支撑剂用量由 2772t 增加至 2018 年的 10402t。2019 年统计气井样本点仅 68 口，统计参数代表性略低于其他年度。

4.3　压裂液量

相对于传统的凝胶压裂液体系，滑溜水压裂液体系以其高效、低成本的特点在页岩气开发中广泛应用。滑溜水压裂液中 98.0%～99.5% 是混砂水，添加剂一般占滑溜水总体积的 0.5%～2.0%，包括降阻剂、表面活性剂、阻垢剂、黏土稳定剂以及杀菌剂等。随水平段长和分段压裂规模不断增加，页岩气水平井单井压裂液量由初期数千立方米增加至目前数万立方米。

Marcellus 页岩气藏页岩气水平井单井压裂液量散点分布（图 4-7）显示，单井压裂液量范围为 600～176295m³，主体位于 10000～50000m³。统计不同年度 8407 口页岩气水平井，平均单井压裂液量为 31333m³，P25 压裂液量为 17383m³，P50 压裂液用量为 26043m³、P75 压裂液用量为 39701m³。受水平井分段压裂规模及完钻水平段长增加影响，单井压裂液量整体呈逐年增加趋势。

单井压裂液用量频率统计显示（图 4-8），单井压裂液用量主要集中在 50000m³ 范围内，统计气井数累计占比高达 85.3%。单井压裂液用量 0～10000m³ 气井 365 口，井数占比 4.3%。单井压裂液用量 10000～20000m³ 气井 2405 口，井数占比 28.6%。单井压裂液用量 20000～30000m³ 气井 2199 口，井数占比 26.2%。单井压裂液用量 30000～40000m³ 气井 1381 口，井数占比 16.4%。单井压裂液用量 40000～50000m³ 气井 820 口，井数占比 9.8%。单井压裂液用量超过 50000m³ 气井 1237 口，井数占比 14.7%。单井压裂液量超过 100000m³ 气井有 87 口。

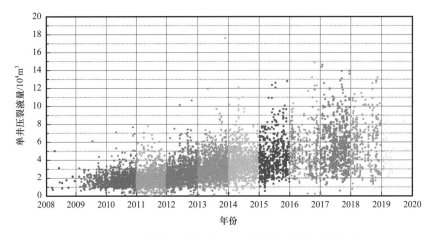

图 4-7　Marcellus 页岩气藏页岩气水平井单井压裂液量散点分布图

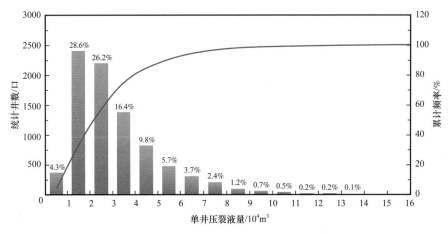

图 4-8　Marcellus 页岩气藏页岩气水平井单井压裂液量统计分布图

对不同年度单井压裂液量进行统计分析，将 P25 和 P75 单井压裂液量作为主体范围上下限值绘制单井压裂液量学习曲线（图 4-9）。2009 年统计气井 274 口，P25、P50 和 P75 压裂液量分别为 11429m³、15600 m³ 和 20698m³。2010 年统计气井 1097 口，P25、P50 和 P75 压裂液量分别为 13453m³、16857m³ 和 21319m³。2011 年统计气井 1444 口，P25、P50 和 P75 压裂液量分别为 13317m³、17562m³ 和 23168m³。2012 年统计气井 1154 口，P25、P50 和 P75 压裂液量分别为 16509m³、23031m³ 和 29980m³。2013 年统计气井 1342 口，P25、P50 和 P75 压裂液量分别为 22219m³、29716m³ 和 38981m³。2014 年统计气井 1044 口，P25、P50 和 P75 压裂液量分别为 25461m³、33622m³ 和 43685m³。2015 年统计气井 598 口，

P25、P50 和 P75 压裂液量分别为 29174m³、39253m³ 和 53381m³。2016 年统计气井 424 口，P25、P50 和 P75 压裂液量分别为 33126m³、44653m³ 和 62928m³。2017 年统计气井 621 口，P25、P50 和 P75 压裂液量分别为 37041m³、52568m³ 和 71933m³。2018 年统计气井 330 口，P25、P50 和 P75 压裂液量分别为 31921m³、53816m³ 和 71893m³。2019 年统计气井 68 口，P25、P50 和 P75 压裂液量分别为 30326m³、38010m³ 和 53173m³。

单井压裂液用量学习曲线（图 4-9）显示，单井压裂液用量整体呈逐年上升趋势。P25 单井压裂液用量由初期 11429m³ 逐渐增加至 2018 年 71892m³。P50 单井压裂液用量由 15600m³ 增加至 2018 年 53816m³。P75 单井压裂液用量由 20698m³ 增加至 2018 年的 71893m³。2019 年统计气井样本点仅 68 口，统计参数代表性略低于其他年度。

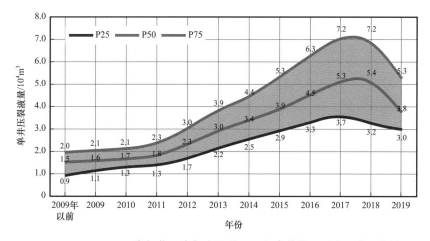

图 4-9　Marcellus 页岩气藏页岩气水平井不同年度单井压裂液量学习曲线

4.4　平均段间距

平均段间距是指页岩气水平井分段压裂过程中相邻段间的平均间距。页岩气水平井分段压裂能够根据页岩储层性质及施工条件构建多条相互独立的人工裂缝改善渗流条件，进而提高页岩气水平井产能。平均段间距主要受页岩储层物性和压裂施工条件影响，也直接影响气井产能及压裂成本。平均段间距为页岩气水平井分段压裂关键参数之一，该参数可供不同区块或井间进行横向对比。

Marcellus 页岩气藏页岩气水平井平均段间距散点分布（图 4-10）显示，平均段间距范围为 7.5～290m，主体位于 40～120m。统计不同年度 6426 口页岩气水平井，平均段间距为 82m，P25 段间距为 59m，P50 段间距为 70m，P75 段间距为 97m。平均段间距呈逐年下降趋势。

平均段间距频率统计显示（图 4-11），主体位于 40～120m，统计气井数累计占比高达 86.1%。平均段间距小于 40m 气井 99 口，统计井数占比 1.6%。平均段间距 40～50m 气井 674 口，统计井数占比 10.5%。平均段间距 50～60m 气井 1259 口，统计井数占比

19.6%。平均段间距 60~70m 气井 1177 口，统计井数占比 18.3%。平均段间距 70~80m 气井 598 口，统计井数占比 9.3%。平均段间距 80~90m 气井 613 口，统计井数占比 9.5%。平均段间距 90~100m 气井 507 口，统计井数占比 7.9%。平均段间距 100~110m 气井 392 口，统计井数占比 6.1%。平均段间距 110~120m 气井 254 口，统计井数占比 4.0%。平均段间距大于 120m 气井 784 口，统计井数占比 12.3%。

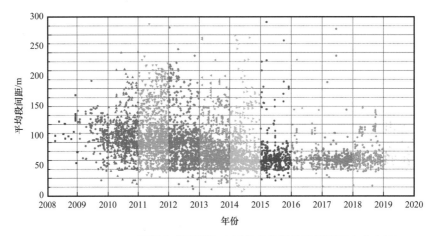

图 4-10 Marcellus 页岩气藏页岩气水平井单井平均段间距散点分布图

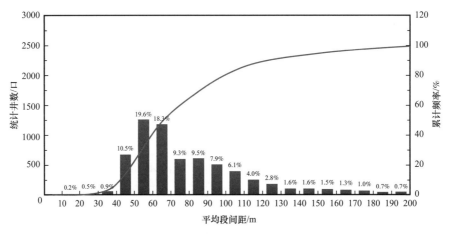

图 4-11 Marcellus 页岩气藏页岩气水平井单井平均段间距统计分布图

对不同年度页岩气水平井分段压裂平均段间距进行统计分析，将 P25 和 P75 段间距作为主体范围上下限值绘制平均段间距学习曲线（图 4-12）。2009 年统计气井 162 口，P25、P50 和 P75 段间距分别为 85.2m、104.9m 和 123.1m。2010 年统计气井 600 口，P25、P50 和 P75 段间距分别为 82.9m、97.8m 和 117.7m。2011 年统计气井 1068 口，P25、P50 和 P75 段间距分别为 77.9m、93.6m 和 114.3m。2012 年统计气井 944 口，P25、P50 和 P75 段间距分别为 60.4m、83.9m 和 102.3m。2013 年统计气井 1155 口，P25、P50 和 P75 段间距分别为 57.7m、62.8m 和 84.9m。2014 年统计气井 903 口，P25、P50 和 P75

段间距分别为 55.9m、60.0m 和 75.8m。2015 年统计气井 453 口，P25、P50 和 P75 段间距分别为 53.3m、60.1m 和 68.5m。2016 年统计气井 241 口，P25、P50 和 P75 段间距分别为 55.0m、61.6m 和 69.0m。2017 年统计气井 428 口，P25、P50 和 P75 段间距分别为 57.7m、59.8m 和 63.9m。2018 年统计气井 376 口，P25、P50 和 P75 段间距分别为 56.9m、61.1m 和 70.6m。2019 年统计气井 77 口，P25、P50 和 P75 段间距分别为 58.5m、65.6m 和 72.7m。

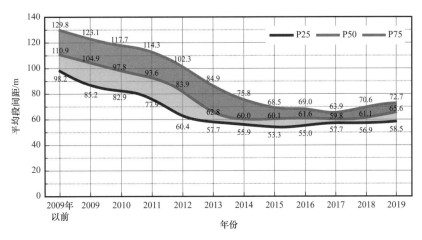

图 4-12　Marcellus 页岩气藏页岩气水平井不同年度单井平均段间距学习曲线

平均段间距学习曲线显示，段间距整体呈逐年减小趋势。P25 段间距由初期 98.2m 逐渐缩小至 2019 年 58.5m。P50 段间距由 110.9m 缩小至 2019 年 65.6m。P75 段间距由 129.8m 缩小至 2019 年的 72.7m。

4.5　加砂强度

加砂强度是指单位段长支撑剂用量，一定程度上反映了水平井分段压裂强度。加砂强度是页岩气水平井分段压裂核心参数之一。目前较为普遍的认识是提高加砂强度能够有助于提高单井产量。加砂强度为单位标准参数，可供不同区块或井间对比分析。

Marcellus 页岩气藏页岩气水平井加砂强度散点分布（图 4-13）显示，加砂强度范围为 0.03～9.90t/m，主体位于 1.00～3.50t/m。统计不同年度 6433 口页岩气水平井，平均加砂强度为 2.32t/m，P25 加砂强度为 1.67t/m，P50 加砂强度为 2.23t/m，P75 加砂强度为 2.92t/m。加砂强度整体呈逐年增加趋势。

加砂强度频率统计显示（图 4-14），主体位于 0.5～4.0t/m，统计气井数累计占比高达 96%。加砂强度小于 0.5t/m 气井 71 口，统计井数占比 1.1%。加砂强度 0.5～1.0t/m 气井 388 口，统计井数占比 6.0%。加砂强度 1.0～1.5t/m 气井 731 口，统计井数占比 11.3%。加砂强度 1.5～2.0t/m 气井 1370 口，统计井数占比 21.2%。加砂强度 2.0～2.5t/m 气井 1429 口，统计井数占比 22.1%。加砂强度 2.5～3.0t/m 气井 1112 口，统计井数占比 17.2%。加砂强度 3.0～3.5t/m 气井 665 口，统计井数占比 10.3%。加砂强度 3.5～4.0t/m 气井 480 口，统计井数占比 7.4%。加砂强度超过 4.0t/m 气井 187 口，统计井数占比 2.9%。

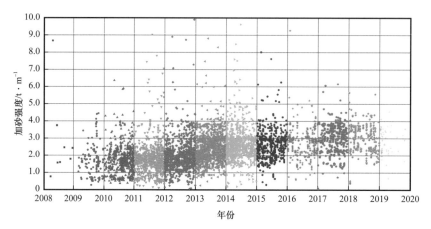

图 4-13　Marcellus 页岩气藏页岩气水平井加砂强度散点分布图

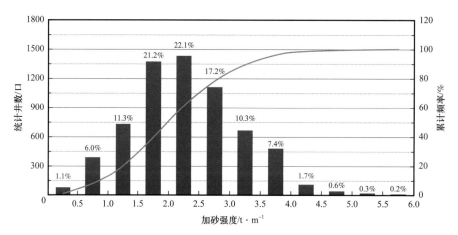

图 4-14　Marcellus 页岩气藏页岩气水平井加砂强度统计分布图

对不同年度页岩气水平井分段压裂加砂强度进行统计分析，将 P25 和 P75 加砂强度作为主体范围上下限值绘制加砂强度学习曲线（图 4-15）。2009 年统计气井 137 口，P25、P50 和 P75 加砂强度分别为 0.96t/m、1.53t/m 和 2.04t/m。2010 年统计气井 571 口，P25、P50 和 P75 加砂强度分别为 1.26t/m、1.68t/m 和 2.17t/m。2011 年统计气井 907 口，P25、P50 和 P75 加砂强度分别为 1.29t/m、1.68t/m 和 2.06t/m。2012 年统计气井 985 口，P25、P50 和 P75 加砂强度分别为 1.45t/m、1.88t/m 和 2.28t/m。2013 年统计气井 1282 口，P25、P50 和 P75 加砂强度分别为 1.89t/m、2.37t/m 和 2.94t/m。2014 年统计气井 993 口，P25、P50 和 P75 加砂强度分别为 2.09t/m、2.54t/m 和 2.97t/m。2015 年统计气井 519 口，P25、P50 和 P75 加砂强度分别为 2.12t/m、2.60t/m 和 3.02t/m。2016 年统计气井 304 口，

P25、P50 和 P75 加砂强度分别为 2.21t/m、2.82t/m 和 3.11t/m。2017 年统计气井 436 口，P25、P50 和 P75 加砂强度分别为 2.37t/m、3.12t/m 和 3.60t/m。2018 年统计气井 280 口，P25、P50 和 P75 加砂强度分别为 2.36t/m、3.03t/m 和 3.57t/m。2019 年统计气井 64 口，P25、P50 和 P75 加砂强度分别为 2.24t/m、2.66t/m 和 3.40t/m。

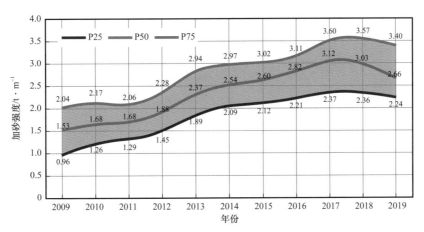

图 4-15　Marcellus 页岩气藏页岩气水平井不同年度加砂强度学习曲线

加砂强度学习曲线显示，加砂强度整体呈逐年增加趋势。P25 加砂强度由初期 0.96t/m 逐渐增加至 2017 年 2.37t/m。P50 加砂强度由 1.53t/m 增加至 2017 年 3.12t/m。P75 加砂强度由 2.04t/m 增加至 2019 年的 3.60t/m。自 2017 年起，加砂强度呈小幅下降趋势。

4.6　用液强度

用液强度是指单位段长压裂用液量，一定程度上反映了水平井分段压裂强度。用液强度同样被视为页岩气水平井分段压裂关键参数之一，可供不同区块或井间对比分析。

Marcellus 页岩气藏页岩气水平井用液强度散点分布（图 4-16）显示，用液强度范围为 $0\sim60m^3/m$，主体位于 $5\sim30m^3/m$。统计不同年度 7757 口页岩气水平井，平均用液强度为 $16.9m^3/m$，P25 用液强度为 $12.0m^3/m$，P50 用液强度为 $16.1m^3/m$，P75 用液强度为 $20.8m^3/m$。用液强度整体呈逐年增加趋势。

用液强度频率统计显示（图 4-17），主体位于 $5.0\sim30.0m^3/m$，统计气井数累计占比高达 96%。用液强度小于 $5m^3/m$ 气井 111 口，统计井数占比 1.4%。用液强度 $5.0\sim10.0m^3/m$ 气井 942 口，统计井数占比 12.1%。用液强度 $10.0\sim15.0m^3/m$ 气井 2232 口，统计井数占比 28.7%。用液强度 $15.0\sim20.0m^3/m$ 气井 2297 口，统计井数占比 29.5%。用液强度 $20.0\sim25.0m^3/m$ 气井 1474 口，统计井数占比 18.9%。用液强度 $25.0\sim30.0m^3/m$ 气井 504 口，统计井数占比 6.5%。用液强度超过 $30.0m^3/m$ 气井 197 口，统计井数占比 2.5%。

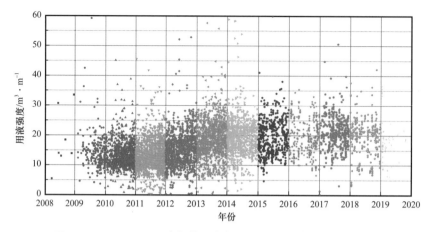

图 4-16　Marcellus 页岩气藏页岩气水平井用液强度散点分布图

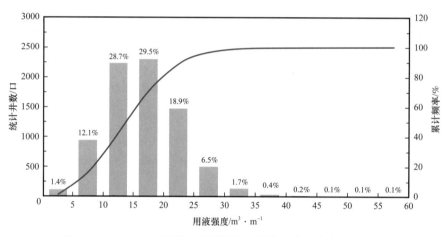

图 4-17　Marcellus 页岩气藏页岩气水平井用液强度统计分布图

对不同年度页岩气水平井分段压裂用液强度进行统计分析，将 P25 和 P75 用液强度作为主体范围上下限值绘制用液强度学习曲线（图 4-18）。2009 年统计气井 250 口，P25、P50 和 P75 用液强度分别为 10.7m³/m、13.3m³/m 和 16.1m³/m。2010 年统计气井 1034 口，P25、P50 和 P75 用液强度分别为 10.4m³/m、12.5m³/m 和 15.8m³/m。2011 年统计气井 1404 口，P25、P50 和 P75 用液强度分别为 9.8m³/m、12.6m³/m 和 16.2m³/m。2012 年统计气井 1137 口，P25、P50 和 P75 用液强度分别为 11.4m³/m、15.2m³/m 和 18.3m³/m。2013 年统计气井 1314 口，P25、P50 和 P75 用液强度分别为 14.9m³/m、18.2m³/m 和 22.8m³/m。2014 年统计气井 1015 口，P25、P50 和 P75 用液强度分别为 15.7m³/m、19.4m³/m 和 22.7m³/m。2015 年统计气井 528 口，P25、P50 和 P75 用液强度分别为 15.0m³/m、19.4m³/m 和 23.3m³/m。2016 年统计气井 305 口，P25、P50 和 P75 用液强度分别为 15.3m³/m、19.1m³/m 和 24.1m³/m。2017 年统计气井 439 口，P25、P50 和 P75 用液强度分别为 17.9m³/m、20.8m³/m 和 24.6m³/m。2018 年统计气井 281 口，P25、P50 和 P75 用液强度分别为 15.5m³/m、20.4m³/m 和 22.8m³/m。2019 年统计气井 64 口，P25、P50 和 P75 用液强度分别为 14.8m³/m、17.1m³/m 和 19.6m³/m。

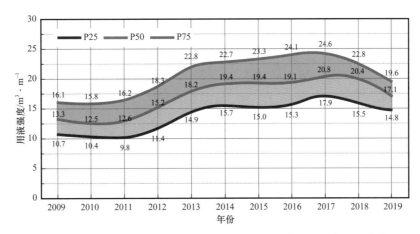

图 4-18　Marcellus 页岩气藏页岩气水平井不同年度用液强度学习曲线

　　用液强度学习曲线显示，用液强度整体呈逐年增加趋势。P25 用液强度由初期 10.4m³/m 逐渐增加至 2017 年 17.9m³/m。P50 用液强度由 12.5m³/m 增加至 2017 年 20.8m³/m。P75 用液强度由 15.8m³/m 增加至 2019 年的 24.6m³/m。自 2017 年起，用液强度呈小幅下降趋势。

第5章 开发指标

页岩中含有大量的吸附气，且微孔和介孔发育，页岩气流动机理特殊。与常规气藏相比，页岩气藏气体赋存方式更为复杂、气体流动方式呈现多样化。页岩气井受储层人工裂缝、吸附气解吸及特殊流动机理影响，投产初期与中后期的产量递减趋势差异大，表现出初期递减指数变化较快、后期趋于稳定的特征。页岩气水平井关键开发指标包括首年日产气量、产量递减率、单井估算最终采收率（单井 EUR）、百米段长估算最终采收率（百米段长 EUR）、百吨砂量估算最终采收率（百吨砂量 EUR）和建井周期。

页岩气井产能评价方法不同于常规气藏，页岩储层致密，基质渗透率一般为 $100\sim1000nD$，井间几乎不连通，需要进行大规模分段压裂才能使基质中的气体流入井筒，气藏开发整体呈现出"一井一藏"或"一台一藏"特征，基于以上特征，气井产能评价方法有其特殊性。通常将气井投产第一年平均日产气量作为气井产能关键指标，投产第一年气井经历了初期高峰排液阶段、峰值生产阶段、井口压力和产量快速下降阶段。由于投产初期页岩气井排液量为主导，产气量经历先增加后下降趋势，故通常选取年产量递减率作为气井递减关键指标。年产量递减率是指气井本年度产量相对于上一年度产量的相对递减幅度。百米段长 EUR 和百吨砂量 EUR 是两项标准开发指标，表示单位水平段长和单位砂量能够获取的产气量，可用于区块和井间进行横向对比。首年日产气量、产量递减率、单井 EUR、百米段长 EUR 和百吨砂量 EUR 均是反映页岩气井产量的关键开发指标。

除此之外，本章将建井周期作为开发指标之一。建井周期是指页岩气水平井从开钻至投产所需的周期，是钻井工程、分段压裂、地面工程及生产优化的综合效率指标，直接影响具体页岩气藏的建产速度和开发效益。因此，将建井周期作为一项反映综合开发效率的关键指标评价全流程施工作业效率。

5.1 首年日产气量

首年日产气量是指气井投产第一年的平均日产气量，可作为气井产能评价的关键指标。气井投产经历初期排液阶段、峰值产气阶段、产量和压力快速递减阶段后进入平稳生产阶段，首年日产气量反映了气井的整体产能特征。

Marcellus 页岩气藏页岩气水平井首年日产气量散点分布（图 5-1）显示，气井首年日产气量范围为 $0\sim110\times10^4m^3$，主体位于 $0\sim30\times10^4m^3$。统计不同年度 16648 口页岩气水平井，平均首年日产气量为 $13.7 \times 10^4 \mathrm{m}^3$，P25 首年日产气量为 $6.0 \times 10^4 \mathrm{m}^3$，P50 首年日产气量为 $10.8 \times 10^4 \mathrm{m}^3$，P75 首年日产气量为 $18.4 \times 10^4 \mathrm{m}^3$。随完钻气井水平段长及分段压裂技术进步，气井首年日产气量呈逐年上升趋势。

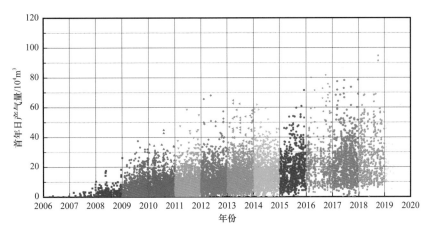

图 5-1　Marcellus 页岩气藏页岩气水平井首年日产气量散点分布图

页岩气水平井首年日产气量频率统计显示（图 5-2），主体位于（0~30.0）$\times 10^4 \mathrm{m}^3$，统计气井数累计占比高达 92.1%。首年日产气量小于 $5.0 \times 10^4 \mathrm{m}^3$ 气井 3248 口，统计井数占比 19.5%。首年日产气量（5.0~10.0）$\times 10^4 \mathrm{m}^3$ 气井 4415 口，统计井数占比 26.5%。首年日产气量（10.0~15.0）$\times 10^4 \mathrm{m}^3$ 气井 3285 口，统计井数占比 19.7%。首年日产气量（15.0~20.0）$\times 10^4 \mathrm{m}^3$ 气井 2117 口，统计井数占比 12.7%。首年日产气量（20.0~25.0）$\times 10^4 \mathrm{m}^3$ 气井 1355 口，统计井数占比 8.1%。首年日产气量（25.0~30.0）$\times 10^4 \mathrm{m}^3$ 气井 917 口，统计井数占比 5.5%。首年日产气量超过 $30.0 \times 10^4 \mathrm{m}^3$ 气井 1311 口，统计井数占比 7.9%。

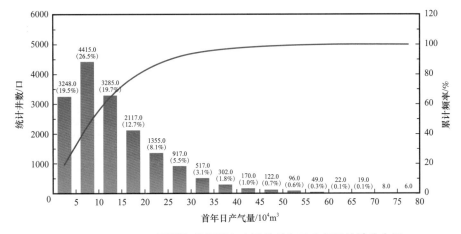

图 5-2　Marcellus 页岩气藏页岩气水平井首年日产气量统计分布图

Marcellus 页岩气藏页岩气水平井首年日产气量与单井 EUR 统计关系分布（图 5-3）显示两者存在一定线性统计关系。考虑首年日产气量与 EUR 现实物理意义，选取过原点限制条件对所有气井首年日产气量与单井 EUR 做线性统计回归。线性拟合结果及残差分布显示，Marcellus 页岩气藏页岩气水平井首年日产气量与单井 EUR 存在统计线性关系，线性回归样本点 16507 个，相关系数 0.9053、相关系数平方值 0.8195，标准差 6.6576，斜率 0.1823。线性统计关系表明随着年日产气量增加，单井 EUR 整体呈线性增加规律。页岩气水平井首年日产气量是气井关键开发指标之一，能够直接反映气井的生产效果和最终可采储量。当页岩气井投产超过一年时，可利用气井首年日产气量定量评价气井产能并初步回归预测气井 EUR。同时，首年日产气量作为气井关键开发指标也可用于开发方案设计。

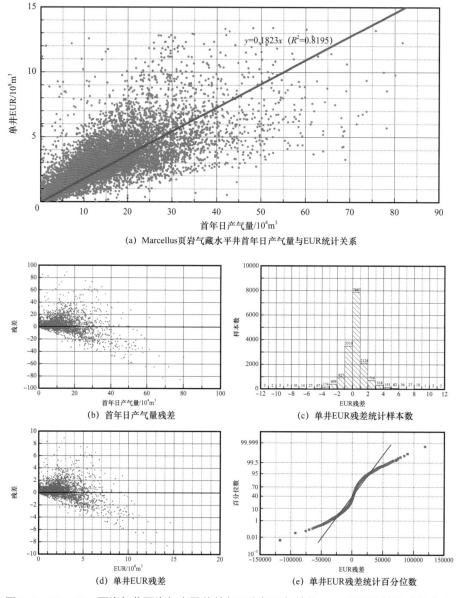

(a) Marcellus页岩气藏水平井首年日产气量与EUR统计关系

(b) 首年日产气量残差

(c) 单井EUR残差统计样本数

(d) 单井EUR残差

(e) 单井EUR残差统计百分位数

图 5-3　Marcellus 页岩气藏页岩气水平井首年日产气量与单井 EUR 关系统计及残差分布

对不同年度页岩气水平井首年日产气量进行统计分析，将 P25 和 P75 首年日产气量作为主体范围上下限值绘制首年日产气量学习曲线（图 5-4）。2009 年统计气井 1074口，P25、P50 和 P75 首年日产气量分别为 $3.1 \times 10^4 m^3$、$5.8 \times 10^4 m^3$ 和 $9.2 \times 10^4 m^3$。2010年统计气井 1472 口，P25、P50 和 P75 首年日产气量分别为 $4.0 \times 10^4 m^3$、$6.9 \times 10^4 m^3$ 和$10.7 \times 10^4 m^3$。2011 年统计气井 1663 口，P25、P50 和 P75 首年日产气量分别为 $4.4 \times 10^4 m^3$、$7.5 \times 10^4 m^3$ 和 $11.7 \times 10^4 m^3$。2012 年统计气井 1333 口，P25、P50 和 P75 首年日产气量分 别 为 $5.4 \times 10^4 m^3$、$9.7 \times 10^4 m^3$ 和 $15.7 \times 10^4 m^3$。2013 年 统 计 气 井 1655 口，P25、P50和 P75 首年日产气量分别为 $7.7 \times 10^4 m^3$、$11.9 \times 10^4 m^3$ 和 $17.4 \times 10^4 m^3$。2014 年统计气井1319 口，P25、P50 和 P75 首年日产气量分别为 $8.2 \times 10^4 m^3$、$13.3 \times 10^4 m^3$ 和 $19.5 \times 10^4 m^3$。2015 年统计气井 850 口，P25、P50 和 P75 首年日产气量分别为 $9.2 \times 10^4 m^3$、$15.7 \times 10^4 m^3$和 $23.3 \times 10^4 m^3$。2016 年 统 计 气 井 576 口，P25、P50 和 P75 首 年 日 产 气 量 分 别 为$12.5 \times 10^4 m^3$、$19.4 \times 10^4 m^3$ 和 $27.2 \times 10^4 m^3$。2017 年统计气井 947 口，P25、P50 和 P75 首年日产气量分别为 $11.9 \times 10^4 m^3$、$20.6 \times 10^4 m^3$ 和 $29.9 \times 10^4 m^3$。2018 年统计气井 519 口，P25、P50 和 P75 首年日产气量分别为 $13.1 \times 10^4 m^3$、$21.6 \times 10^4 m^3$ 和 $31.8 \times 10^4 m^3$。2019 年统计气井69 口，P25、P50 和 P75 首年日产气量分别为 $15.4 \times 10^4 m^3$、$21.0 \times 10^4 m^3$ 和 $31.8 \times 10^4 m^3$。

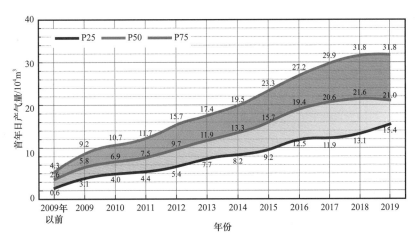

图 5-4 Marcellus 页岩气藏页岩气水平井首年日产气量学习曲线

首年日产气量学习曲线显示，首年日产气量整体呈逐年增加趋势。P25 首年日产气量由 2009 年的 $3.1 \times 10^4 m^3$ 逐渐增加至 2017 年的 $15.4 \times 10^4 m^3$。P50 首年日产气量由$5.8 \times 10^4 m^3$ 增加至 2019 年的 $21.0 \times 10^4 m^3$。P75 首年日产气量由 $9.2 \times 10^4 m^3$ 增加至 2019 年的 $31.8 \times 10^4 m^3$。

5.2 产量递减率

除首年日产气量外，产量递减率是表征气井后续产量的另一关键开发指标。由于页岩气井投产初期经历高液量排液阶段、峰值产量阶段、产量和压力快速递减阶段，通常选取年产量递减率描述气井不同年度的生产规律。本节对 Marcellus 页岩气藏 8669 口生产数据连续完整的页岩气水平井递减规律进行了分析。

5.2.1 第 2 年产量递减率

页岩气井投产以后经历第 1 年复杂生产阶段后，通常第 2 年进入稳定生产阶段，第 2 年产量递减率是产量递减规律中尤为重要的开发指标。第 2 年产量递减率统计结果显示，8669 口气井平均第 2 年产量递减率为 39.0%，P25 第 2 年产量递减率为 29.7%，P50 第 2 年产量递减率为 39.5%，P75 第 2 年产量递减率为 48.6%。

页岩气水平井第 2 年产量递减率频率统计显示（图 5-5），主体位于 20.0%～60.0%，统计气井数累计占比高达 83.3%。第 2 年产量递减率小于 10% 的气井 263 口，统计井数占比 3.0%。第 2 年产量递减率 10%～20% 的气井 666 口，统计井数占比 7.7%。第 2 年产量递减率 20%～30% 的气井 1279 口，统计井数占比 14.8%。第 2 年产量递减率

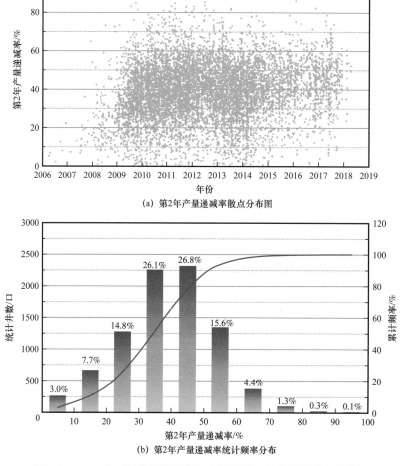

(a) 第2年产量递减率散点分布图

(b) 第2年产量递减率统计频率分布

图 5-5　Marcellus 页岩气藏页岩气水平井第 2 年产量递减率分布图

30%～40% 的气井 2262 口，统计井数占比 26.1%。第 2 年产量递减率 40%～50% 的气井 2320 口，统计井数占比 26.8%。第 2 年产量递减率 50%～60% 的气井 1350 口，统计井数占比 15.6%。第 2 年产量递减率 60%～70% 的气井 383 口，统计井数占比 4.4%。第 2 年产量递减率大于 70% 的气井 146 口，统计井数占比 1.7%。

对不同年度页岩气水平井第 2 年产量递减率进行统计分析，将 P25 和 P75 第 2 年产量递减率作为主体范围上下限值绘制第 2 年产量递减率学习曲线（图 5-6）。2009 年统计气井 973 口，P25、P50 和 P75 第 2 年产量递减率分别为 26%、34% 和 44%。2010 年统计气井 1353 口，P25、P50 和 P75 第 2 年产量递减率分别为 29%、39% 和 48%。2011 年统计气井 1453 口，P25、P50 和 P75 第 2 年产量递减率分别为 31%、40% 和 49%。2012 年统计气井 1112 口，P25、P50 和 P75 第 2 年产量递减率分别为 32%、41% 和 50%。2013 年统计气井 1299 口，P25、P50 和 P75 第 2 年产量递减率分别为 29%、38% 和 48%。2014 年统计气井 977 口，P25、P50 和 P75 第 2 年产量递减率分别为 30%、40% 和 49%。2015 年统计气井 578 口，P25、P50 和 P75 第 2 年产量递减率分别为 33%、42% 和 50%。2016 年统计气井 395 口，P25、P50 和 P75 第 2 年产量递减率分别为 35%、43% 和 52%。2017 年统计气井 352 口，P25、P50 和 P75 第 2 年产量递减率分别为 37%、45% 和 53%。

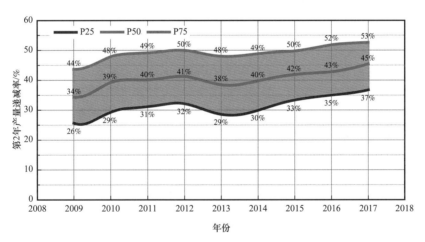

图 5-6　Marcellus 页岩气藏页岩气水平井第 2 年产量递减率学习曲线

第 2 年产量递减率学习曲线显示，第 2 年产量递减率整体呈稳定和小幅增加趋势。除去 2009 年投产井第 2 年产量递减率统计值外，P25 第 2 年产量递减率稳定在 29%～37%，P50 第 2 年产量递减率分布在 38%～45%，P75 第 2 年产量递减率稳定在 48%～53%。Marcellus 页岩气藏气井第 2 年产量递减率整体呈逐年小幅度增加趋势。

5.2.2　第 3 年产量递减率

第 3 年产量递减率统计结果显示，7785 口气井平均第 3 年产量递减率为 22.5%、P25 第 3 年产量递减率为 16.3%，P50 第 3 年产量递减率为 22.0%，P75 第 3 年产量递减率为

27.6%。页岩气水平井第 3 年产量递减率频率统计显示（图 5-7），主体位于 10%～30%，统计气井数累计占比高达 72.3%。第 3 年产量递减率小于 10% 的气井 729 口，统计井数占比 9.4%。第 3 年产量递减率 10%～20% 的气井 2411 口，统计井数占比 31.0%。第 3 年产量递减率 20%～30% 的气井 3212 口，统计井数占比 41.3%。第 3 年产量递减率 30%～40% 的气井 1034 口，统计井数占比 13.3%。第 3 年产量递减率 40%～50% 的气井 297 口，统计井数占比 3.8%。第 3 年产量递减率超过 50% 的气井 102 口，统计井数占比 1.3%。

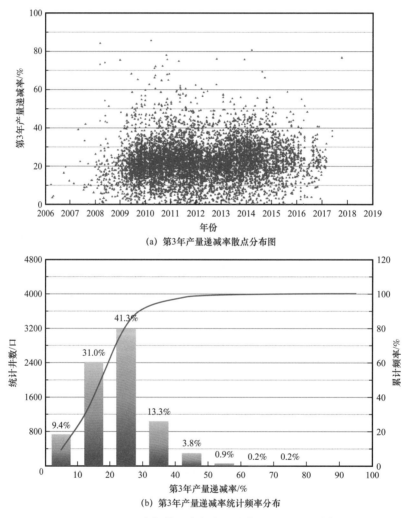

(a) 第3年产量递减率散点分布图

(b) 第3年产量递减率统计频率分布

图 5-7　Marcellus 页岩气藏页岩气水平井第 3 年产量递减率分布图

5.2.3　第 4 年产量递减率

第 4 年产量递减率统计结果显示，6721 口气井平均第 4 年产量递减率为 22.3%、P25 第 4 年产量递减率为 15.4%，P50 第 4 年产量递减率为 20.9%，P75 第 4 年产量递减率为

27.3%。页岩气水平井第 4 年产量递减率频率统计显示（图 5-8），主体位于 10%～30%，统计气井数累计占比高达 71.7%。第 4 年产量递减率小于 10% 的气井 677 口，统计井数占比 10.1%。第 4 年产量递减率 10%～20% 的气井 2396 口，统计井数占比 35.6%。第 4 年产量递减率 20%～30% 的气井 2424 口，统计井数占比 36.1%。第 4 年产量递减率 30%～40% 的气井 816 口，统计井数占比 12.1%。第 4 年产量递减率超过 40% 的气井 408 口，统计井数占比 6.1%。

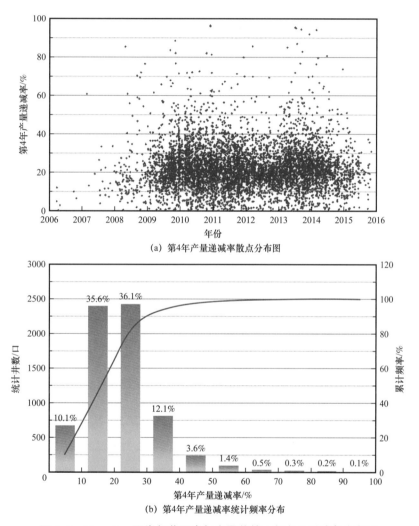

(a) 第4年产量递减率散点分布图

(b) 第4年产量递减率统计频率分布

图 5-8　Marcellus 页岩气藏页岩气水平井第 4 年产量递减率分布图

5.2.4　第 5 年产量递减率

第 5 年产量递减率统计结果显示，5878 口气井平均第 5 年产量递减率为 19.8%，P25 第 5 年产量递减率为 12.6%，P50 第 5 年产量递减率为 17.5%，P75 第 5 年产量递减率为 24.2%。页岩气水平井第 5 年产量递减率频率统计显示（图 5-9），主体位于 10%～30%，统计气井数累计占比高达 70.0%。第 5 年产量递减率小于 10% 的气井 918 口，统计井数占比 15.6%。第 5 年产量递减率 10%～20% 的气井 2703 口，统计井数占比 46.0%。第 5 年产量递减率 20%～30% 的气井 1412 口，统计井数占比 24.0%。第 5 年产量递减率 30%～40% 的气井 483 口，统计井数占比 8.2%。第 5 年产量递减率超过 40% 的气井 362 口，统计井数占比 6.2%。

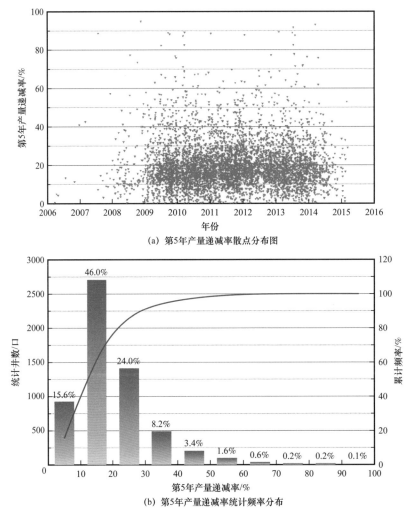

(a) 第5年产量递减率散点分布图

(b) 第5年产量递减率统计频率分布

图 5-9　Marcellus 页岩气藏页岩气水平井第 5 年产量递减率分布图

5.2.5　第 6 年产量递减率

第 6 年产量递减率统计结果显示，4637 口气井平均第 6 年产量递减率为 17.2%，P25 第 6 年产量递减率为 10.9%，P50 第 6 年产量递减率为 15.2%，P75 第 6 年产量递减率为 21.1%。页岩气水平井第 6 年产量递减率频率统计显示（图 5-10），主体位于 30% 以内，统计气井数累计占比高达 90.7%。第 6 年产量递减率小于 10% 的气井 979 口，统计井数占比 21.1%。第 6 年产量递减率 10%～20% 的气井 2314 口，统计井数占比 49.9%。第 6 年产量递减率 20%～30% 的气井 913 口，统计井数占比 19.7%。第 6 年产量递减率 30%～40% 的气井 264 口，统计井数占比 5.7%。第 6 年产量递减率超过 40% 的气井 167 口，统计井数占比 3.6%。

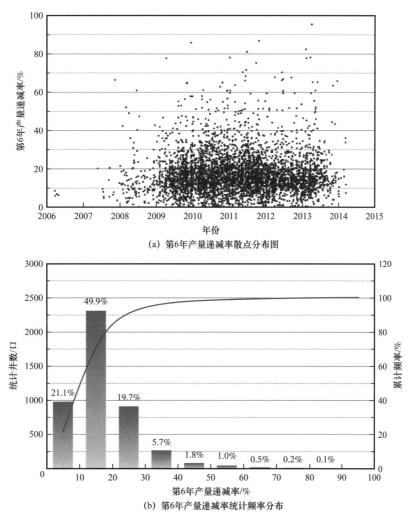

(a) 第6年产量递减率散点分布图

(b) 第6年产量递减率统计频率分布

图 5-10 Marcellus 页岩气藏页岩气水平井第 6 年产量递减率分布图

5.2.6 第 7 年产量递减率

第 7 年产量递减率统计结果显示，3487 口气井平均第 7 年产量递减率为 16.1%，P25 第 7 年产量递减率为 9.8%，P50 第 7 年产量递减率为 13.9%，P75 第 7 年产量递减率为 19.9%。页岩气水平井第 7 年产量递减率频率统计显示（图 5-11），主体位于 30% 以内，统计气井数累计占比高达 91.8%。第 7 年产量递减率小于 10% 的气井 904 口，统计井数占比 25.9%。第 7 年产量递减率 10%～20% 的气井 1721 口，统计井数占比 49.4%。第 7

年产量递减率20%～30%的气井574口，统计井数占比16.5%。第7年产量递减率超过30%的气井288口，统计井数占比8.2%。

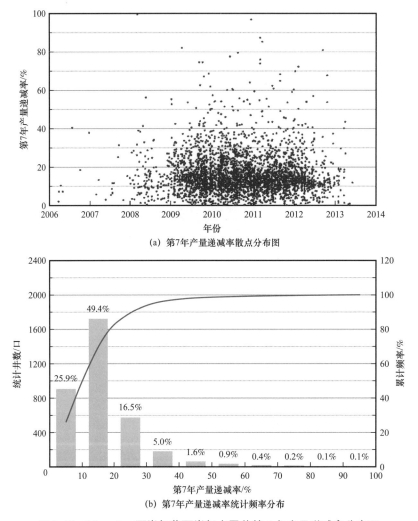

(a) 第7年产量递减率散点分布图

(b) 第7年产量递减率统计频率分布

图 5-11　Marcellus 页岩气藏页岩气水平井第 7 年产量递减率分布图

5.2.7　第 8 年产量递减率

第 8 年产量递减率统计结果显示，2166 口气井平均第 8 年产量递减率为 14.4%，P25 第 8 年产量递减率为 8.6%，P50 第 8 年产量递减率为 12.1%，P75 第 8 年产量递减率为 18.1%。页岩气水平井第 8 年产量递减率频率统计显示（图 5-12），主体位于 20% 以内，统计气井数累计占比高达 80.4%。第 8 年产量递减率小于 10% 的气井 746 口，统计井数占比 34.4%。第 8 年产量递减率 10%～20% 的气井 997 口，统计井数占比 46.0%。第 8 年产量递减率 20%～30% 的气井 280 口，统计井数占比 12.9%。第 8 年产量递减率超过 30% 的气井 143 口，统计井数占比 6.7%。

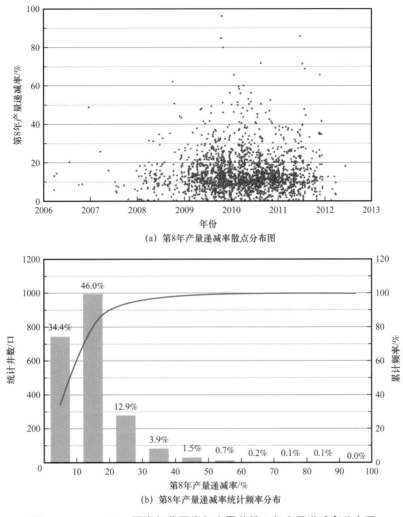

(a) 第8年产量递减率散点分布图

(b) 第8年产量递减率统计频率分布

图 5-12　Marcellus 页岩气藏页岩气水平井第 8 年产量递减率分布图

5.2.8　第 9 年产量递减率

第 9 年产量递减率统计结果显示，984 口气井平均第 9 年产量递减率为 12.4%，P25 第 9 年产量递减率为 6.4%，P50 第 9 年产量递减率为 9.7%，P75 第 9 年产量递减率为 15.8%。页岩气水平井第 9 年产量递减率频率统计显示（图 5-13），主体位于 20% 以内，统计气井数累计占比高达 83.9%。第 9 年产量递减率小于 10% 的气井 512 口，统计井数占比 52.0%。第 9 年产量递减率 10%～20% 的气井 314 口，统计井数占比 31.9%。第 9 年产量递减率 20%～30% 的气井 103 口，统计井数占比 10.5%。第 9 年产量递减率超过 30% 的气井 55 口，统计井数占比 5.6%。

5.2.9　产量递减率学习曲线

对不同生产时间页岩气水平井产量递减率进行统计分析，将 P25 和 P75 产量递减率

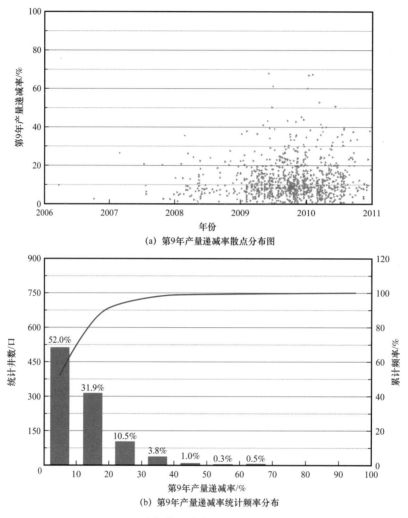

(a) 第9年产量递减率散点分布图

(b) 第9年产量递减率统计频率分布

图 5-13　Marcellus 页岩气藏页岩气水平井第 9 年产量递减率分布图

作为主体范围上下限值绘制产量递减率学习曲线（图 5-14）。第 2 年产量递减率统计气井 8669 口，P25、P50 和 P75 产量递减率分别为 29.7%、39.5% 和 48.6%。第 3 年产量递减率统计气井 7785 口，P25、P50 和 P75 产量递减率分别为 16.3%、22.0% 和 27.6%。第 4 年产量递减率统计气井 6721 口，P25、P50 和 P75 产量递减率分别为 15.4%、20.9% 和 27.3%。第 5 年产量递减率统计气井 5878 口，P25、P50 和 P75 产量递减率分别为 12.6%、17.5% 和 24.2%。第 6 年产量递减率统计气井 4637 口，P25、P50 和 P75 产量递减率分别为 10.9%、15.2% 和 21.1%。第 7 年产量递减率统计气井 3487 口，P25、P50 和 P75 产量递减率分别为 9.8%、13.9% 和 19.9%。第 8 年产量递减率统计气井 2166 口，P25、P50 和 P75 产量递减率分别为 8.6%、12.1% 和 18.1%。第 9 年产量递减率统计气井 984 口，P25、P50 和 P75 产量递减率分别为 6.4%、9.7% 和 15.8%。页岩气水平井产量递减率整体呈逐年下降趋势，符合页岩气井初期递减快、后期低产稳产时间长的生产特征。气井投产前两年产量快速递减，进入第 3 年以后产量递减速率变缓，进入稳定且相对缓慢的递减生产阶段。

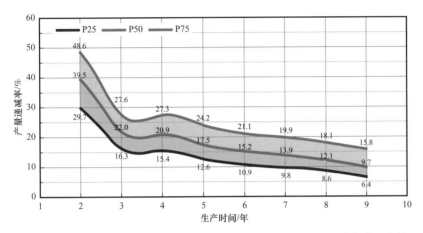

图 5-14　Marcellus 页岩气藏页岩气水平井不同生产时间产量递减率学习曲线

根据 Marcellus 页岩气藏页岩气水平井不同生产时间产量递减率学习曲线绘制该气藏页岩气水平井典型无量纲产量曲线（图 5-15）。气井投产第 2 年，P25、P50 和 P75 无量纲产气量分别为 0.70、0.61 和 0.51。气井投产第 3 年，P25、P50 和 P75 无量纲产气量分别为 0.59、0.47 和 0.37。气井投产第 4 年，P25、P50 和 P75 无量纲产气量分别为 0.50、0.37 和 0.27。气井投产第 5 年，P25、P50 和 P75 无量纲产气量分别为 0.43、0.31 和 0.21。气井投产第 6 年，P25、P50 和 P75 无量纲产气量分别为 0.39、0.26 和 0.16。气井投产第 7 年，P25、P50 和 P75 无量纲产气量分别为 0.35、0.22 和 0.13。气井投产第 8 年，P25、P50 和 P75 无量纲产气量分别为 0.32、0.20 和 0.11。气井投产第 9 年，P25、P50 和 P75 无量纲产气量分别为 0.30、0.18 和 0.09。根据 Marcellus 页岩气藏页岩气水平井总体生产时间，目前仅能够对投产前 9 年递减特征进行对比分析。

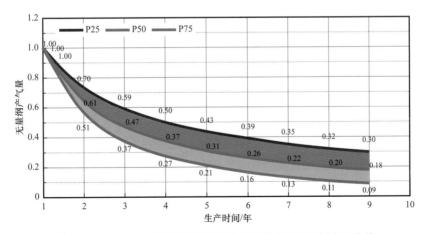

图 5-15　Marcellus 页岩气藏页岩气水平井典型无量纲产量曲线

5.3　单井最终可采储量

单井估算最终采收率（EUR）是页岩气井最为关键的开发指标，是指预计在整个生产周期内从单井（区块、盆地）可经济采出的天然气或石油总量。准确评价 EUR 能够了解单井（区块或盆地）开采潜力，为开发方案编制、经济评价、开发调整和加密钻井提供可采储量依据。

Marcellus 页岩气藏页岩气水平井单井 EUR 散点分布（图 5-16）显示，单井 EUR 范围为（0～13.5）×10^8m³，主体位于（0～4.0）×10^8m³ 区间。统计不同年度 11829 口页岩气水平井，平均单井 EUR 为 2.84×10^8m³，P25 单井 EUR 为 1.37×10^8m³，P50 单井 EUR 为 2.35×10^8m³，P75 单井 EUR 为 3.65×10^8m³。单井 EUR 整体呈逐年增加趋势。

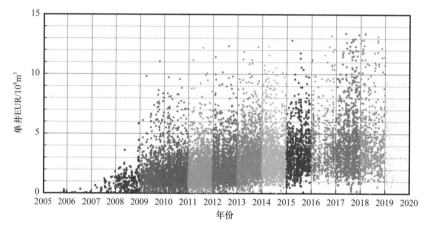

图 5-16　Marcellus 页岩气藏页岩气水平井单井 EUR 散点分布图

单井 EUR 频率统计显示（图 5-17），主体位于（0～4.0）×10^8m³ 区间，统计气井数累计占比高达 79.2%。单井 EUR 小于 1.00×10^8m³ 的气井 1718 口，统计井数占比 14.5%。单井 EUR 介于（1.00～2.00）×10^8m³ 的气井 3221 口，统计井数占比 27.2%。单井 EUR 介于（2.00～3.00）×10^8m³ 的气井 2648 口，统计井数占比 22.4%。单井 EUR 介于（3.00～4.00）×10^8m³ 的气井 1786 口，统计井数占比 15.1%。单井 EUR 介于（4.00～5.00）×10^8m³ 的气井 988 口，统计井数占比 8.4%。单井 EUR 介于（5.00～6.00）×10^8m³ 的气井 580 口，统计井数占比 4.9%。单井 EUR 介于（6.00～7.00）×10^8m³ 的气井 362 口，统计井数占比 3.1%。单井 EUR 介于（7.00～8.00）×10^8m³ 的气井 185 口，统计井数占比 1.6%。单井 EUR 超过 8.00×10^8m³ 的气井 341 口，统计井数占比 2.9%。

对不同年度页岩气水平井单井 EUR 进行统计分析，将 P25 和 P75 单井 EUR 作为主体范围上下限值绘制单井 EUR 学习曲线（图 5-18）。2009 年统计气井 1073 口，P25、P50 和 P75 单井 EUR 分别为 0.84×10^8m³、1.32×10^8m³ 和 1.99×10^8m³。2010 年统计气井 1470 口，P25、P50 和 P75 单井 EUR 分别为 0.94×10^8m³、1.44×10^8m³ 和 2.30×10^8m³。

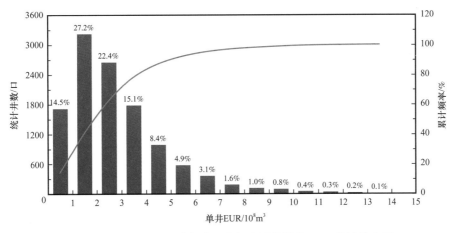

图 5-17 Marcellus 页岩气藏页岩气水平井单井 EUR 统计分布图

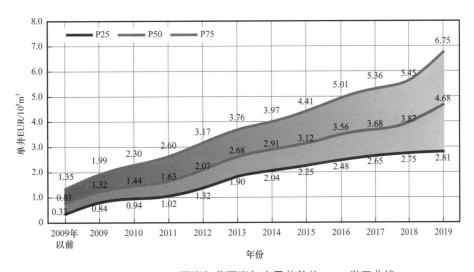

图 5-18 Marcellus 页岩气藏页岩气水平井单井 EUR 学习曲线

2011 年统计气井 1680 口，P25、P50 和 P75 单井 EUR 分别为 $1.02 \times 10^8 \mathrm{m}^3$、$1.63 \times 10^8 \mathrm{m}^3$ 和 $2.60 \times 10^8 \mathrm{m}^3$。2012 年统计气井 1336 口，P25、P50 和 P75 单井 EUR 分别为 $1.32 \times 10^8 \mathrm{m}^3$、$2.07 \times 10^8 \mathrm{m}^3$ 和 $3.17 \times 10^8 \mathrm{m}^3$。2013 年统计气井 1653 口，P25、P50 和 P75 单井 EUR 分别为 $1.90 \times 10^8 \mathrm{m}^3$、$2.68 \times 10^8 \mathrm{m}^3$ 和 $3.76 \times 10^8 \mathrm{m}^3$。2014 年统计气井 1330 口，P25、P50 和 P75 单井 EUR 分别为 $2.04 \times 10^8 \mathrm{m}^3$、$2.91 \times 10^8 \mathrm{m}^3$ 和 $3.97 \times 10^8 \mathrm{m}^3$。2015 年统计气井 851 口，P25、P50 和 P75 单井 EUR 分别为 $2.25 \times 10^8 \mathrm{m}^3$、$3.12 \times 10^8 \mathrm{m}^3$ 和 $4.41 \times 10^8 \mathrm{m}^3$。2016 年统计气井 568 口，P25、P50 和 P75 单井 EUR 分别为 $2.48 \times 10^8 \mathrm{m}^3$、$3.56 \times 10^8 \mathrm{m}^3$ 和 $5.01 \times 10^8 \mathrm{m}^3$。2017 年统计气井 931 口，P25、P50 和 P75 单井 EUR 分别为 $2.65 \times 10^8 \mathrm{m}^3$、$3.68 \times 10^8 \mathrm{m}^3$ 和 $5.36 \times 10^8 \mathrm{m}^3$。2018 年统计气井 535 口，P25、P50 和 P75 单井 EUR 分别为 $2.75 \times 10^8 \mathrm{m}^3$、$3.87 \times 10^8 \mathrm{m}^3$ 和 $5.45 \times 10^8 \mathrm{m}^3$。2019 年统计气井 154 口，P25、P50 和 P75 单井 EUR 分别为 $2.81 \times 10^8 \mathrm{m}^3$、$4.68 \times 10^8 \mathrm{m}^3$ 和 $6.75 \times 10^8 \mathrm{m}^3$。

单井 EUR 学习曲线显示，单井 EUR 整体呈逐年增加趋势。P25 单井 EUR 由 2009 年的 $0.84 \times 10^8 m^3$ 增加至 2019 年的 $2.81 \times 10^8 m^3$。P50 单井 EUR 由 2009 年的 $1.32 \times 10^8 m^3$ 增加至 2019 年的 $4.68 \times 10^8 m^3$。P75 单井 EUR 由 2009 年的 $1.99 \times 10^8 m^3$ 增加至 2019 年的 $6.75 \times 10^8 m^3$。由于开发目的层垂深、完钻气井水平段长和分段压裂规模不断增加，以及工程技术持续进步，使得单井 EUR 呈逐年上升特征。

5.4 百米段长可采储量

页岩气井完钻水平段长是影响单井 EUR 的核心要素之一，不同水平段长气井单井 EUR 差异显著，无法进行横向对比分析。将百米段长 EUR 作为关键技术指标，对不同区块和井间进行横向对比分析。百米段长 EUR 是指百米水平段长能够获取的 EUR。通过百米段长 EUR 可横向对比不同区块或井间的开发效果。

Marcellus 页岩气藏页岩气水平井百米段长 EUR 散点分布（图 5-19）显示，百米段长 EUR 范围为（0～8500）$\times 10^4 m^3$，主体位于（500～2500）$\times 10^4 m^3$ 区间。统计不同年度 8991 口页岩气水平井，平均百米段长 EUR 为 $1613 \times 10^4 m^3$，P25 百米段长 EUR 为 $944 \times 10^4 m^3$，P50 百米段长 EUR 为 $1356 \times 10^4 m^3$，P75 百米段长 EUR 为 $2038 \times 10^4 m^3$。百米段长 EUR 整体呈逐年增加趋势。

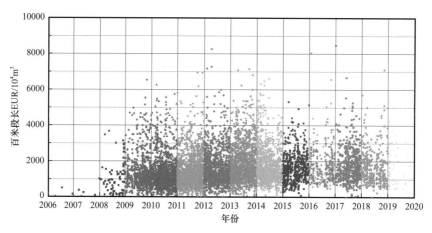

图 5-19 Marcellus 页岩气藏页岩气水平井百米段长 EUR 散点分布图

百米段长 EUR 频率统计显示（图 5-20），主体位于（500～2500）$\times 10^4 m^3$ 区间，统计气井数累计占比高达 77.9%。百米段长 EUR 小于 $500 \times 10^4 m^3$ 的气井 537 口，统计井数占比 6.0%。百米段长 EUR 介于（500～1000）$\times 10^4 m^3$ 的气井 2010 口，统计井数占比 22.3%。百米段长 EUR 介于（1000～1500）$\times 10^4 m^3$ 的气井 2603 口，统计井数占比 28.9%。百米段长 EUR 介于（1500～2000）$\times 10^4 m^3$ 的气井 1491 口，统计井数占比 16.6%。百米段长 EUR 介于（2000～2500）$\times 10^4 m^3$ 的气井 911 口，统计井数占比 10.1%。百米段长 EUR 介于（2500～3000）$\times 10^4 m^3$ 的气井 580 口，统计井数占比 6.4%。百米段

长 EUR 介于（3000～3500）$\times 10^4\mathrm{m}^3$ 的气井 364 口，统计井数占比 4.0%。百米段长 EUR 介于（3500～4000）$\times 10^4\mathrm{m}^3$ 的气井 220 口，统计井数占比 2.4%。百米段长 EUR 超过 $4000\times 10^4\mathrm{m}^3$ 的气井 275 口，统计井数占比 3.1%。

对不同年度页岩气水平井百米段长 EUR 进行统计分析，将 P25 和 P75 百米段长 EUR 作为主体范围上下限值绘制百米段长 EUR 学习曲线（图 5-21）。2009 年统计气井 753 口，P25、P50 和 P75 百米段长 EUR 分别为 $807\times 10^4\mathrm{m}^3$、$1120\times 10^4\mathrm{m}^3$ 和 $1561\times 10^4\mathrm{m}^3$。2010 年统计气井 1286 口，P25、P50 和 P75 百米段长 EUR 分别为 $777\times 10^4\mathrm{m}^3$、$1140\times 10^4\mathrm{m}^3$ 和 $1614\times 10^4\mathrm{m}^3$。2011 年统计气井 1497 口，P25、P50 和 P75 百米段长 EUR 分别为 $825\times 10^4\mathrm{m}^3$、$1218\times 10^4\mathrm{m}^3$ 和 $1743\times 10^4\mathrm{m}^3$。2012 年统计气井 1169 口，P25、P50 和 P75 百米段长 EUR 分别为 $976\times 10^4\mathrm{m}^3$、$1321\times 10^4\mathrm{m}^3$ 和 $1979\times 10^4\mathrm{m}^3$。2013 年统计气井 1337 口，P25、P50 和 P75 百米段长 EUR 分别为 $1145\times 10^4\mathrm{m}^3$、$1607\times 10^4\mathrm{m}^3$ 和 $2406\times 10^4\mathrm{m}^3$。2014 年统计气井 1040 口，P25、P50 和 P75 百米段长 EUR 分别为 $1158\times 10^4\mathrm{m}^3$、$1590\times 10^4\mathrm{m}^3$ 和 $2342\times 10^4\mathrm{m}^3$。2015 年统计气井 542 口，P25、P50 和 P75 百米段长 EUR 分别为 $1092\times 10^4\mathrm{m}^3$、$1541\times 10^4\mathrm{m}^3$ 和 $2126\times 10^4\mathrm{m}^3$。2016 年统计气井 336 口，P25、P50 和 P75 百米段长 EUR 分别为 $1126\times 10^4\mathrm{m}^3$、$1625\times 10^4\mathrm{m}^3$ 和 $2311\times 10^4\mathrm{m}^3$。2017 年统计气井 514 口，P25、P50 和 P75 百米段长 EUR 分别为 $1139\times 10^4\mathrm{m}^3$、$1572\times 10^4\mathrm{m}^3$ 和 $2260\times 10^4\mathrm{m}^3$。2018 年统计气井 362 口，P25、P50 和 P75 百米段长 EUR 分别为 $1086\times 10^4\mathrm{m}^3$、$1537\times 10^4\mathrm{m}^3$ 和 $2148\times 10^4\mathrm{m}^3$。2019 年统计气井 83 口，P25、P50 和 P75 百米段长 EUR 分别为 $810\times 10^4\mathrm{m}^3$、$1673\times 10^4\mathrm{m}^3$ 和 $2771\times 10^4\mathrm{m}^3$。

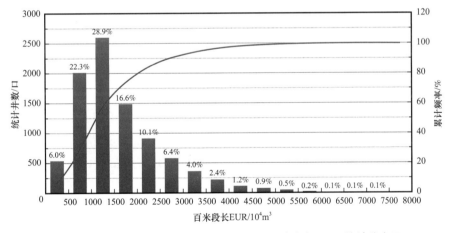

图 5-20　Marcellus 页岩气藏页岩气水平井百米段长 EUR 统计分布图

百米段长 EUR 学习曲线显示，百米段长 EUR 整体呈逐年增加趋势，主要划分为两个阶段。第一阶段由 2009 年至 2013 年，百米段长 EUR 逐年迅速上升。P25 百米段长 EUR 由 2009 年 $807\times 10^4\mathrm{m}^3$ 增加至 2013 年的 $1145\times 10^4\mathrm{m}^3$。P50 百米段长 EUR 由 2009 年 $1120\times 10^4\mathrm{m}^3$ 增加至 2013 年的 $1607\times 10^4\mathrm{m}^3$。P75 百米段长 EUR 由 2009 年 $1561\times 10^4\mathrm{m}^3$ 增加至 2013 年的 $2406\times 10^4\mathrm{m}^3$。2013 年开始，气井百米段长 EUR 整体保

持稳定趋势。P25 百米段长 EUR 稳定在 $1100 \times 10^4 \text{m}^3$ 左右，P50 百米段长 EUR 稳定在 $1550 \times 10^4 \text{m}^3$ 左右，P75 百米段长 EUR 稳定在 $2200 \times 10^4 \text{m}^3$ 左右。2019 年 P25 百米段长 EUR 下降至 $810 \times 10^4 \text{m}^3$，P50 百米段长 EUR 增加至 $1673 \times 10^4 \text{m}^3$，P75 百米段长 EUR 增加至 $2771 \times 10^4 \text{m}^3$。由于 2019 年统计样本井数仅 83 口，参数代表性略低于其他年度。百米段长 EUR 学习曲线整体表现为随垂深及工程技术持续进步，开发效果逐年提升。

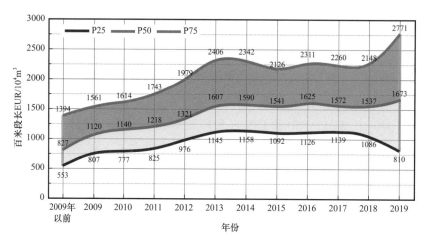

图 5-21 Marcellus 页岩气藏页岩气水平井百米段长 EUR 学习曲线

5.5 百吨砂量可采储量

加砂强度一直是页岩气水平井分段压裂的关键指标之一，一定程度上反映了分段压裂的规模或强度。加砂强度逐年呈上升趋势，普遍认为提高加砂强度是提高气井生产效果的重要途径。因此，引入百吨砂量 EUR 量化单位砂量产气量。

Marcellus 页岩气藏页岩气水平井百吨砂量 EUR 散点分布（图 5-22）显示，百吨砂量 EUR 范围为（$0 \sim 4800$）$\times 10^4 \text{m}^3$，主体位于（$200 \sim 1000$）$\times 10^4 \text{m}^3$ 区间。统计不同年度 8169 口页岩气水平井，平均百吨砂量 EUR 为 $742 \times 10^4 \text{m}^3$，P25 百吨砂量 EUR 为 $431 \times 10^4 \text{m}^3$，P50 百吨砂量 EUR 为 $641 \times 10^4 \text{m}^3$，P75 百吨砂量 EUR 为 $924 \times 10^4 \text{m}^3$。

百吨砂量 EUR 频率统计显示（图 5-23），主体位于（$200 \sim 1000$）$\times 10^4 \text{m}^3$ 区间，统计气井数累计占比高达 75.9%。百吨砂量 EUR 小于 $200 \times 10^4 \text{m}^3$ 的气井 254 口，统计井数占比 3.1%。百吨砂量 EUR 介于（$200 \sim 400$）$\times 10^4 \text{m}^3$ 的气井 1452 口，统计井数占比 17.8%。百吨砂量 EUR 介于（$400 \sim 600$）$\times 10^4 \text{m}^3$ 的气井 2011 口，统计井数占比 24.6%。百吨砂量 EUR 介于（$600 \sim 800$）$\times 10^4 \text{m}^3$ 的气井 1668 口，统计井数占比 20.4%。百吨砂量 EUR 介于（$800 \sim 1000$）$\times 10^4 \text{m}^3$ 的气井 1067 口，统计井数占比 13.1%。百吨砂量 EUR 介于（$1000 \sim 1200$）$\times 10^4 \text{m}^3$ 的气井 661 口，统计井数占比 8.1%。百吨砂量 EUR 介于（$1200 \sim 1400$）$\times 10^4 \text{m}^3$ 的气井 408 口，统计井数占比 5.0%。百吨砂量 EUR

介于（1400～1600）×10⁴m³ 的气井 215 口，统计井数占比 2.6%。百吨砂量 EUR 超过 1600×10⁴m³ 的气井 433 口，统计井数占比 5.3%。

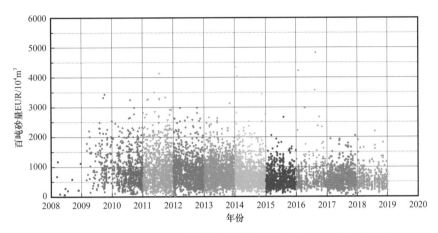

图 5-22 Marcellus 页岩气藏页岩气水平井百吨砂量 EUR 散点分布图

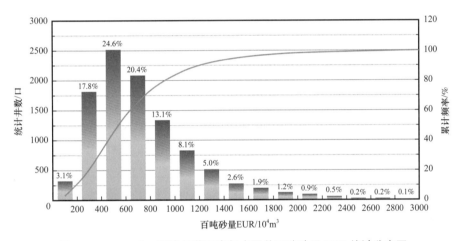

图 5-23 Marcellus 页岩气藏页岩气水平井百吨砂量 EUR 统计分布图

对不同年度页岩气水平井百吨砂量 EUR 进行统计分析，将 P25 和 P75 百吨砂量 EUR 作为主体范围上下限值绘制百吨砂量 EUR 学习曲线（图 5-24）。2009 年统计气井 151 口，P25、P50 和 P75 百吨砂量 EUR 分别为 616×10⁴m³、940×10⁴m³ 和 1446×10⁴m³。2010 年统计气井 600 口，P25、P50 和 P75 百吨砂量 EUR 分别为 475×10⁴m³、760×10⁴m³ 和 1118×10⁴m³。2011 年统计气井 1008 口，P25、P50 和 P75 百吨砂量 EUR 分别为 438×10⁴m³、739×10⁴m³ 和 1134×10⁴m³。2012 年统计气井 1093 口，P25、P50 和 P75 百吨砂量 EUR 分别为 487×10⁴m³、737×10⁴m³ 和 1031×10⁴m³。2013 年统计气井 1570 口，P25、P50 和 P75 百吨砂量 EUR 分别为 488×10⁴m³、691×10⁴m³ 和 968×10⁴m³。2014 年统计气井 1244 口，P25、P50 和 P75 百吨砂量 EUR 分别为 443×10⁴m³、623×10⁴m³ 和 869×10⁴m³。2015 年统计气井 779 口，P25、P50 和 P75 百吨砂量 EUR 分别为 395×10⁴m³、

$533 \times 10^4 \text{m}^3$ 和 $763 \times 10^4 \text{m}^3$。2016 年统计气井 523 口，P25、P50 和 P75 百吨砂量 EUR 分别为 $392 \times 10^4 \text{m}^3$、$549 \times 10^4 \text{m}^3$ 和 $794 \times 10^4 \text{m}^3$。2017 年统计气井 804 口，P25、P50 和 P75 百吨砂量 EUR 分别为 $377 \times 10^4 \text{m}^3$、$514 \times 10^4 \text{m}^3$ 和 $722 \times 10^4 \text{m}^3$。2018 年统计气井 358 口，P25、P50 和 P75 百吨砂量 EUR 分别为 $371 \times 10^4 \text{m}^3$、$522 \times 10^4 \text{m}^3$ 和 $719 \times 10^4 \text{m}^3$。2019 年统计气井 30 口，P25、P50 和 P75 百吨砂量 EUR 分别为 $276 \times 10^4 \text{m}^3$、$585 \times 10^4 \text{m}^3$ 和 $818 \times 10^4 \text{m}^3$。

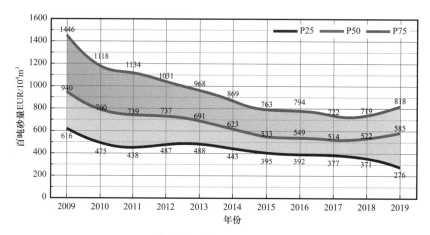

图 5-24　Marcellus 页岩气藏页岩气水平井百吨砂量 EUR 学习曲线

百吨砂量 EUR 学习曲线显示百吨砂量 EUR 整体呈先下降后稳定趋势，主要划分为两个阶段。第一阶段由初期至 2015 年，百吨砂量 EUR 逐年下降。P25 百吨砂量 EUR 由初期 $616 \times 10^4 \text{m}^3$ 下降至 2015 年的 $395 \times 10^4 \text{m}^3$。P50 百吨砂量 EUR 由初期 $940 \times 10^4 \text{m}^3$ 下降至 2015 年的 $533 \times 10^4 \text{m}^3$。P75 百吨砂量 EUR 由初期 $1446 \times 10^4 \text{m}^3$ 下降至 2015 年的 $763 \times 10^4 \text{m}^3$。2015 年开始，气井百吨砂量 EUR 整体保持稳定趋势。P25 百吨砂量 EUR 稳定在 $390 \times 10^4 \text{m}^3$ 左右，P50 百吨砂量 EUR 稳定在 $530 \times 10^4 \text{m}^3$ 左右，P75 百吨砂量 EUR 稳定在 $760 \times 10^4 \text{m}^3$ 左右。2019 年 P25 百吨砂量 EUR 下降至 $276 \times 10^4 \text{m}^3$，P50 百吨砂量 EUR 增加至 $585 \times 10^4 \text{m}^3$、P75 百吨砂量 EUR 增加至 $818 \times 10^4 \text{m}^3$。由于 2019 年统计样本井数仅 30 口，参数代表性略低于其他年度。

5.6　建井周期

建井周期是指一口井由开钻到投产所需的时间，主要受钻井周期、待压裂周期、压裂周期、设备利用率、地面工程建设等多种因素影响。建井周期直接影响一口气井下达投资后实现产量的周期，直接影响气藏或区块建产速度和开发效益。由于建井周期是钻完井、分段压裂和地面工程建设等综合效率的体现，故将建井周期划分到开发指标序列。

Marcellus 页岩气藏页岩气水平井建井周期散点分布（图 5-25）显示，建井周期范围为 $0 \sim 1800\text{d}$，主体位于 $90 \sim 450\text{d}$ 区间。统计不同年度 10146 口页岩气水平井，平均建井周期为 386d，P25 建井周期为 217d，P50 建井周期为 319d，P75 建井周期为 469d。

建井周期频率统计显示（图 5-26），主体位于 90～450d 区间，统计气井数累计占比高达 70.1%。建井周期小于 90d 气井 259 口，统计井数占比 2.6%。建井周期介于 90～180d 气井 1384 口，统计井数占比 13.6%。建井周期介于 180～270d 气井 2254 口，统计井数占比 22.2%。建井周期介于 270～360d 气井 2012 口，统计井数占比 19.8%。建井周期介于 360～450d 气井 1475 口，统计井数占比 14.5%。建井周期介于 450～540d 气井 866 口，统计井数占比 8.5%。建井周期介于 540～630d 气井 604 口，统计井数占比 6.0%。建井周期介于 630～720d 气井 351 口，统计井数占比 3.5%。建井周期超过 720d 气井 941 口，统计井数占比 9.3%。

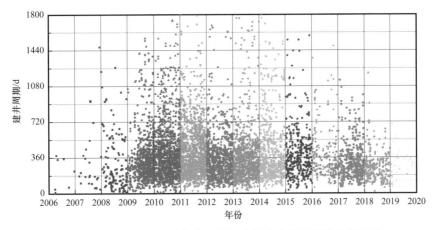

图 5-25　Marcellus 页岩气藏页岩气水平井建井周期散点分布图

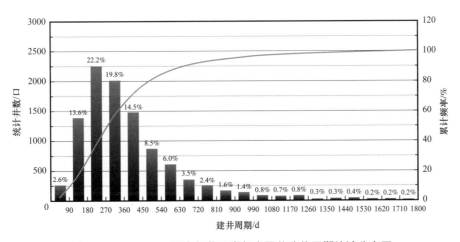

图 5-26　Marcellus 页岩气藏页岩气水平井建井周期统计分布图

对不同年度页岩气水平井建井周期进行统计分析，将 P25 和 P75 建井周期作为主体范围上下限值绘制建井周期学习曲线（图 5-27）。2009 年统计气井 947 口，P25、P50 和 P75 建井周期分别为 212d、300d 和 422d。2010 年统计气井 1426 口，P25、P50 和 P75 建井周期分别为 232d、354d 和 523d。2011 年统计气井 1529 口，P25、P50 和 P75 建井周期分别为 240d、367d 和 545d。2012 年统计气井 1152 口，P25、P50 和 P75 建井周期分别为 215d、326d 和 439d。2013 年统计气井 1359 口，P25、P50 和 P75 建井周期分别为 211d、309d 和 450d。2014 年统计气井 1050 口，P25、P50 和 P75 建井周期分别为 228d、321d 和 522d。2015 年统计气井 634 口，P25、P50 和 P75 建井周期分别为 246d、365d 和 493d。2016 年统计气井 470 口，P25、P50 和 P75 建井周期分别为 237d、309d 和 441d。2017 年统计气井 739 口，P25、P50 和 P75 建井周期分别为 205d、290d 和 405d。2018 年统计气井 489 口，P25、P50 和 P75 建井周期分别为 182d、262d 和 329d。2019 年统计气井 146 口，P25、P50 和 P75 建井周期分别为 168d、270d 和 354d。

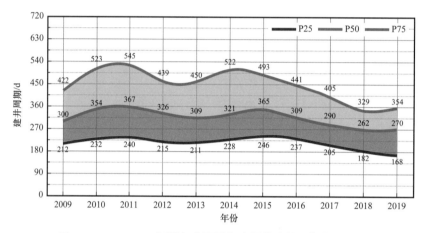

图 5-27　Marcellus 页岩气藏页岩气水平井建井周期学习曲线

建井周期学习曲线显示，建井周期整体呈小幅下降趋势，部分年间存在波动起伏。自 2015 年开始，建井周期逐年下降。P25 建井周期由 2015 年的 246d 下降至 2019 年的 168d。P50 建井周期由 2015 年的 365d 下降至 2019 年的 270d。P75 建井周期由 2015 年的 493d 下降至 2019 年的 354d。

第6章 开发成本

页岩气是一种典型的低品位边际油气资源，极低的基质渗透率使页岩气储层必须经过体积压裂改造才能形成产能，单井控制体积小，钻井数量是常规油气田的数倍甚至几十倍，压裂改造作业规模也比常规天然气高很多，对技术和场地要求高，作业成本居高不下。页岩气开发单井成本是总成本的主体构成部分。页岩气水平井单井成本包括钻完井成本和压裂成本。钻完井成本由钻井成本和固井成本构成。压裂成本包括水成本、支撑剂成本、泵送成本和其他成本。

6.1 钻完井成本

钻完井成本包括钻井成本和固井成本，其中钻井成本是钻完井成本的主要构成部分。钻完井成本受区域地层复杂程度、完钻井深、水平段长、施工作业模式等多种因素影响。页岩气水平井钻完井成本关键参数包括钻井成本、固井成本、单位长度钻井成本、单位长度固井成本和成本占比等。

Marcellus 页岩气藏页岩气水平井单井钻完井成本散点分布（图 6-1）显示，单井钻完井成本范围为 7 万～952 万美元，主体位于 100 万～300 万美元区间。统计不同年度 7933口页岩气水平井，平均单井钻完井成本为 324.5 万美元，P25 单井钻完井成本为 205.0 万美元，P50 单井钻完井成本为 250.2 万美元，P75 单井钻完井成本为 405.1 万美元。

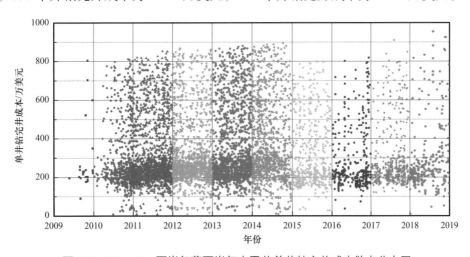

图 6-1 Marcellus 页岩气藏页岩气水平井单井钻完井成本散点分布图

单井钻完井成本频率统计显示（图6-2），主体位于100万～300万美元区间，统计气井数累计占比高达72.2%。单井钻完井成本小于100万美元气井196口，统计井数占比2.5%。单井钻完井成本介于100万～200万美元气井1586口，统计井数占比20.0%。单井钻完井成本介于200万～300万美元气井3401口，统计井数占比42.9%。单井钻完井成本介于300万～400万美元气井738口，统计井数占比9.3%。单井钻完井成本介于400万～500万美元气井522口，统计井数占比6.6%。单井钻完井成本介于500万～600万美元气井499口，统计井数占比6.3%。单井钻完井成本介于600万～700万美元气井458口，统计井数占比5.8%。单井钻完井成本介于700万～800万美元气井370口，统计井数占比4.7%。单井钻完井成本超过800万美元气井163口，统计井数占比2.1%。

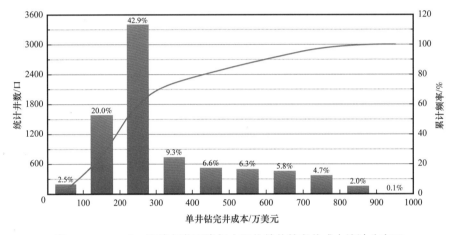

图6-2　Marcellus 页岩气藏页岩气水平井单井钻完井成本统计分布图

对不同年度页岩气水平井单井钻完井成本进行统计分析，将P25和P75单井钻完井成本作为主体范围上下限值绘制单井钻完井成本学习曲线（图6-3）。2009年统计气井27口，P25、P50和P75单井钻完井成本分别为198万美元、222万美元和237万美元。2010年统计气井583口，P25、P50和P75单井钻完井成本分别为190万美元、231万美元和361万美元。2011年统计气井1573口，P25、P50和P75单井钻完井成本分别为203万美元、243万美元和386万美元。2012年统计气井1365口，P25、P50和P75单井钻完井成本分别为212万美元、254万美元和357万美元。2013年统计气井1396口，P25、P50和P75单井钻完井成本分别为216万美元、269万美元和486万美元。2014年统计气井1099口，P25、P50和P75单井钻完井成本分别为227万美元、293万美元和505万美元。2015年统计气井515口，P25、P50和P75单井钻完井成本分别为191万美元、235万美元和436万美元。2016年统计气井372口，P25、P50和P75单井钻完井成本分别为179万美元、216万美元和330万美元。2017年统计气井569口，P25、P50和P75单井钻完井成本分别为197万美元、236万美元和298万美元。2018年统计气井417口，P25、P50和P75单井钻完井成本分别为193万美元、225万美元和290万美元。2019年统计气井117口，P25、P50和P75单井钻完井成本分别为224万美元、275万美元和359万美元。

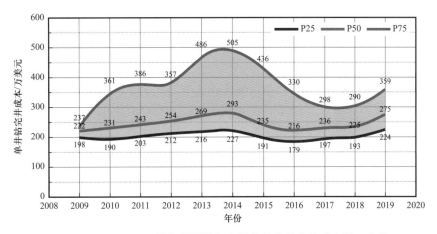

图 6-3　Marcellus 页岩气藏页岩气水平井单井钻完井成本学习曲线

页岩气水平井单井钻完井成本直接和完钻井深相关，由于不同年度气井完钻井深存在差异，无法横向比较不同年度单井钻完井成本。除此之外，由于垂直井段和水平井段钻完井成本存在差异，相同完钻井深页岩气水平井间也无法准确进行钻完井成本对比分析。本节引入单位长度钻完井成本进行不同井间钻完井成本横向对比。单位长度钻完井成本是指单井钻完井成本与完钻井深的比值，表示单位长度井深对应的钻完井成本。

单位长度钻完井成本频率统计显示（图 6-4），主体位于 0～1000 美元区间，统计气井数累计占比高达 71.4%。统计不同年度 7202 口页岩气水平井，平均单位长度钻完井成本为 869 美元，P25 单位长度钻完井成本为 561 美元，P50 单位长度钻完井成本为 609 美元，P75 单位长度钻完井成本为 1116 美元。单位长度钻完井成本小于 500 美元气井 1416 口，统计井数占比 19.7%。单位长度钻完井成本介于 500～1000 美元气井 3725 口，统计井数占比 51.7%。单位长度钻完井成本介于 1000～1500 美元气井 963 口，统计井数占比 13.4%。单位长度钻完井成本介于 1500～2000 美元气井 742 口，统计井数占比 10.3%。单位长度钻完井成本介于 2000～2500 美元气井 281 口，统计井数占比 3.9%。单位长度钻完井成本超过 2500 美元气井 75 口，统计井数占比 1.0%。

对不同年度页岩气水平井单位长度钻完井成本进行统计分析，将 P25 和 P75 单位长度钻完井成本作为主体范围上下限值绘制单位长度钻完井成本学习曲线（图 6-5）。2009 年统计气井 26 口，P25、P50 和 P75 单位长度钻完井成本分别为 576 美元 /m、590 美元 /m 和 625 美元 /m。2010 年统计气井 544 口，P25、P50 和 P75 单位长度钻完井成本分别为 575 美元 /m、600 美元 /m 和 1110 美元 /m。2011 年统计气井 1482 口，P25、P50 和 P75 单位长度钻完井成本分别为 578 美元 /m、612 美元 /m 和 1131 美元 /m。2012 年统计气井 1207 口，P25、P50 和 P75 单位长度钻完井成本分别为 601 美元 /m、617 美元 /m 和 1010 美元 /m。2013 年统计气井 1358 口，P25、P50 和 P75 单位长度钻完井成本分别为 565 美元 /m、607 美元 /m 和 1292 美元 /m。2014 年统计气井 1041 口，P25、P50 和 P75 单位长度钻完井成本分别为 594 美元 /m、633 美元 /m 和 1332 美元 /m。2015 年统计气井 443 口，

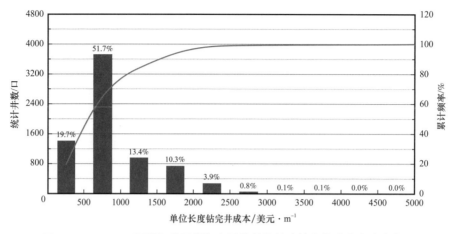

图 6-4　Marcellus 页岩气藏页岩气水平井单位长度钻完井成本统计分布图

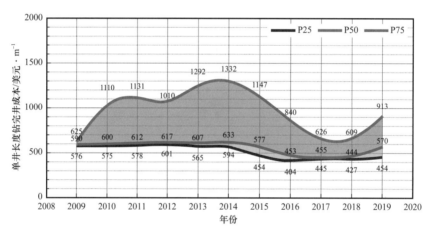

图 6-5　Marcellus 页岩气藏页岩气水平井单位长度钻完井成本学习曲线

P25、P50 和 P75 单位长度钻完井成本分别为 454 美元 /m、577 美元 /m 和 1147 美元 /m。2016 年统计气井 305 口，P25、P50 和 P75 单位长度钻完井成本分别为 404 美元 /m、453 美元 /m 和 840 美元 /m。2017 年统计气井 391 口，P25、P50 和 P75 单位长度钻完井成本分别为 445 美元 /m、455 美元 /m 和 626 美元 /m。2018 年统计气井 308 口，P25、P50 和 P75 单位长度钻完井成本分别为 427 美元 /m、444 美元 /m 和 609 美元 /m。2019 年统计气井 97 口，P25、P50 和 P75 单位长度钻完井成本分别为 454 美元 /m、570 美元 /m 和 913 美元 /m。2009 年和 2019 年统计样本井数分别为 26 口和 97 口，P25、P50 和 P75 单位长度钻完井成本统计值代表性略低于其他年度。

　　Marcellus 页岩气藏页岩气水平井单位长度钻完井成本学习曲线显示，2009—2014 年期间，P25 和 P50 单位长度钻完井成本总体保持稳定。P25 单位长度钻完井成本稳定在 565～601 美元 /m。P50 单位长度钻完井成本稳定在 599～633 美元 /m。P75 单位长度钻完井成本整体较高，总体超过 1000 美元 /m。自 2015 年后 P25 和 P50 单位长度钻完井成本呈小幅下降趋势。P25 单位长度钻完井成本下降至 2018 年的 427 美元 /m。P50 单位长度钻完井成本下降至 2018 年的 444 美元 /m。P75 单位长度钻完井成本大幅下降至 2018 年的 609 美元 /m。P75 单位长度钻完井成本自 2015 年大幅下降也表明该区域钻完井施工逐年趋于稳定。

页岩气水平井单井钻完井成本由钻井成本和固井成本构成，两者都直接与气井完钻井深相关。Marcellus 页岩气藏 7933 口页岩气水平井钻完井成本统计结果显示，钻井成本占比平均为 90%，P25 钻井成本占比 88%，P50 钻井成本占比 90%，P75 钻井成本占比 94%。平均固井成本占比 10%，P25 固井成本占比 6%，P50 固井成本占比 10%，P75 固井成本占比 12%。不同年度页岩气水平井钻井成本和固井成本占比小提琴分布图（图 6-6）显示，钻井成本占比主体高于 80%，固井成本占比总体低于 20%。不同年度单井钻完井成本构成学习曲线（图 6-7）显示，钻井成本占比呈先增加后下降趋势。2009—2016 年钻井成本占比由 89% 小幅增加至 91%，后续又逐渐下降至 2019 年的 86%。固井成本占比则呈相反变化规律，呈现先小幅下降又上升趋势，2019 年固井成本占比达 14%。

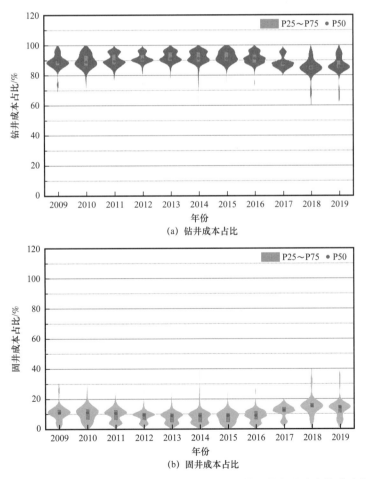

图 6-6 Marcellus 页岩气藏不同年度页岩气水平井单井钻完井成本构成分布图

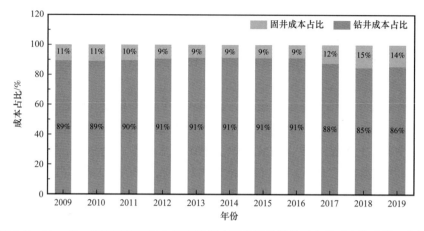

图 6-7　Marcellus 页岩气藏不同年度页岩气水平井平均单井钻完井成本构成学习曲线

6.1.1　钻井成本

Marcellus 页岩气藏页岩气水平井单井钻井成本统计结果显示，单井钻井成本范围为 0~900 万美元，主体位于 100 万~300 万美元区间。统计不同年度 7933 口页岩气水平井，平均单井钻井成本为 300 万美元，P25 单井钻井成本为 180 万美元，P50 单井钻井成本为 225 万美元，P75 单井钻井成本为 383 万美元。

单井钻井成本频率统计显示（图 6-8），主体位于 100 万~300 万美元区间，统计气井数累计占比高达 65.5%。单井钻井成本小于 100 万美元的气井 193 口，统计井数占比 3.7%。单井钻井成本介于 100 万~200 万美元的气井 2678 口，统计井数占比 33.8%。单井钻井成本介于 200 万~300 万美元的气井 2511 口，统计井数占比 31.7%。单井钻井成本介于 300 万~400 万美元的气井 548 口，统计井数占比 6.9%。单井钻井成本介于 400 万~500 万美元的气井 523 口，统计井数占比 6.6%。单井钻井成本介于 500 万~600 万美元的气井 506 口，统计井数占比 6.4%。单井钻井成本介于 600 万~700 万美元的气井 442 口，统计井数占比 5.6%。单井钻井成本介于 700 万~800 万美元的气井 329 口，统计井数占比 4.1%。单井钻井成本超过 800 万美元的气井 103 口，统计井数占比 1.3%。

对不同年度页岩气水平井单井钻井成本进行统计分析，将 P25 和 P75 单井钻井成本作为主体范围上下限值绘制单井钻井成本学习曲线（图 6-9）。2009 年统计气井 27 口，P25、P50 和 P75 单井钻井成本分别为 172 万美元、198 万美元和 212 万美元。2010 年统计气井 583 口，P25、P50 和 P75 单井钻井成本分别为 165 万美元、205 万美元和 333 万美元。2011 年统计气井 1573 口，P25、P50 和 P75 单井钻井成本分别为 179 万美元、218 万美元和 364 万美元。2012 年统计气井 1265 口，P25、P50 和 P75 单井钻井成本分别为 192 万美元、232 万美元和 335 万美元。2013 年统计气井 1396 口，P25、P50 和 P75 单井钻井成本分别为 196 万美元、246 万美元和 466 万美元。2014 年统计气井 1099 口，P25、P50 和 P75 单井钻井成本分别为 201 万美元、265 万美元和 481 万美元。2015 年统计气

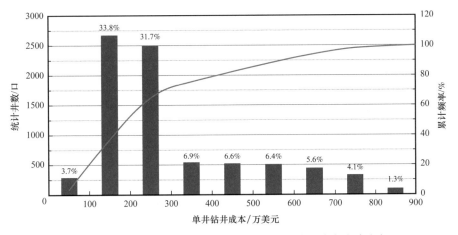

图 6-8 Marcellus 页岩气藏页岩气水平井单井钻井成本统计分布图

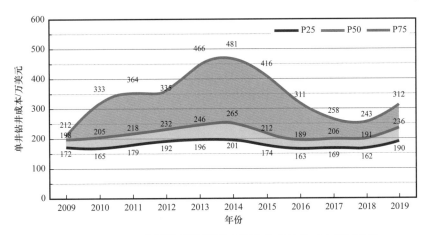

图 6-9 Marcellus 页岩气藏页岩气水平井单井钻井成本学习曲线

井 515 口，P25、P50 和 P75 单井钻井成本分别为 174 万美元、212 万美元和 416 万美元。2016 年统计气井 372 口，P25、P50 和 P75 单井钻井成本分别为 163 万美元、189 万美元和 311 万美元。2017 年统计气井 569 口，P25、P50 和 P75 单井钻井成本分别为 169 万美元、206 万美元和 258 万美元。2018 年统计气井 417 口，P25、P50 和 P75 单井钻井成本分别为 162 万美元、191 万美元和 243 万美元。2019 年统计气井 117 口，P25、P50 和 P75 单井钻井成本分别为 190 万美元、236 万美元和 312 万美元。

　　不同年度页岩气水平井单井钻井成本学习曲线显示，P25 和 P50 单井钻井成本呈现先上升后下降趋势。2009 年至 2014 年，P25 单井钻井成本由 172 万美元小幅增加至 201 万美元，P50 单井钻井成本由 198 万美元增加至 265 万美元。2014 年后 P25 和 P50 单井钻井成本呈整体下降趋势，P25 单井钻井成本下降至 2018 年的 162 万美元，P50 单井钻井成本下降至 2018 年的 191 万美元。P75 单井钻井成本同样呈现先大幅增加后大幅下降趋势。自 2014 年起，P75 单井钻井成本逐年下降，由 481 万美元下降至 2018 年的 243 万美元。P75 单井钻井成本大幅下降表明自 2014 年后，总体单井钻井成本呈大幅下降趋势。2019

年 P25、P50 和 P75 单井钻井成本同比 2018 年略有上升，由于统计样本井数仅 117 口，参数代表性略低于其他年度统计值。

Marcellus 页岩气藏页岩气水平井单位长度钻井成本统计结果显示，单位长度钻井成本小于 3000 美元 /m，主体位于 250～750 美元 /m 区间。统计不同年度 7202 口页岩气水平井，平均单位长度钻井成本为 807 美元 /m，P25 单位长度钻井成本为 506 美元 /m，P50 单位长度钻井成本为 546 美元 /m，P75 单位长度钻井成本为 1058 美元 /m。

单位长度钻井成本频率统计显示（图 6-10），主体位于 250～750 美元 /m 区间，统计气井数累计占比高达 64.1%。单位长度钻井成本小于 250 美元 /m 的气井 140 口，统计井数占比 1.9%。单位长度钻井成本介于 250～500 美元 /m 的气井 1487 口，统计井数占比 20.6%。单位长度钻井成本介于 500～750 美元 /m 的气井 3134 口，统计井数占比 43.5%。单位长度钻井成本介于 750～1000 美元 /m 的气井 529 口，统计井数占比 7.3%。单位长度钻井成本介于 1000～1250 美元 /m 的气井 470 口，统计井数占比 6.5%。单位长度钻井成本介于 1250～1500 美元 /m 的气井 450 口，统计井数占比 6.2%。单位长度钻井成本介于 1500～1750 美元 /m 的气井 420 口，统计井数占比 5.8%。单位长度钻井成本介于 1750～2000 美元 /m 的气井 270 口，统计井数占比 3.7%。单位长度钻井成本超过 2000 美元 /m 的气井 288 口，统计井数占比 4.0%。

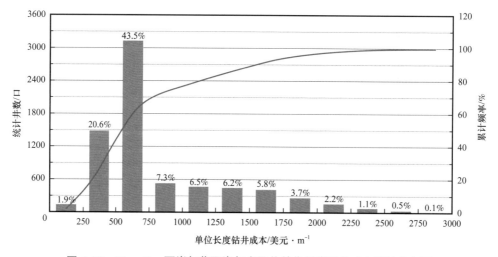

图 6-10　Marcellus 页岩气藏页岩气水平井单位长度钻井成本统计分布图

对不同年度页岩气水平井单井钻井成本进行统计分析，将 P25 和 P75 单井钻井成本作为主体范围上下限值绘制单井钻井成本学习曲线（图 6-11）。2009 年统计气井 26 口，P25、P50 和 P75 单位长度钻井成本分别为 510 美元 /m、520 美元 /m 和 558 美元 /m。2010 年统计气井 544 口，P25、P50 和 P75 单井钻井成本分别为 509 美元 /m、521 美元 /m 和 1037 美元 /m。2011 年统计气井 1482 口，P25、P50 和 P75 单井钻井成本分别为 511 美元 /m、546 美元 /m 和 1070 美元 /m。2012 年统计气井 1207 口，P25、P50 和 P75 单井钻井成本分别为 546 美元 /m、556 美元 /m 和 954 美元 /m。2013 年统计气井 1358 口，

P25、P50 和 P75 单井钻井成本分别为 510 美元 /m、544 美元 /m 和 1241 美元 /m。2014 年统计气井 1041 口，P25、P50 和 P75 单井钻井成本分别为 535 美元 /m、560 美元 /m 和 1272 美元 /m。2015 年统计气井 443 口，P25、P50 和 P75 单井钻井成本分别为 407 美元 /m、527 美元 /m 和 1098 美元 /m。2016 年统计气井 305 口，P25、P50 和 P75 单井钻井成本分别为 369 美元 /m、398 美元 /m 和 798 美元 /m。2017 年统计气井 391 口，P25、P50 和 P75 单井钻井成本分别为 391 美元 /m、398 美元 /m 和 562 美元 /m。2018 年统计气井 308 口，P25、P50 和 P75 单井钻井成本分别为 366 美元 /m、376 美元 /m 和 518 美元 /m。2019 年统计气井 97 口，P25、P50 和 P75 单井钻井成本分别为 369 美元 /m、387 美元 /m 和 508 美元 /m。

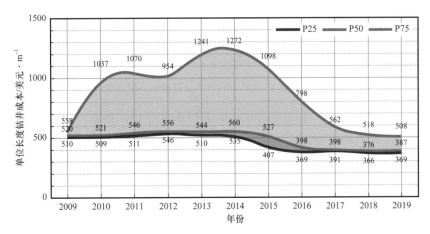

图 6-11　Marcellus 页岩气藏页岩气水平井单位长度钻井成本学习曲线

6.1.2　固井成本

Marcellus 页岩气藏页岩气水平井单井固井成本统计结果显示，单井固井成本位于 60 万美元以内，主体位于 15 万～30 万美元区间。统计不同年度 7933 口页岩气水平井，平均单井固井成本为 24 万美元，P25 单井固井成本为 20 万美元，P50 单井固井成本为 24 万美元，P75 单井固井成本为 28 万美元。

单井固井成本频率统计显示（图 6-12），主体位于 15 万～30 万美元区间，统计气井数累计占比高达 79.6%。单井固井成本小于 5 万美元的气井 39 口，统计井数占比 0.5%。单井固井成本介于 5 万～10 万美元的气井 60 口，统计井数占比 0.8%。单井固井成本介于 10 万～15 万美元的气井 179 口，统计井数占比 2.3%。单井固井成本介于 15 万～20 万美元的气井 1516 口，统计井数占比 19.1%。单井固井成本介于 20 万～25 万美元的气井 2854 口，统计井数占比 36.0%。单井固井成本介于 25 万～30 万美元的气井 1945 口，统计井数占比 24.5%。单井固井成本介于 30 万～35 万美元的气井 887 口，统计井数占比 11.2%。单井固井成本介于 35 万～40 万美元的气井 290 口，统计井数占比 3.7%。单井固井成本介于 40 万～45 万美元的气井 69 口，统计井数占比 0.9%。单井固井成本介于 45

万～50 万美元的气井 66 口，统计井数占比 0.8%。单井固井成本超过 50 万美元的气井 27
口，统计井数占比 0.4%。

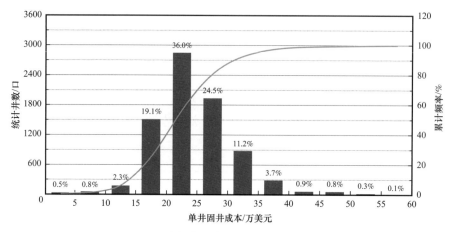

图 6-12 Marcellus 页岩气藏页岩气水平井单井固井成本统计分布图

对不同年度页岩气水平井单井固井成本进行统计分析，将 P25 和 P75 单井固井成本
作为主体范围上下限值绘制单井固井成本学习曲线（图 6-13）。2009 年统计气井 27 口，
P25、P50 和 P75 单井固井成本分别为 22 万美元、23 万美元和 25 万美元。2010 年统计
气井 583 口，P25、P50 和 P75 单井固井成本分别为 22 万美元、25 万美元和 28 万美元。
2011 年统计气井 1573 口，P25、P50 和 P75 单井固井成本分别为 22 万美元、25 万美元和
28 万美元。2012 年统计气井 1265 口，P25、P50 和 P75 单井固井成本分别为 20 万美元、
22 万美元和 26 万美元。2013 年统计气井 1396 口，P25、P50 和 P75 单井固井成本分别
为 19 万美元、22 万美元和 25 万美元。2014 年统计气井 1099 口，P25、P50 和 P75 单井
固井成本分别为 20 万美元、24 万美元和 27 万美元。2015 年统计气井 515 口，P25、P50
和 P75 单井固井成本分别为 17 万美元、20 万美元和 22 万美元。2016 年统计气井 372 口，

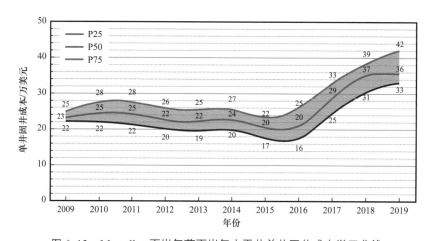

图 6-13 Marcellus 页岩气藏页岩气水平井单井固井成本学习曲线

P25、P50 和 P75 单井固井成本分别为 16 万美元、20 万美元和 25 万美元。2017 年统计气井 569 口，P25、P50 和 P75 单井固井成本分别为 25 万美元、29 万美元和 33 万美元。2018 年统计气井 417 口，P25、P50 和 P75 单井固井成本分别为 31 万美元、37 万美元和 39 万美元。2019 年统计气井 117 口，P25、P50 和 P75 单井固井成本分别为 33 万美元、36 万美元和 42 万美元。

不同年度页岩气水平井单井固井成本学习曲线显示，2009—2015 年期间 P25、P50 和 P75 单井固井成本呈稳定趋势。2016 年起，P25、P50 和 P75 单井固井成本呈迅速上升趋势。P25 单井固井成本由 16 万美元上升至 33 万美元，P50 单井固井成本由 20 万美元上升至 36 万美元，P75 单井固井成本由 25 万美元上升至 42 万美元。

Marcellus 页岩气藏页岩气水平井单位长度固井成本统计结果显示，单位长度固井成本位于 120 美元 /m 以内，主体位于 40～80 美元 /m 区间。统计不同年度 7202 口页岩气水平井，平均单位长度固井成本为 62 美元 /m，P25 单位长度固井成本为 53 美元 /m，P50 单位长度固井成本为 60 美元 /m，P75 单位长度固井成本为 69 美元 /m。

单位长度固井成本频率统计显示（图 6-14），主体位于 40～80 美元 /m 区间，统计气井数累计占比高达 89.2%。单位长度固井成本小于 20 美元 /m 的气井 1 口。单位长度固井成本介于 20～30 美元 /m 的气井 3 口。单位长度固井成本介于 30～40 美元 /m 的气井 236 口，统计井数占比 3.3%。单位长度固井成本介于 40～50 美元 /m 的气井 755 口，统计井数占比 10.5%。单位长度固井成本介于 50～60 美元 /m 的气井 2624 口，统计井数占比 36.4%。单位长度固井成本介于 60～70 美元 /m 的气井 2006 口，统计井数占比 27.9%。单位长度固井成本介于 70～80 美元 /m 的气井 1036 口，统计井数占比 14.4%。单位长度固井成本介于 80～90 美元 /m 的气井 346 口，统计井数占比 4.8%。单位长度固井成本介于 90～100 美元 /m 的气井 149 口，统计井数占比 2.1%。单位长度固井成本超过 100 美元 /m 的气井 34 口，统计井数占比 0.4%。

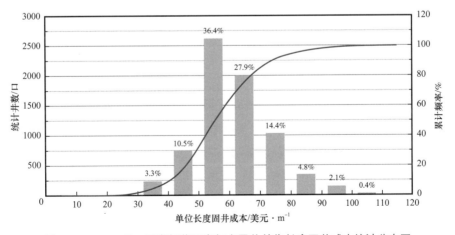

图 6-14　Marcellus 页岩气藏页岩气水平井单位长度固井成本统计分布图

对不同年度页岩气水平井单位长度固井成本进行统计分析，将 P25 和 P75 单位长度固井成本作为主体范围上下限值绘制单位长度固井成本学习曲线（图 6-15）。2009 年统计气井 26 口，P25、P50 和 P75 单位长度固井成本分别为 61 美元 /m、69 美元 /m 和 76 美元 /m。2010 年统计气井 544 口，P25、P50 和 P75 单位长度固井成本分别为 61 美元 /m、70 美元 /m和 77 美元 /m。2011 年统计气井 1482 口，P25、P50 和 P75 单位长度固井成本分别为 60美元 /m、68 美元 /m 和 74 美元 /m。2012 年统计气井 1207 口，P25、P50 和 P75 单位长度固井成本分别为 53 美元 /m、59 美元 /m 和 64 美元 /m。2013 年统计气井 1358 口，P25、P50 和 P75 单位长度固井成本分别为 52 美元 /m、55 美元 /m 和 61 美元 /m。2014 年统计气井 1041 口，P25、P50 和 P75 单位长度固井成本分别为 53 美元 /m、58 美元 /m 和 65美元 /m。2015 年统计气井 443 口，P25、P50 和 P75 单位长度固井成本分别为 42 美元 /m、46 美元 /m 和 50 美元 /m。2016 年统计气井 305 口，P25、P50 和 P75 单位长度固井成本分别为 34 美元 /m、39 美元 /m 和 54 美元 /m。2017 年统计气井 391 口，P25、P50 和 P75单位长度固井成本分别为 53 美元 /m、59 美元 /m 和 66 美元 /m。2018 年统计气井 308 口，P25、P50 和 P75 单位长度固井成本分别为 65 美元 /m、72 美元 /m 和 79 美元 /m。2019年统计气井 97 口，P25、P50 和 P75 单位长度固井成本分别为 74 美元 /m、80 美元 /m和 83 美元 /m。

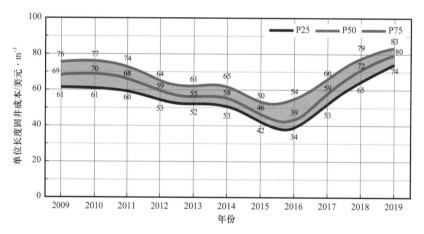

图 6-15　Marcellus 页岩气藏页岩气水平井单位长度固井成本学习曲线

不同年度页岩气水平井单位长度固井成本学习曲线显示，单位长度固井成本呈先下降后上升趋势。2009—2016 年期间 P25、P50 和 P75 单位长度固井成本呈稳定下降趋势。P25 单位长度固井成本由 2009 年 61 美元 /m 缓慢下降至 2016 年 34 美元 /m，P50 单位长度固井成本由 2009 年 69 美元 /m 缓慢下降至 2016 年 39 美元 /m，P75 单位长度固井成本由 2009 年 76 美元 /m 缓慢下降至 2016 年 54 美元 /m。2016 年起，单位长度固井成本呈迅速上升趋势，P25、P50 和 P75 单位长度固井成本分别迅速上升至 2019 年的 74 美元 /m、80 美元 /m 和 83 美元 /m。

6.2　压裂成本

压裂成本由水成本、支撑剂成本、泵送成本和其他成本构成。压裂成本受水平段长、段间距、加砂强度、用液强度及施工作业模式等多种因素影响。本节对 Marcellus 页岩气藏页岩气水平井分段压裂成本进行了统计分析，关键参数包括单井压裂成本、百米段长压裂成本、单位液量压裂成本、水成本、支撑剂成本、泵送成本、其他成本、百米段长水成本、百米段长支撑剂成本、百米段长泵送成本、百米段长其他成本、单位支撑剂成本、单位液量水成本、单位液量泵送成本、单位液量其他成本等。

Marcellus 页岩气藏页岩气水平井单井压裂成本散点分布（图 6-16）显示，单井压裂成本小于 1200 万美元，主体位于 100 万～500 万美元区间。统计不同年度 10588 口页岩气水平井，平均单井压裂成本为 331 万美元，P25 单井压裂成本为 208 万美元，P50 单井压裂成本为 298 万美元，P75 单井压裂成本为 420 万美元。

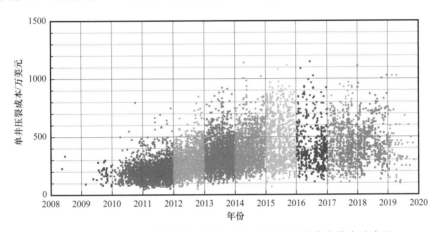

图 6-16　Marcellus 页岩气藏页岩气水平井单井压裂成本散点分布图

单井压裂成本频率统计显示（图 6-17），主体位于 100 万～500 万美元区间，统计气井数累计占比高达 83.1%。单井压裂成本小于 100 万美元的气井 193 口，统计井数占比 1.8%。单井压裂成本介于 100 万～200 万美元的气井 2206 口，统计井数占比 20.8%。单井压裂成本介于 200 万～300 万美元的气井 2952 口，统计井数占比 27.9%。单井压裂成本介于 300 万～400 万美元的气井 2238 口，统计井数占比 21.1%。单井压裂成本介于 400 万～500 万美元的气井 1412 口，统计井数占比 13.3%。单井压裂成本介于 500 万～600 万美元的气井 792 口，统计井数占比 7.5%。单井压裂成本介于 600 万～700 万美元的气井 417 口，统计井数占比 3.9%。单井压裂成本介于 700 万～800 万美元的气井 233 口，统计井数占比 2.2%。单井压裂成本超过 800 万美元的气井 145 口，统计井数占比 1.3%。

对不同年度页岩气水平井单井压裂成本进行统计分析，将 P25 和 P75 单井压裂成本作为主体范围上下限值绘制单井压裂成本学习曲线（图 6-18）。2009 年统计气井 41 口，

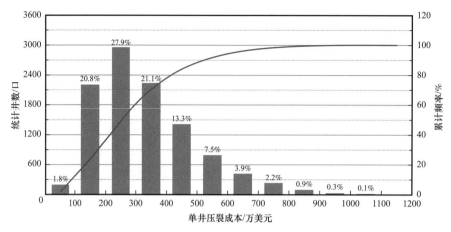

图 6-17 Marcellus 页岩气藏页岩气水平井单井压裂成本统计分布图

P25、P50 和 P75 单井压裂成本分别为 137 万美元、178 万美元和 224 万美元。2010 年统计气井 680 口，P25、P50 和 P75 单井压裂成本分别为 138 万美元、180 万美元和 219 万美元。2011 年统计气井 1853 口，P25、P50 和 P75 单井压裂成本分别为 143 万美元、186 万美元和 237 万美元。2012 年统计气井 1520 口，P25、P50 和 P75 单井压裂成本分别为 200 万美元、262 万美元和 339 万美元。2013 年统计气井 1853 口，P25、P50 和 P75 单井压裂成本分别为 251 万美元、327 万美元和 414 万美元。2014 年统计气井 1563 口，P25、P50 和 P75 单井压裂成本分别为 274 万美元、359 万美元和 472 万美元。2015 年统计气井 970 口，P25、P50 和 P75 单井压裂成本分别为 296 万美元、428 万美元和 597 万美元。2016 年统计气井 518 口，P25、P50 和 P75 单井压裂成本分别为 216 万美元、368 万美元和 486 万美元。2017 年统计气井 569 口，P25、P50 和 P75 单井压裂成本分别为 297 万美元、401 万美元和 540 万美元。2018 年统计气井 937 口，P25、P50 和 P75 单井压裂成本分别为 340 万美元、418 万美元和 540 万美元。2019 年统计气井 518 口，P25、P50 和 P75 单井压裂成本分别为 306 万美元、420 万美元和 509 万美元。

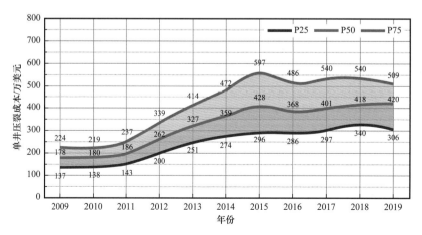

图 6-18 Marcellus 页岩气藏页岩气水平井单井压裂成本学习曲线

页岩气水平井单井压裂成本直接和气井完钻水平段长或压裂段长相关，由于不同年度气井完钻水平段长存在差异，无法横向比较不同年度单井压裂成本。除此之外，由于水平井分段压裂技术理念差异，不同气井在段间距、加砂强度和用液强度等关键参数上存在一定差异，无法准确进行钻完井成本对比分析。本节引入百米段长压裂成本参数对不同井间压裂成本进行横向对比分析。百米段长压裂成本与百米段长 EUR 相似，是指单位水平段长度对应的压裂成本，计算方法为单井压裂成本与气井完钻水平段长比值。

Marcellus 页岩气藏页岩气水平井百米段长压裂成本散点分布（图 6-19）显示，百米段长压裂成本小于 50 万美元，主体位于 10 万～25 万美元区间。统计不同年度 9362 口页岩气水平井，平均百米段长压裂成本为 175 万美元，P25 百米段长压裂成本为 129 万美元，P50 百米段长压裂成本为 165 万美元，P75 百米段长压裂成本为 211 万美元。

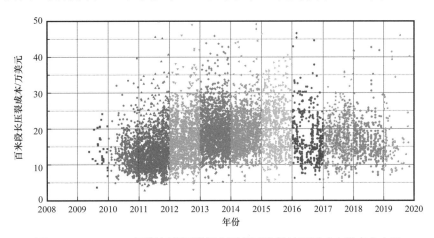

图 6-19　Marcellus 页岩气藏页岩气水平井百米段长压裂成本散点分布图

百米段长压裂成本频率统计显示（图 6-20），主体位于 10 万～25 万美元区间，统计气井数累计占比高达 79.0%。百米段长压裂成本小于 5 万美元的气井 23 口，统计井数占比 0.2%。百米段长压裂成本介于 5 万～10 万美元的气井 918 口，统计井数占比 9.8%。百米段长压裂成本介于 10 万～15 万美元的气井 2794 口，统计井数占比 29.8%。百米段长压裂成本介于 15 万～20 万美元的气井 2831 口，统计井数占比 30.2%。百米段长压裂成本介于 20 万～25 万美元的气井 1780 口，统计井数占比 19.0%。百米段长压裂成本介于 25 万～30 万美元的气井 683 口，统计井数占比 7.3%。百米段长压裂成本介于 30 万～35 万美元的气井 188 口，统计井数占比 2.0%。百米段长压裂成本介于 35 万～40 万美元的气井 75 口，统计井数占比 0.8%。百米段长压裂成本超过 40 万美元的气井 38 口，统计井数占比 0.4%。

对不同年度页岩气水平井百米段长压裂成本进行统计分析，将 P25 和 P75 百米段长压裂成本作为主体范围上下限值绘制百米段长压裂成本学习曲线（图 6-21）。2009 年统计气井 34 口，P25、P50 和 P75 百米段长压裂成本分别为 11.1 万美元、13.5 万美元和 17.1 万美元。2010 年统计气井 549 口，P25、P50 和 P75 百米段长压裂成本分别为 9.5 万美元、

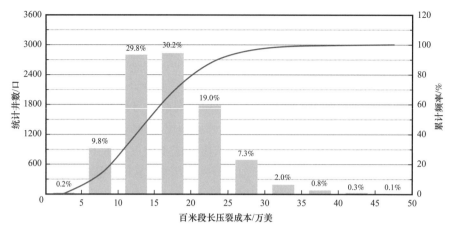

图 6-20　Marcellus 页岩气藏页岩气水平井百米段长压裂成本统计分布图

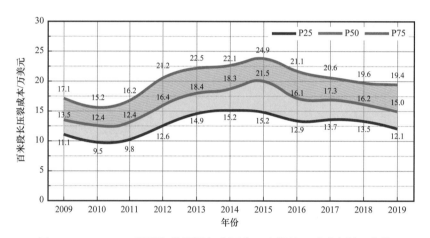

图 6-21　Marcellus 页岩气藏页岩气水平井百米段长压裂成本学习曲线

12.4 万美元和 15.2 万美元。2011 年统计气井 1615 口，P25、P50 和 P75 百米段长压裂成本分别为 9.8 万美元、12.4 万美元和 16.2 万美元。2012 年统计气井 1392 口，P25、P50 和 P75 百米段长压裂成本分别为 12.6 万美元、16.4 万美元和 21.2 万美元。2013 年统计气井 1761 口，P25、P50 和 P75 百米段长压裂成本分别为 14.9 万美元、18.4 万美元和 22.5 万美元。2014 年统计气井 1434 口，P25、P50 和 P75 百米段长压裂成本分别为 15.2 万美元、18.3 万美元和 22.1 万美元。2015 年统计气井 859 口，P25、P50 和 P75 百米段长压裂成本分别为 15.2 万美元、21.5 万美元和 24.9 万美元。2016 年统计气井 451 口，P25、P50 和 P75 百米段长压裂成本分别为 12.9 万美元、16.1 万美元和 21.1 万美元。2017 年统计气井 770 口，P25、P50 和 P75 百米段长压裂成本分别为 13.7 万美元、17.3 万美元和 20.6 万美元。2018 年统计气井 388 口，P25、P50 和 P75 百米段长压裂成本分别为 13.5 万美元、16.2 万美元和 19.6 万美元。2019 年统计气井 109 口，P25、P50 和 P75 百米段长压裂成本分别为 12.1 万美元、15.0 万美元和 19.4 万美元。

　　百米段长压裂成本学习曲线总体呈先上升后下降趋势。2010—2015 年期间，百米段长压裂成本呈上升趋势，P25 百米段长压裂成本由 9.5 万美元上升至 15.2 万美元，P50 百米段长压裂成本由 12.4 万美元上升至 21.5 万美元，P75 百米段长压裂成本由 15.2 万美元上升至 24.9 万美元。2015 年后百米段长压裂成本呈逐年下降趋势，P25 百米段长压裂成本逐年下降至 2019 年的 12.1 万美元，P50 百米段长压裂成本逐年下降至 2019 年的 15.0 万美元，P75 百米段长压裂成本逐年下降至 2019 年的 19.4 万美元。

页岩气水平井分段压裂成本主要由水成本、支撑剂成本、泵送成本和其他成本构成，对 Marcellus 页岩气藏不同年度页岩气水平井单井压裂成本中水成本、支撑剂成本、泵送成本和其他成本占比进行统计分析。统计 10588 口页岩气水平井成本构成，数据显示，单井压裂成本中水成本平均占比 27.6%，P25 水成本占比 20.7%，P50 水成本占比 26.1%，P75 水成本占比 33.6%。单井压裂成本中支撑剂成本平均占比 22.0%，P25 支撑剂成本占比 16.5%，P50 支撑剂成本占比 21.1%，P75 支撑剂成本占比 27.0%。单井压裂成本中泵送成本平均占比 11.5%，P25 泵送成本占比 4.0%，P50 泵送成本占比 7.1%，P75 泵送成本占比 14.9%。单井压裂成本中其他成本平均占比 38.9%，P25 其他成本占比 24.1%，P50 其他成本占比 40.5%，P75 其他成本占比 54.0%。

不同年度单井压裂成本构成（图 6-22 和图 6-23）显示，单井压裂成本中水成本占比范围 22%～34%。单井压裂成本中支撑剂成本占比范围 18%～26%，总体呈现逐年先下降后上升趋势。单井压裂成本中泵送成本占比范围 5%～22%，呈先下降后上升趋势。2009—2015 年，泵送成本占比由 11% 下降至 5%。2015 年起泵送成本占比逐年增加至

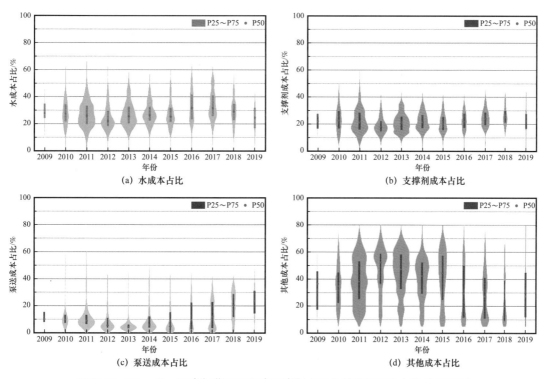

图 6-22　Marcellus 页岩气藏不同年度页岩气水平井单井压裂成本构成分布图

2019 年的 24%。单井压裂成本中其他成本占比范围 21%～53%，总体呈先上升后下降趋势。2012 年以前其他成本占比逐年增加，由 2009 年的 38% 逐年上升至 2012 年的 53%。2012 年以后其他成本占比开始逐年下降，2018 年其他成本占比仅为 21%。

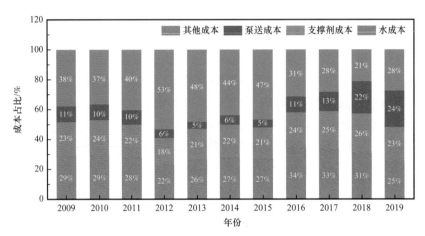

图 6-23　Marcellus 页岩气藏不同年度页岩气水平井平均单井压裂成本构成学习曲线

6.2.1　水成本

Marcellus 页岩气藏页岩气水平井单井压裂水成本散点分布显示，单井压裂水成本小于 400 万美元，主体位于 25 万～150 万美元区间。统计不同年度 10588 口页岩气水平井，平均单井压裂水成本为 89 万美元，P25 单井压裂水成本为 51 万美元，P50 单井压裂水成本为 78 万美元，P75 单井压裂水成本为 115 万美元。

单井压裂水成本频率统计显示（图 6-24），主体位于 25 万～150 万美元区间，统计气井数累计占比高达 85.1%。单井压裂水成本小于 25 万美元的气井 292 口，统计井数占比 2.8%。单井压裂水成本介于 25 万～50 万美元的气井 2167 口，统计井数占比 20.5%。单井压裂水成本介于 50 万～75 万美元的气井 2626 口，统计井数占比 24.8%。单井压裂水成本介于 75 万～100 万美元的气井 1922 口，统计井数占比 18.2%。单井压裂水成本介于 100 万～125 万美元的气井 1370 口，统计井数占比 12.9%。单井压裂水成本介于 125 万～150 万美元的气井 921 口，统计井数占比 8.7%。单井压裂水成本介于 150 万～175 万美元的气井 571 口，统计井数占比 5.4%。单井压裂水成本介于 175 万～200 万美元的气井 151 口，统计井数占比 1.4%。单井压裂水成本超过 200 万美元的气井 334 口，统计井数占比 3.2%。

对不同年度页岩气水平井单井压裂水成本进行统计分析，将 P25 和 P75 单井压裂水成本作为主体范围上下限值绘制单井压裂水成本学习曲线（图 6-25）。2009 年统计气井 41 口，P25、P50 和 P75 单井压裂水成本分别为 35 万美元、45 万美元和 59 万美元。2010 年统计气井 680 口，P25、P50 和 P75 单井压裂水成本分别为 37 万美元、46 万美元和 58 万美元。2011 年统计气井 1853 口，P25、P50 和 P75 单井压裂水成本分别为 36 万美元、

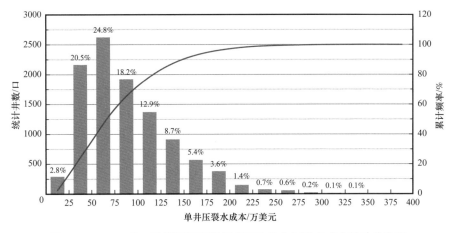

图 6-24　Marcellus 页岩气藏页岩气水平井单井压裂水成本统计分布图

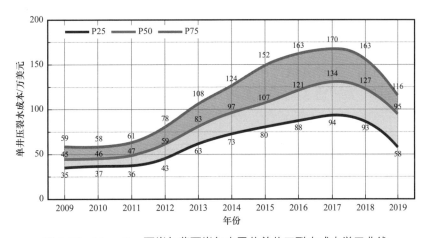

图 6-25　Marcellus 页岩气藏页岩气水平井单井压裂水成本学习曲线

47 万美元和 61 万美元。2012 年统计气井 1520 口，P25、P50 和 P75 单井压裂水成本分别为 43 万美元、59 万美元和 78 万美元。2013 年统计气井 1853 口，P25、P50 和 P75 单井压裂水成本分别为 63 万美元、83 万美元和 108 万美元。2014 年统计气井 1563 口，P25、P50 和 P75 单井压裂水成本分别为 73 万美元、97 万美元和 124 万美元。2015 年统计气井 970 口，P25、P50 和 P75 单井压裂水成本分别为 80 万美元、107 万美元和 152 万美元。2016 年统计气井 518 口，P25、P50 和 P75 单井压裂水成本分别为 88 万美元、121 万美元和 163 万美元。2017 年统计气井 937 口，P25、P50 和 P75 单井压裂水成本分别为 94 万美元、134 万美元和 170 万美元。2018 年统计气井 518 口，P25、P50 和 P75 单井压裂水成本分别为 93 万美元、127 万美元和 163 万美元。2019 年统计气井 135 口，P25、P50 和 P75 单井压裂水成本分别为 58 万美元、95 万美元和 116 万美元。

单井压裂水成本学习曲线总体呈先上升后下降趋势。2009—2017 年期间，单井压裂水成本呈上升趋势，P25 单井压裂水成本由 35 万美元上升至 94 万美元，P50 单井压裂水成本由 45 万美元上升至 134 万美元，P75 单井压裂水成本由 59 万美元上升至 170 万美元。

2017 年后单井压裂水成本呈逐年下降趋势，P25 单井压裂水成本逐年下降至 2019 年的 58 万美元，P50 单井压裂水成本逐年下降至 2019 年的 95 万美元，P75 单井压裂水成本逐年下降至 2019 年的 116 万美元。

Marcellus 页岩气藏页岩气水平井百米段长水成本散点分布显示，百米段长水成本小于 12 万美元，主体位于 2.0 万～7.0 万美元区间。统计不同年度 9362 口页岩气水平井，平均百米段长水成本为 4.6 万美元，P25 百米段长水成本为 3.4 万美元，P50 百米段长水成本为 4.4 万美元，P75 百米段长水成本为 5.5 万美元。

百米段长水成本频率统计显示（图 6-26），主体位于 2.0 万～7.0 万美元区间，统计气井数累计占比高达 89.6%。百米段长水成本小于 1.0 万美元的气井 80 口，统计井数占比 0.9%。百米段长水成本介于 1.0 万～2.0 万美元的气井 330 口，统计井数占比 3.5%。百米段长水成本介于 2.0 万～3.0 万美元的气井 1212 口，统计井数占比 12.9%。百米段长水成本介于 3.0 万～4.0 万美元的气井 1955 口，统计井数占比 20.9%。百米段长水成本介于 4.0 万～5.0 万美元的气井 2507 口，统计井数占比 26.8%。百米段长水成本介于 5.0 万～6.0 万美元的气井 1778 口，统计井数占比 19.0%。百米段长水成本介于 6.0 万～7.0 万美元的气井 933 口，统计井数占比 10.0%。百米段长水成本介于 7.0 万～8.0 万美元的气井 317 口，统计井数占比 3.4%。百米段长水成本超过 8.0 万美元的气井 221 口，统计井数占比 3.4%。

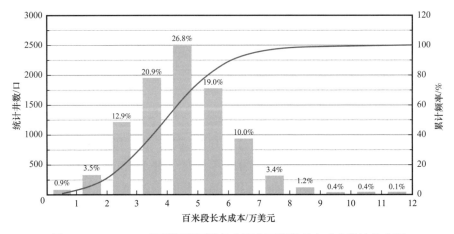

图 6-26　Marcellus 页岩气藏页岩气水平井百米段长水成本统计分布图

对不同年度页岩气水平井百米段长水成本进行统计分析，将 P25 和 P75 百米段长水成本作为主体范围上下限值绘制百米段长水成本学习曲线（图 6-27）。2009 年统计气井 34 口，P25、P50 和 P75 百米段长水成本分别为 3.1 万美元、3.4 万美元和 4.3 万美元。2010 年统计气井 549 口，P25、P50 和 P75 百米段长水成本分别为 2.7 万美元、3.2 万美元和 4.2 万美元。2011 年统计气井 1615 口，P25、P50 和 P75 百米段长水成本分别为 2.6 万美元、3.3 万美元和 4.2 万美元。2012 年统计气井 1392 口，P25、P50 和 P75 百米段长水成本分别为 3.1 万美元、4.0 万美元和 4.7 万美元。2013 年统计气井 1761 口，P25、P50

和 P75 百米段长水成本分别为 4.0 万美元、4.7 万美元和 5.9 万美元。2014 年统计气井 1434 口，P25、P50 和 P75 百米段长水成本分别为 4.2 万美元、5.0 万美元和 5.9 万美元。2015 年统计气井 859 口，P25、P50 和 P75 百米段长水成本分别为 4.1 万美元、5.2 万美元和 6.0 万美元。2016 年统计气井 451 口，P25、P50 和 P75 百米段长水成本分别为 4.1 万美元、5.3 万美元和 6.2 万美元。2017 年统计气井 770 口，P25、P50 和 P75 百米段长水成本分别为 4.4 万美元、5.3 万美元和 6.2 万美元。2018 年统计气井 388 口，P25、P50 和 P75 百米段长水成本分别为 3.7 万美元、4.8 万美元和 5.3 万美元。2019 年统计气井 109 口，P25、P50 和 P75 百米段长水成本分别为 2.5 万美元、3.9 万美元和 4.8 万美元。

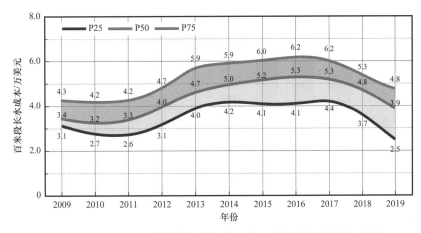

图 6-27　Marcellus 页岩气藏页岩气水平井百米段长水成本学习曲线

百米段长水成本学习曲线总体呈先上升后下降趋势。2009—2017 年期间，百米段长水成本呈上升趋势，P25 百米段长水成本由 3.1 万美元上升至 4.4 万美元，P50 百米段长水成本由 3.4 万美元上升至 5.3 万美元，P75 百米段长水成本由 4.3 万美元上升至 6.2 万美元。2017 年后百米段长水成本呈逐年下降趋势，P25 百米段长水成本下降至 2019 年的 2.5 万美元，P50 百米段长水成本下降至 2019 年的 3.9 万美元，P75 百米段长水成本下降至 2019 年的 4.8 万美元。

6.2.2　支撑剂成本

Marcellus 页岩气藏页岩气水平井单井支撑剂成本统计结果显示，单井支撑剂成本小于 250 万美元，主体位于 25 万～125 万美元区间。统计不同年度 10588 口页岩气水平井，平均单井支撑剂成本为 71 万美元，P25 单井支撑剂成本为 43 万美元，P50 单井支撑剂成本为 63 万美元，P75 单井支撑剂成本为 91 万美元。

单井支撑剂成本频率统计显示（图 6-28），主体位于 25 万～125 万美元区间，统计气井数累计占比高达 84.9%。单井支撑剂成本小于 25 万美元的气井 684 口，统计井数占比 6.5%。单井支撑剂成本介于 25 万～50 万美元的气井 2923 口，统计井数占比 27.6%。单井支撑剂成本介于 50 万～75 万美元的气井 2971 口，统计井数占比 28.1%。单井支撑剂成本介于 75 万～100 万美元的气井 1958 口，统计井数占比 18.5%。单井支撑剂成本介于 100 万～125 万美元的气井 1138 口，统计井数占比 10.7%。单井支撑剂成本介于 125 万～150 万美元的气井 544 口，统计井数占比 5.1%。单井支撑剂成本介于 150 万～175 万美元的气井 186 口，统计井数占比 1.8%。单井支撑剂成本介于 175 万～200 万美元的气井 103 口，统计井数占比 1.0%。单井支撑剂成本超过 200 万美元的气井 67 口，统计井数占比 0.6%。

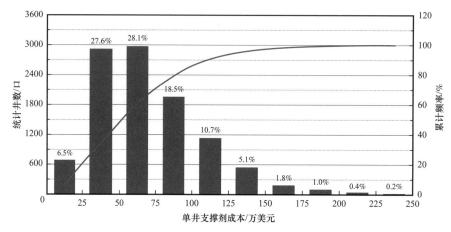

图 6-28　Marcellus 页岩气藏页岩气水平井单井压裂支撑剂成本统计分布图

对不同年度页岩气水平井单井支撑剂成本进行统计分析，将 P25 和 P75 单井支撑剂成本作为主体范围上下限值绘制单井支撑剂成本学习曲线（图 6-29）。2009 年统计气井 41 口，P25、P50 和 P75 单井支撑剂成本分别为 20 万美元、36 万美元和 58 万美元。2010 年统计气井 680 口，P25、P50 和 P75 单井支撑剂成本分别为 29 万美元、41 万美元和 52 万美元。2011 年统计气井 1853 口，P25、P50 和 P75 单井支撑剂成本分别为 29 万美元、41 万美元和 52 万美元。2012 年统计气井 1520 口，P25、P50 和 P75 单井支撑剂成本分别为 36 万美元、48 万美元和 63 万美元。2013 年统计气井 1853 口，P25、P50 和 P75 单井

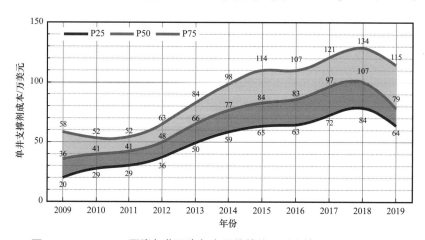

图 6-29　Marcellus 页岩气藏页岩气水平井单井压裂支撑剂成本学习曲线

支撑剂成本分别为 50 万美元、66 万美元和 84 万美元。2014 年统计气井 1563 口，P25、P50 和 P75 单井支撑剂成本分别为 59 万美元、77 万美元和 98 万美元。2015 年统计气井 970 口，P25、P50 和 P75 单井支撑剂成本分别为 65 万美元、84 万美元和 114 万美元。2016 年统计气井 518 口，P25、P50 和 P75 单井支撑剂成本分别为 63 万美元、83 万美元和 107 万美元。2017 年统计气井 937 口，P25、P50 和 P75 单井支撑剂成本分别为 72 万美元、97 万美元和 121 万美元。2018 年统计气井 518 口，P25、P50 和 P75 单井支撑剂成本分别为 84 万美元、107 万美元和 134 万美元。2019 年统计气井 135 口，P25、P50 和 P75 单井支撑剂成本分别为 64 万美元、79 万美元和 115 万美元。受限于样本井数，2019 年度统计参数值代表性略低于其他年度。

单井支撑剂成本学习曲线总体呈逐年上升趋势。P25 单井支撑剂成本由 2009 年的 20 万美元上升至 2018 年的 84 万美元，P50 单井支撑剂成本由 36 万美元上升至 2018 年的 107 万美元，P75 单井支撑剂成本由 58 万美元上升至 2018 年的 134 万美元。

Marcellus 页岩气藏页岩气水平井单位支撑剂成本统计结果显示，单位支撑剂成本介于 125～180 美元 /t 区间，主体位于 155～170 美元 /t 区间。统计不同年度 7273 口页岩气水平井，平均单位支撑剂成本为 155 美元 /t，P25 单位支撑剂成本为 156 美元 /t，P50 单位支撑剂成本为 159 美元 /t，P75 单位支撑剂成本为 165 美元 /t。

单位支撑剂成本频率统计显示（图 6-30），主体位于 155～170 美元 /t 区间，统计气井数累计占比高达 77.0%。单位支撑剂成本小于 130 美元 /t 的气井 1100 口，统计井数占比 15.1%。单位支撑剂成本介于 130～135 美元 /t 的气井 481 口，统计井数占比 6.6%。单位支撑剂成本介于 155～160 美元 /t 的气井 2750 口，统计井数占比 37.8%。单位支撑剂成本介于 160～165 美元 /t 的气井 1460 口，统计井数占比 20.1%。单位支撑剂成本介于 165～170 美元 /t 的气井 1392 口，统计井数占比 19.1%。

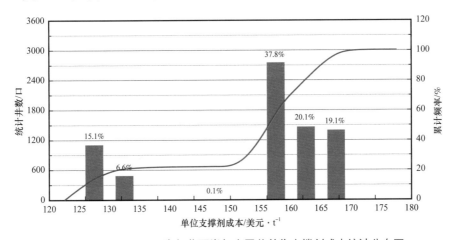

图 6-30　Marcellus 页岩气藏页岩气水平井单位支撑剂成本统计分布图

对不同年度页岩气水平井单位支撑剂成本进行统计分析，将 P25 和 P75 单位支撑剂成本作为主体范围上下限值绘制单位支撑剂成本学习曲线（图 6-31）。2009 年统计气井

22 口，P25、P50 和 P75 单位支撑剂成本均为 156 美元 /t。2010 年统计气井 294 口，P25、P50 和 P75 单位支撑剂成本均为 156 美元 /t。2011 年统计气井 1003 口，P25、P50 和 P75 单位支撑剂成本分别为 156 美元 /t、156 美元 /t 和 159 美元 /t。2012 年统计气井 1095 口，P25、P50 和 P75 单位支撑剂成本分别为 159 美元 /t、159 美元 /t 和 166 美元 /t。2013 年统计气井 1567 口，P25、P50 和 P75 单位支撑剂成本分别为 165 美元 /t、166 美元 /t 和 166 美元 /t。2014 年统计气井 1202 口，P25、P50 和 P75 单位支撑剂成本均为 165 美元 /t。2015 年统计气井 654 口，P25、P50 和 P75 单位支撑剂成本分别为 128 美元 /t、156 美元 /t 和 156 美元 /t。2016 年统计气井 423 口，P25、P50 和 P75 单位支撑剂成本分别为 127 美元 /t、127 美元 /t 和 128 美元 /t。2017 年统计气井 676 口，P25、P50 和 P75 单位支撑剂成本分别为 128 美元 /t、128 美元 /t 和 130 美元 /t。2018 年统计气井 269 口，P25、P50 和 P75 单位支撑剂成本分别为 130 美元 /t、130 美元 /t 和 132 美元 /t。2019 年统计气井 68 口，P25、P50 和 P75 单位支撑剂成本分别为 130 美元 /t、132 美元 /t 和 132 美元 /t。

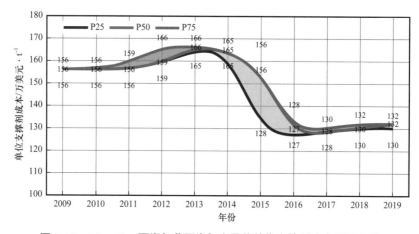

图 6-31　Marcellus 页岩气藏页岩气水平井单位支撑剂成本学习曲线

单位支撑剂成本反映了支撑剂的综合价格趋势，可用于不同地区间进行横向对比。Marcellus 页岩气藏页岩气水平井单位支撑剂成本学习曲线显示，单位支撑剂成本在 2014 年前保持相对平稳。2014—2016 年单位支撑剂成本呈快速下降趋势，P25 单位支撑剂成本由 165 美元 /t 下降至 127 美元 /t，P50 单位支撑剂成本由 165 美元 /t 下降至 127 美元 /t，P75 单位支撑剂成本由 165 美元 /t 下降至 128 美元 /t。2016 年以后单位支撑剂成本整体呈稳定趋势。

6.2.3　泵送成本

Marcellus 页岩气藏页岩气水平井单井泵送成本统计结果显示，单井泵送成本小于 200 万美元，主体位于 30 万美元以内。统计不同年度 10588 口页岩气水平井，平均单井泵送成本为 37 万美元，P25 单井泵送成本为 11 万美元，P50 单井泵送成本为 15 万美元，P75 单井泵送成本为 52 万美元。

　　单井泵送成本频率统计显示（图 6-32），主体位于 30 万美元以内，统计气井数累计占比高达 62.4%。单井泵送成本小于 10 万美元的气井 1476 口，统计井数占比 13.9%。单井泵送成本介于 10 万～20 万美元的气井 5132 口，统计井数占比 48.5%。单井泵送成本介于 20 万～30 万美元的气井 604 口，统计井数占比 5.7%。单井泵送成本介于 30 万～40 万美元的气井 356 口，统计井数占比 3.4%。单井泵送成本介于 40 万～50 万美元的气井 316 口，统计井数占比 3.0%。单井泵送成本介于 50 万～60 万美元的气井 299 口，统计井数占比 2.8%。单井泵送成本介于 60 万～70 万美元的气井 321 口，统计井数占比 3.0%。单井泵送成本介于 70 万～80 万美元的气井 258 口，统计井数占比 2.4%。单井泵送成本超过 80 万美元的气井 67 口，统计井数占比 17%。

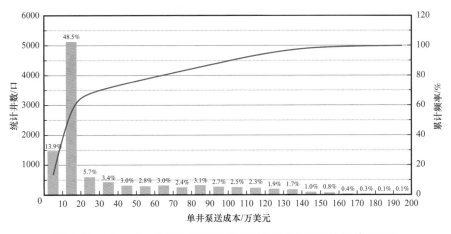

图 6-32　Marcellus 页岩气藏页岩气水平井单井泵送成本统计分布图

　　对不同年度页岩气水平井单井泵送成本进行统计分析，将 P25 和 P75 单井泵送成本作为主体范围上下限值绘制单井泵送成本学习曲线（图 6-33）。2009 年统计气井 41 口，P25、P50 和 P75 单井泵送成本分别为 13 万美元、15 万美元和 32 万美元。2010 年统计气井 680 口，P25、P50 和 P75 单井泵送成本分别为 13 万美元、15 万美元和 18 万美元。2011 年统计气井 1853 口，P25、P50 和 P75 单井泵送成本分别为 12 万美元、15 万美元和 18 万美元。2012 年统计气井 1520 口，P25、P50 和 P75 单井泵送成本分别为 11 万美元、13 万美元和 24 万美元。2013 年统计气井 1853 口，P25、P50 和 P75 单井泵送成本分别为 11 万美元、13 万美元和 18 万美元。2014 年统计气井 1563 口，P25、P50 和 P75 单井泵送成本分别为 13 万美元、16 万美元和 55 万美元。2015 年统计气井 970 口，P25、P50 和 P75 单井泵送成本分别为 10 万美元、21 万美元和 72 万美元。2016 年统计气井 518 口，P25、P50 和 P75 单井泵送成本分别为 10 万美元、33 万美元和 91 万美元。2017 年统计气井 937 口，P25、P50 和 P75 单井泵送成本分别为 11 万美元、55 万美元和 99 万美元。2018 年统计气井 518 口，P25、P50 和 P75 单井泵送成本分别为 56 万美元、87 万美元和 122 万美元。2019 年统计气井 135 口，P25、P50 和 P75 单井泵送成本分别为 64 万美元、87 万美元和 106 万美元。

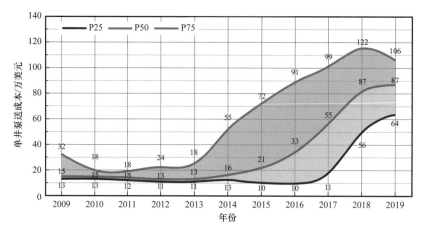

图 6-33　Marcellus 页岩气藏页岩气水平井单井泵送成本学习曲线

受完钻气井水平段长增加等因素影响，水平井单井分段压裂液量逐年增加，单井泵送成本学习曲线总体呈逐年上升趋势。P25 单井泵送成本由 2010 年的 13 万美元上升至 2019 年的 64 万美元，P50 单井泵送成本由 15 万美元上升至 2019 年的 87 万美元，P75 单井泵送成本由 18 万美元上升至 2018 年的 122 万美元。

Marcellus 页岩气藏页岩气水平井单位液量泵送成本统计结果显示，单位液量泵送成本介于 80 美元 /m^3 以内，主体位于 15 美元 /m^3 以内。统计不同年度 8188 口页岩气水平井，平均单位液量泵送成本为 12.0 美元 /m^3，P25 单位液量泵送成本为 3.6 美元 /m^3，P50 单位液量泵送成本为 6.2 美元 /m^3，P75 单位液量泵送成本为 12.0 美元 /m^3。

单位液量泵送成本频率统计显示（图 6-34），主体位于 0~15 美元 /m^3 区间，统计气井数累计占比高达 70.2%。单位液量泵送成本小于 5 美元 /m^3 的气井 3331 口，统计井数占比 40.6%。单位液量泵送成本介于 5~10 美元 /m^3 的气井 2429 口，统计井数占比 29.6%。单位液量泵送成本介于 10~15 美元 /m^3 的气井 780 口，统计井数占比 9.5%。单位液量泵送成本介于 15~20 美元 /m^3 的气井 274 口，统计井数占比 3.3%。单位液量泵送成本介于

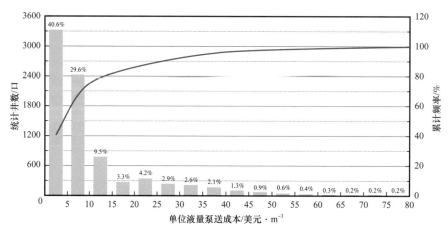

图 6-34　Marcellus 页岩气藏页岩气水平井单位液量泵送成本统计分布图

20～25 美元 /m³ 的气井 343 口，统计井数占比 4.2%。单位液量泵送成本介于 25～30 美元 /m³ 的气井 139 口，统计井数占比 2.9%。单位液量泵送成本介于 30～35 美元 /m³ 的气井 216 口，统计井数占比 2.6%。单位液量泵送成本介于 35～40 美元 /m³ 的气井 169 口，统计井数占比 2.1%。单位液量泵送成本超过 40 美元 /m³ 的气井 363 口，统计井数占比 4.5%。

　　对不同年度页岩气水平井单位液量泵送成本进行统计分析，将 P25 和 P75 单位液量泵送成本作为主体范围上下限值绘制单位液量泵送成本学习曲线（图 6–35）。2009 年统计气井 32 口，P25、P50 和 P75 单位液量泵送成本分别为 8.1 美元 /m³、9.5 美元 /m³ 和 11.9 美元 /m³。2010 年统计气井 510 口，P25、P50 和 P75 单位液量泵送成本分别为 6.8 美元 /m³、8.5 美元 /m³ 和 10.9 美元 /m³。2011 年统计气井 1495 口，P25、P50 和 P75 单位液量泵送成本分别为 6.4 美元 /m³、8.5 美元 /m³ 和 11.6 美元 /m³。2012 年统计气井 1247 口，P25、P50 和 P75 单位液量泵送成本分别为 4.2 美元 /m³、6.2 美元 /m³ 和 10.7 美元 /m³。2013 年统计气井 1597 口，P25、P50 和 P75 单位液量泵送成本分别为 3.1 美元 /m³、4.1 美元 /m³ 和 6.2 美元 /m³。2014 年统计气井 1222 口，P25、P50 和 P75 单位液量泵送成本分别为 3.3 美元 /m³、4.5 美元 /m³ 和 8.5 美元 /m³。2015 年统计气井 656 口，P25、P50 和 P75 单位液量泵送成本分别为 1.9 美元 /m³、3.1 美元 /m³ 和 11.2 美元 /m³。2016 年统计气井 424 口，P25、P50 和 P75 单位液量泵送成本分别为 1.8 美元 /m³、5.7 美元 /m³ 和 18.9 美元 /m³。2017 年统计气井 677 口，P25、P50 和 P75 单位液量泵送成本分别为 2.1 美元 /m³、7.0 美元 /m³ 和 18.5 美元 /m³。2018 年统计气井 270 口，P25、P50 和 P75 单位液量泵送成本分别为 8.1 美元 /m³、21.3 美元 /m³ 和 25.7 美元 /m³。2019 年统计气井 68 口，P25、P50 和 P75 单位液量泵送成本分别为 16.6 美元 /m³、25.0 美元 /m³ 和 30.0 美元 /m³。

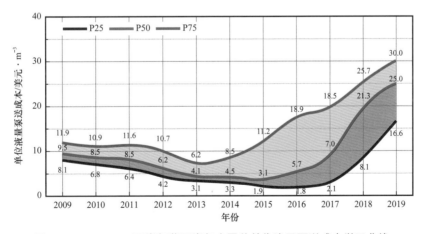

图 6–35　Marcellus 页岩气藏页岩气水平井单位液量泵送成本学习曲线

　　受加砂强度逐年增加等因素影响，水平井单位液量泵送成本学习曲线总体呈先下降后上升趋势。2015 年前，单位液量泵送成本呈稳定下降趋势，P25 单位液量泵送成本由 2009 年的 8.1 美元 /m³ 下降至 2015 年的 1.9 美元 /m³，P50 单位液量泵送成本由 9.5 美元 /m³ 下降至 3.1 美元 /m³。2015 年后单位液量泵送成本呈上升趋势，P25 单位液量泵送成本由 1.9

美元 /m³ 上升至 2019 年的 16.6 美元 /m³，P50 单位液量泵送成本由 3.1 美元 /m³ 上升至 2019 年的 25.0 美元 /m³，P75 单位液量泵送成本由 11.2 美元 /m³ 上升至 2019 年的 30.0 美元 /m³。

6.2.4　其他成本

Marcellus 页岩气藏页岩气水平井单井其他成本统计结果显示，单井其他成本小于 600 万美元，主体位于 200 万美元以内。统计不同年度 10588 口页岩气水平井，平均单井其他成本为 135 万美元，P25 单井其他成本为 51 万美元，P50 单井其他成本为 109 万美元，P75 单井其他成本为 188 万美元。

单井其他成本频率统计显示（图 6-36），主体位于 200 万美元以内，统计气井数累计占比高达 77.9%。单井其他成本小于 50 万美元的气井 2605 口，统计井数占比 24.6%。单井其他成本介于 50 万～100 万美元的气井 2307 口，统计井数占比 21.8%。单井其他成本介于 100 万～150 万美元的气井 1922 口，统计井数占比 18.2%。单井其他成本介于 150 万～200 万美元的气井 1407 口，统计井数占比 13.3%。单井其他成本介于 200 万～250 万美元的气井 954 口，统计井数占比 9.0%。单井其他成本介于 250 万～300 万美元的气井 553 口，统计井数占比 5.2%。单井其他成本介于 300 万～350 万美元的气井 326 口，统计井数占比 3.1%。单井其他成本介于 350 万～400 万美元的气井 209 口，统计井数占比 2.0%。单井其他成本超过 400 万美元的气井 305 口，统计井数占比 2.9%。

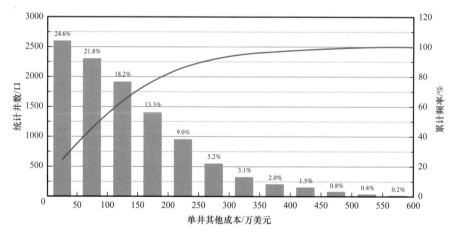

图 6-36　Marcellus 页岩气藏页岩气水平井单井其他成本统计分布图

对不同年度页岩气水平井单井其他成本进行统计分析，将 P25 和 P75 单井其他成本作为主体范围上下限值绘制单井其他成本学习曲线（图 6-37）。2009 年统计气井 41 口，P25、P50 和 P75 单井其他成本分别为 33.8 万美元、66 万美元和 86 万美元。2010 年统计气井 680 口，P25、P50 和 P75 单井其他成本分别为 35 万美元、65 万美元和 92 万美元。2011 年统计气井 1853 口，P25、P50 和 P75 单井其他成本分别为 37.4 万美元、70 万美元和 107 万美元。2012 年统计气井 1520 口，P25、P50 和 P75 单井其他成本分别为 73.9 万美元、131 万美元和 183 万美元。2013 年统计气井 1853 口，P25、P50 和 P75 单井其他

成本分别为 89.7 万美元、147 万美元和 217 万美元。2014 年统计气井 1563 口，P25、P50
和 P75 单井其他成本分别为 85 万美元、146 万美元和 214 万美元。2015 年统计气井 970
口，P25、P50 和 P75 单井其他成本分别为 78.9 万美元、181 万美元和 322 万美元。2016
年统计气井 518 口，P25、P50 和 P75 单井其他成本分别为 37 万美元、88 万美元和 231
万美元。2017 年统计气井 937 口，P25、P50 和 P75 单井其他成本分别为 38.6 万美元、93
万美元和 203 万美元。2018 年统计气井 518 口，P25、P50 和 P75 单井其他成本分别为
37.4 万美元、70 万美元和 173 万美元。2019 年统计气井 135 口，P25、P50 和 P75 单井其
他成本分别为 41.2 万美元、115 万美元和 174 万美元。

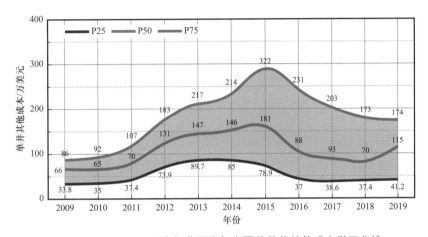

图 6-37 Marcellus 页岩气藏页岩气水平井单井其他成本学习曲线

水平井分段压裂单井其他成本学习曲线显示，单井其他成本呈先上升后下降趋势。
2015 年以前，P25 单井其他成本由初期 33.8 万美元逐渐上升至 78.9 万美元，P50 单井其
他成本由 66 万美元上升至 181 万美元，P75 单井其他成本由 86 万美元上升至 322 万美元。
2015 年以后单井其他成本呈逐年下降趋势，P25 单井其他成本逐年下降至 2019 年的 41.2
万美元，P50 单井其他成本下降至 2018 年的 70 万美元，P75 单井其他成本下降至 2019 年
的 174 万美元。

Marcellus 页岩气藏页岩气水平井单位液量其他成本统计结果显示，单位液量其他成
本小于 200 美元 /m³，主体位于 100 美元 /m³ 以内。统计不同年度 8198 口页岩气水平井，
平均单位液量其他成本为 49 美元 /m³，P25 单位液量其他成本为 17 美元 /m³，P50 单位液
量其他成本为 38 美元 /m³，P75 单位液量其他成本为 65 美元 /m³。

单位液量其他成本频率统计显示（图 6-38），主体位于 100 美元 /m³ 以内，统计气井
数累计占比高达 93.0%。单位液量其他成本小于 25 美元 /m³ 的气井 2823 口，统计井数占
比 34.4%。单位液量其他成本介于 25～50 美元 /m³ 的气井 2207 口，统计井数占比 26.9%。
单位液量其他成本介于 50～75 美元 /m³ 的气井 1759 口，统计井数占比 21.5%。单位液
量其他成本介于 75～100 美元 /m³ 的气井 840 口，统计井数占比 10.2%。单位液量其他
成本介于 100～125 美元 /m³ 的气井 295 口，统计井数占比 3.6%。单位液量其他成本介于

125~150 美元 /m³ 的气井 112 口，统计井数占比 1.4%。单位液量其他成本超过 150 美元 /m³ 气井 82 口，统计井数占比 1.0%。

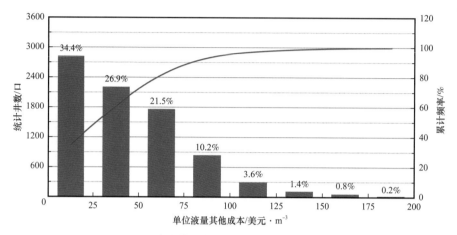

图 6-38　Marcellus 页岩气藏页岩气水平井单位液量其他成本统计分布图

对不同年度页岩气水平井单位液量其他成本进行统计分析，将 P25 和 P75 单位液量其他成本作为主体范围上下限值绘制单位液量其他成本学习曲线（图 6-39）。2009 年统计气井 32 口，P25、P50 和 P75 单位液量其他成本分别为 14 美元 /m³、30 美元 /m³ 和 52 美元 /m³。2010 年统计气井 510 口，P25、P50 和 P75 单位液量其他成本分别为 17 美元 /m³、31 美元 /m³ 和 52 美元 /m³。2011 年统计气井 1495 口，P25、P50 和 P75 单位液量其他成本分别为 19 美元 /m³、39 美元 /m³ 和 65 美元 /m³。2012 年统计气井 1247 口，P25、P50 和 P75 单位液量其他成本分别为 31 美元 /m³、61 美元 /m³ 和 80 美元 /m³。2013 年统计气井 1597 口，P25、P50 和 P75 单位液量其他成本分别为 25 美元 /m³、46 美元 /m³ 和 73 美元 /m³。2014 年统计气井 1222 口，P25、P50 和 P75 单位液量其他成本分别为 22 美元 /m³、40 美元 /m³ 和 60 美元 /m³。2015 年统计气井 656 口，P25、P50 和 P75 单位液量其他成本分别为 13 美元 /m³、39 美元 /m³ 和 64 美元 /m³。2016 年统计气井 424 口，P25、P50 和

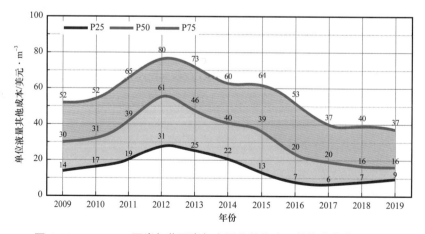

图 6-39　Marcellus 页岩气藏页岩气水平井单位液量其他成本学习曲线

P75 单位液量其他成本分别为 7 美元 /m³、20 美元 /m³ 和 53 美元 /m³。2017 年统计气井 677 口，P25、P50 和 P75 单位液量其他成本分别为 6 美元 /m³、20 美元 /m³ 和 37 美元 /m³。2018 年统计气井 270 口，P25、P50 和 P75 单位液量其他成本分别为 7 美元 /m³、16 美元 /m³ 和 40 美元 /m³。2019 年统计气井 68 口，P25、P50 和 P75 单位液量其他成本分别为 9 美元 /m³、16 美元 /m³ 和 37 美元 /m³。

水平井分段压裂单位液量其他成本学习曲线显示，单位液量其他成本以 2012 年为分界线呈先上升后下降趋势。2012 年以前单位液量其他成本逐年上升，P25 单位液量其他成本由初期 14 美元 /m³ 上涨至 31 美元 /m³，P50 单位液量其他成本由初期 30 美元 /m³ 上涨至 61 美元 /m³，P75 单位液量其他成本由初期 52 美元 /m³ 上涨至 80 美元 /m³。2012 年以后单位液量其他成本呈逐年下降趋势，P25 单位液量其他成本下降至 2019 年 9 美元 /m³，P50 单位液量其他成本下降至 2019 年 16 美元 /m³，P75 单位液量其他成本下降至 2019 年 37 美元 /m³。

6.3　钻完井和压裂成本构成

页岩气水平井单井钻完井和分段压裂成本是开发成本的主要构成部分，通常占单井成本的 80% 以上。不同成本占比也随页岩气水平井完钻垂深、水平段长、压裂规模等变化而变化。针对 Marcellus 页岩气藏历年完钻 10588 口页岩气水平井完整成本数据进行统计分析（图 6-40），单井钻压成本中钻井成本平均占比 43.6%、固井成本平均占比 4.4%、水成本平均占比 14.1%、支撑剂成本平均占比 11.2%、泵送成本平均占比 6.0%、其他成本平均占比 20.7%。单井钻压成本中 P50 成本占比统计结果显示，钻井成本占比 44.8%、固井成本占比 4.5%、水成本占比 14.5%、支撑剂成本占比 11.7%、泵送成本占比 3.4%、其他成本占比 21.2%。

Marcellus 页岩气藏页岩气水平井单井钻压成本中钻井成本占比统计结果显示（图 6-40a），钻井成本占比主体范围为 20%～60%。其中钻井成本占比介于 0～10% 的气井 162 口，占比 1.5%。钻井成本占比介于 10%～20% 的气井 265 口，占比 2.5%。钻井成本占比 20%～30% 的气井 1710 口，占比 16.2%。钻井成本占比 30%～40% 的气井 2853 口，占比 26.9%。钻井成本占比 40%～50% 的气井 2179 口，占比 20.6%。钻井成本占比 50%～60% 的气井 1508 口，占比 14.2%。钻井成本占比 60%～70% 的气井 1068 口，占比 10.1%。钻井成本占比 70%～80% 的气井 686 口，占比 6.5%。

Marcellus 页岩气藏页岩气水平井单井钻压成本中固井成本占比统计结果显示（图 6-40b），固井成本占比主体范围为 2%～6%。其中固井成本占比介于 0～1% 的气井 36 口，占比 0.3%。固井成本占比介于 1%～2% 的气井 513 口，占比 4.8%。固井成本占比 2%～3% 的气井 1900 口，占比 17.9%。固井成本占比 3%～4% 的气井 2570 口，占比 24.3%。固井成本占比 4%～5% 的气井 2253 口，占比 21.3%。固井成本占比 5%～6% 的气井 1477 口，占比 13.9%。固井成本占比 6%～7% 的气井 928 口，占比 8.8%。固井成本占比 7%～8% 的气井 503 口，占比 4.8%。固井成本占比 8%～9% 的气井 220 口，占比

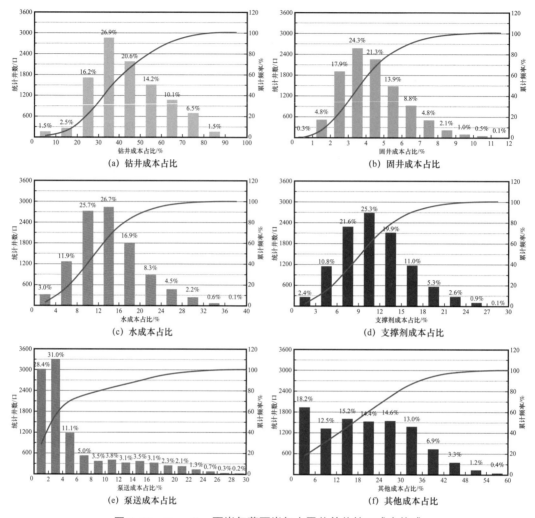

(a) 钻井成本占比　　　　　　　　　(b) 固井成本占比

(c) 水成本占比　　　　　　　　　(d) 支撑剂成本占比

(e) 泵送成本占比　　　　　　　　　(f) 其他成本占比

图 6-40　Marcellus 页岩气藏页岩气水平井单井钻压成本构成

2.0%。固井成本占比 9%～10% 的气井 104 口，占比 1.0%。固井成本占比 10%～11% 的气井 56 口，占比 0.5%。固井成本占比 11%～12% 的气井 13 口，占比 0.1%。

　　Marcellus 页岩气藏页岩气水平井单井钻压成本中水成本占比统计结果显示（图 6-40c），水成本占比主体范围为 8%～20%。其中水成本占比介于 0～4% 的气井 313 口，占比 3.0%。水成本占比介于 4%～8% 的气井 1262 口，占比 11.9%。水成本占比 8%～12% 的气井 2717 口，占比 25.7%。水成本占比 12%～16% 的气井 2830 口，占比 26.7%。水成本占比 16%～20% 的气井 1791 口，占比 16.9%。水成本占比 20%～24% 的气井 883 口，占比 8.3%。水成本占比 24%～28% 的气井 475 口，占比 4.5%。水成本占比 28%～32% 的气井 232 口，占比 2.2%。水成本占比 32%～36% 的气井 64 口，占比 0.6%。水成本占比 36%～40% 的气井 14 口，占比 0.1%。

　　Marcellus 页岩气藏页岩气支撑剂平井单井钻压成本中支撑剂成本占比统计结果显示（图 6-40d），支撑剂成本占比主体范围为 6%～15%。其中支撑剂成本占比介于 0～3% 的气井 253 口，占比 2.4%。支撑剂成本占比介于 3%～6% 的气井 1140 口，占比 10.8%。支撑剂成本占比 6%～9% 的气井 2283 口，占比 21.6%。支撑剂成本占比 9%～12% 的气井 2679 口，占比 25.3%。支撑剂成本占比 12%～15% 的气井 2110 口，占比 19.9%。支撑剂成本占比 15%～18% 的气井 1166 口，占比 11.0%。支撑剂成本占比 18%～21% 的气井 558 口，占比 5.3%。支撑剂成本占比 21%～24% 的气井 270 口，占比 2.6%。支撑剂成本占比 24%～27% 的气井 100 口，占比 0.9%。支撑剂成本占比 27%～30% 的气井 12 口，占比 0.1%。

Marcellus 页岩气藏页岩气泵送平井单井钻压成本中泵送成本占比统计结果显示（图 6-40e），泵送成本占比主体范围为 4% 以内。其中泵送成本占比介于 0～2% 的气井 3010 口，占比 28.4%。泵送成本占比介于 2%～4% 的气井 3287 口，占比 31.0%。泵送成本占比 4%～6% 的气井 1170 口，占比 11.1%。泵送成本占比 6%～8% 的气井 526 口，占比 5.0%。泵送成本占比 8%～10% 的气井 373 口，占比 3.5%。泵送成本占比 10%～12% 的气井 404 口，占比 3.8%。泵送成本占比 12%～14% 的气井 327 口，占比 3.1%。泵送成本占比 14%～16% 的气井 372 口，占比 3.5%。泵送成本占比 16%～18% 的气井 329 口，占比 3.1%。泵送成本占比 18%～20% 的气井 245 口，占比 2.3%。泵送成本占比 20%～22% 的气井 223 口，占比 2.1%。泵送成本占比 22%～24% 的气井 135 口，占比 1.3%。泵送成本占比 24%～26% 的气井 79 口，占比 0.7%。泵送成本占比 26%～28% 的气井 35 口，占比 0.3%。泵送成本占比 28%～30% 的气井 23 口，占比 0.2%。

Marcellus 页岩气藏页岩气水平井单井钻压成本中其他成本占比统计结果显示（图 6-40f），其他成本占比主体范围为 36% 以内。其中其他成本占比介于 0～6% 的气井 1927 口，占比 18.2%。其他成本占比介于 6%～12% 的气井 1323 口，占比 12.5%。其他成本占比 12%～18% 的气井 1605 口，占比 15.2%。其他成本占比 18%～24% 的气井 1520 口，占比 14.4%。其他成本占比 24%～30% 的气井 1546 口，占比 14.6%。其他成本占比 30%～36% 的气井 1377 口，占比 13.0%。其他成本占比 36%～42% 的气井 732 口，占比 6.9%。其他成本占比 42%～48% 的气井 352 口，占比 3.3%。其他成本占比 48%～54% 的气井 132 口，占比 1.2%。其他成本占比 54%～60% 的气井 47 口，占比 0.4%。

针对 Marcellus 页岩气藏不同年度页岩气水平井单井钻压成本构成进行统计分析，采用平均值和 P50 两种统计方法绘制不同年度成本构成学习曲线。不同年度单井钻压成本构成平均值统计结果显示（图 6-41），钻完井成本占比逐年呈下降趋势，其中钻井成本由初期占比单井钻压总成本的 51% 下降至 2018 年的 32%。单井固井成本占比由初期 6% 先下降至 2016 年的 3%，后续又上升至 2019 年的 5%。由于页岩气水平井完钻水平段长和分段压裂规模逐年增加，水成本、支撑剂成本和泵送成本占比整体呈逐年增加趋势。水成本占比由初期 12% 增加至 2018 年的 18%。支撑剂成本占比由初期 10% 逐年增加至 2018 年的 16%。泵送成本占比由初期 6% 增加至 2019 年的 13%。其他成本占比呈先上升后下降趋势，由初期占比 15% 上升至 2015 年的 26%，后续又逐渐下降至 18%。

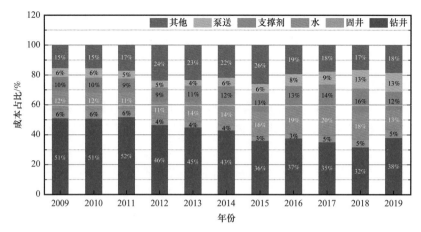

图 6-41　Marcellus 页岩气藏不同年度页岩气水平井单井钻压成本构成均值学习曲线

Marcellus 页岩气藏不同年度页岩气水平井单井钻压成本 P50 构成统计结果（图 6-42）与均值学习曲线（图 6-41）具有相似变化趋势。钻完井成本逐年呈下降趋势，单井压裂成本占比逐年增加。其中钻井成本占比呈逐年下降趋势，固井成本呈先下降后上升趋势，固井成本占比保持相对稳定。分段压裂水成本占比、支撑剂成本占比和泵送成本占比逐年呈增加趋势，其他成本呈先上升后下降趋势。

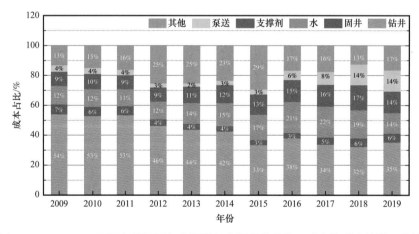

图 6-42　Marcellus 页岩气藏不同年度页岩气水平井单井钻压成本构成中值学习曲线

6.4　单位钻完井和压裂成本产气量

单井钻完井和压裂成本是页岩气藏开发成本的主体部分，因此引入单位钻完井和压裂成本产气量指标作为衡量开发效益的经济指标。单位钻完井和压裂成本产气量是指单位钻完井和压裂成本对应的最终产气量，计算方式为气井 EUR 与钻完井和压裂成本的比值。单位钻完井和压裂成本产气量可近似作为页岩气藏开发效益的经济指标，用以衡量单位成本投入所获取的气量。

Marcellus 页岩气藏页岩气水平井单位钻完井和压裂成本产气量统计结果显示，单位钻完井和压裂成本产气量小于 $300m^3/$ 美元，主体位于 $80m^3/$ 美元以内。统计不同年度 8662 口页岩气水平井，平均单位钻完井和压裂成本产气量（图 6-43）为 $48.9m^3/$ 美元，P25 单位钻完井和压裂成本产气量为 $27.3m^3/$ 美元，P50 单位钻完井和压裂成本产气量为 $40.9m^3/$ 美元，P75 单位钻完井和压裂成本产气量为 $61.5m^3/$ 美元。

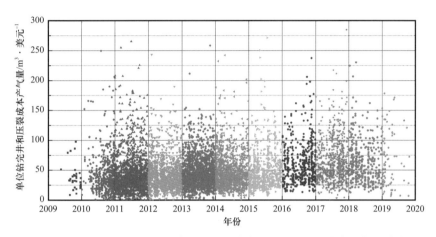

图 6-43　Marcellus 页岩气藏页岩气水平井单位钻完井和压裂成本产气量散点图

单位钻完井和压裂成本产气量频率统计显示（图 6-44），主体位于 $80m^3/$ 美元以内，统计气井数累计占比高达 85.9%。单位钻完井和压裂成本产气量小于 $20m^3/$ 美元的气井 1144 口，统计井数占比 13.2%。单位钻完井和压裂成本产气量介于 $20\sim40m^3/$ 美元的气井 3068 口，统计井数占比 35.4%。单位钻完井和压裂成本产气量介于 $40\sim60m^3/$ 美元的气井 2175 口，统计井数占比 25.1%。单位钻完井和压裂成本产气量介于 $60\sim80m^3/$ 美元的气井 1055 口，统计井数占比 12.2%。单位钻完井和压裂成本产气量介于 $80\sim100m^3/$ 美元的气井 557 口，统计井数占比 6.4%。单位钻完井和压裂成本产气量介于 $100\sim120m^3/$ 美元

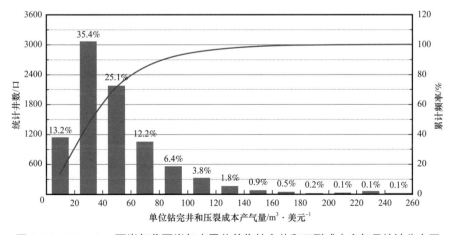

图 6-44　Marcellus 页岩气藏页岩气水平井单位钻完井和压裂成本产气量统计分布图

的气井 331 口，统计井数占比 3.8%。单位钻完井和压裂成本产气量介于 120～140m³/ 美元的气井 159 口，统计井数占比 1.8%。单位钻完井和压裂成本产气量介于 140～160m³/ 美元的气井 78 口，统计井数占比 0.9%。单位钻完井和压裂成本产气量介于 160～180m³/ 美元的气井 47 口，统计井数占比 0.5%。单位钻完井和压裂成本产气量介于 180～200m³/ 美元的气井 21 口，统计井数占比 0.2%。单位钻完井和压裂成本产气量超过 200m³/ 美元的气井 24 口。

对不同年度页岩气水平井单位钻完井和压裂成本产气量进行统计分析，将 P25 和 P75 单位钻完井和压裂成本产气量作为主体范围上下限值绘制单位钻完井和压裂成本产气量学习曲线（图 6-45）。2009 年统计气井 32 口，P25、P50 和 P75 单位钻完井和压裂成本产气量分别为 25.5m³/ 美元、32.9m³/ 美元和 42.6m³/ 美元。2010 年统计气井 528 口，P25、P50 和 P75 单位钻完井和压裂成本产气量分别为 20.8m³/ 美元、33.8m³/ 美元和 54.2m³/ 美元。2011 年统计气井 1577 口，P25、P50 和 P75 单位钻完井和压裂成本产气量分别为 21.9m³/ 美元、34.8m³/ 美元和 52.8m³/ 美元。2012 年统计气井 1301 口，P25、P50 和 P75 单位钻完井和压裂成本产气量分别为 24.1m³/ 美元、38.2m³/ 美元和 53.1m³/ 美元。2013 年统计气井 1627 口，P25、P50 和 P75 单位钻完井和压裂成本产气量分别为 28.1m³/ 美元、40.4m³/ 美元和 59.6m³/ 美元。2014 年统计气井 1264 口，P25、P50 和 P75 单位钻完井和压裂成本产气量分别为 28.9m³/ 美元、40.0m³/ 美元和 58.2m³/ 美元。2015 年统计气井 686 口，P25、P50 和 P75 单位钻完井和压裂成本产气量分别为 27.7m³/ 美元、41.5m³/ 美元和 62.5m³/ 美元。2016 年统计气井 459 口，P25、P50 和 P75 单位钻完井和压裂成本产气量分别为 36.0m³/ 美元、55.4m³/ 美元和 80.0m³/ 美元。2017 年统计气井 741 口，P25、P50 和 P75 单位钻完井和压裂成本产气量分别为 38.7m³/ 美元、54.4m³/ 美元和 83.4m³/ 美元。2018 年统计气井 359 口，P25、P50 和 P75 单位钻完井和压裂成本产气量分别为 38.0m³/ 美元、56.6m³/ 美元和 82.8m³/ 美元。2019 年统计气井 88 口，P25、P50 和 P75 单位钻完井和压裂成本产气量分别为 29.7m³/ 美元、54.2m³/ 美元和 103.2m³/ 美元。

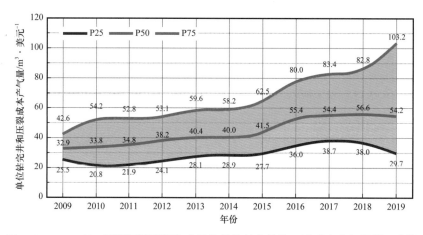

图 6-45　Marcellus 页岩气藏页岩气水平井单位钻完井和压裂成本产气量学习曲线

　　页岩气水平井单位钻完井和压裂成本产气量学习曲线总体呈逐年上升趋势。P25 单位钻完井和压裂成本产气量由 2010 年的 20.8m^3/ 美元增加至 2018 年的 38m^3/ 美元。P50 单位钻完井和压裂成本产气量在 2015 年前呈平稳上升趋势，2016 年后呈台阶式上升并保持稳定。P75 单位钻完井和压裂成本产气量由初期 42.6m^3/ 美元逐年增加至 2019 年的 103.2m^3/ 美元。

第7章 开发技术政策

自页岩气资源实现商业化开发以来，各个已开发区块一直在探索合理开发技术政策以实现高效开发。页岩气藏开发技术政策包括井型、布井模式、靶体位置、水平井眼轨迹方位、水平段长、井距、段间距、簇间距、加砂强度、用液强度等。合理的开发技术政策不仅能够实现具体页岩气藏的高效开发，也能够为其他页岩气藏开发提供参考依据。本章针对 Marcellus 页岩气藏历年投产页岩气水平井进行统计分析，重点评价水平段长、段间距、加砂强度及生产制度等因素对气井开发效果的影响，从而为其他页岩气藏开发提供参考。

7.1 垂深

引入百米段长 EUR、单位钻完井和压裂成本产气量（以下简称"单位钻压成本产气量"）分别作为页岩气水平井开发效果评价的技术指标和经济指标，综合技术指标和经济指标定量描述不同开发技术政策条件下的气井开发效果。受限于统计气井的地质指标，近似认为分析气井具备相似的地质特征。地质指标中垂深是影响气井开发效果的重要参数。随垂深增加，相同保存条件（地层压力系数）下地层绝对压力呈线性增加，游离气呈近似线性增加，吸附气量也呈增加趋势。因此，在进行合理开发技术政策分析时首先需要划分垂深范围，将同一垂深范围的气井进行统计分析，评价合理开发技术政策。

针对 Marcellus 页岩气藏具备完整垂深、百米段长 EUR 和单位钻压成本产气量的 8194 口气井数据进行统计分析。据垂深间隔 100m 统计分布显示（图 7-1），气井垂深主要分布在 1500～2800m，每个垂深间隔 100m 范围内最小样本数 50 口、最大样本数 1198 口。根据垂深分布，重点对垂深 1500～2800m 气井开发指标进行统计分析。针对各垂深间隔范围内的百米段长 EUR 和单位钻压成本产气量进行统计分析。按照三种方法进行计算：平均值方法、P50 方法 M50 方法。平均值方法是指算数平均值，P50 是指中值统计方法，M50 是中数平均值计算方法（将所有统计样本点排序后求取累计频率分布 25%～75% 对应样本点的算数平均值）。M50 方法有效去除了部分数据异常点引入的极大值或极小值数据的影响。

垂深分布（图 7-1）显示，垂深主体分布在 1500～2800m。垂深小于 1500m 的气井 32 口。垂深介于 1500～2000m 的气井 131 口，统计气井占比 33.1%。垂深介于 2000～2500m 的气井 809 口，统计气井占比 56.3%。垂深介于 2500～3000m 的气井 814

口，统计气井占比 9.9%。垂深 1500～2800m 区间，以垂深 100m 为间隔，最小统计样本点为 50 口，可用于开展不同垂深影响因素分析。

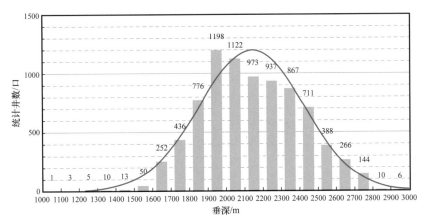

图 7-1　Marcellus 页岩气藏页岩气水平井垂深统计分布图

不同垂深页岩气水平井百米段长 EUR 和单位钻压成本产气量平均值统计结果显示（图 7-2），垂深 1500～1600m 统计气井 50 口，平均百米段长 EUR 为 $891 \times 10^4 m^3$，平均单位钻压成本产气量为 $26.4 m^3$/ 美元。垂深 1600～1700m 统计气井 252 口，平均百米段长 EUR 为 $1102 \times 10^4 m^3$，平均单位钻压成本产气量为 $34.1 m^3$/ 美元。垂深 1700～1800m 统计气井 436 口，平均百米段长 EUR 为 $1139 \times 10^4 m^3$，平均单位钻压成本产气量为 $36.5 m^3$/ 美元。垂深 1800～1900m 统计气井 776 口，平均百米段长 EUR 为 $1212 \times 10^4 m^3$，平均单位钻压成本产气量为 $37.3 m^3$/ 美元。垂深 1900～2000m 统计气井 1198 口，平均百米段长 EUR 为 $1425 \times 10^4 m^3$，平均单位钻压成本产气量为 $42.1 m^3$/ 美元。垂深 2000～2100m 统计气井 1122 口，平均百米段长 EUR 为 $1612 \times 10^4 m^3$，平均单位钻压成本产气量为 $49.0 m^3$/ 美元。垂深 2100～2200m 统计气井 973 口，平均百米段长 EUR 为 $1894 \times 10^4 m^3$，平均单位钻压成本产气量为 $57.7 m^3$/ 美元。垂深 2200～2300m 统计气井 937 口，平均百米段长 EUR 为 $1917 \times 10^4 m^3$，平均单位钻压成本产气量为 $54.6 m^3$/ 美元。垂深 2300～2400m 统计气井 869 口，平均百米段长 EUR 为 $1889 \times 10^4 m^3$，平均单位钻压成本产气量为 $52.4 m^3$/ 美元。垂深 2400～2500m 统计气井 711 口，平均百米段长 EUR 为 $1716 \times 10^4 m^3$，平均单位钻压成本产气量为 $50.6 m^3$/ 美元。垂深 2500～2600m 统计气井 388 口，平均百米段长 EUR 为 $1761 \times 10^4 m^3$，平均单位钻压成本产气量为 $50.8 m^3$/ 美元。垂深 2600～2700m 统计气井 266 口，平均百米段长 EUR 为 $1739 \times 10^4 m^3$，平均单位钻压成本产气量为 $50.5 m^3$/ 美元。垂深 2700～2800m 统计气井 144 口，平均百米段长 EUR 为 $1736 \times 10^4 m^3$，平均单位钻压成本产气量为 $48.0 m^3$/ 美元。

不同垂深气井百米段长 EUR 和单位钻压成本产气量均值统计曲线显示，百米段长 EUR 随垂深增加而增加。垂深超过 2100m 时，气井百米段长 EUR 保持相对稳定。单位钻压成本产气量随垂深先增加后降低，峰值出现在垂深 2100～2200m 区间，平均单位钻压成本产气量达到 57.7m³/ 美元。垂深超过 2200m 时，气井平均单位钻压成本产气量呈缓慢下降趋势。垂深 2700～2800m 时平均单位钻压成本产气量下降至 48.0m³/ 美元。

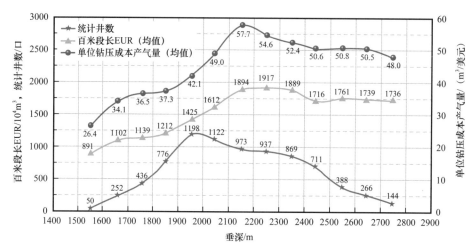

图 7-2　Marcellus 页岩气藏不同垂深页岩气水平井平均百米段长 EUR 和单位钻压成本产气量

不同垂深页岩气水平井百米段长 EUR 和单位钻压成本产气量 P50 值统计结果显示（图 7-3），垂深 1500～1600m 统计气井 50 口，平均百米段长 EUR 为 931×10⁴m³，平均单位钻压成本产气量为 22.7m³/ 美元。垂深 1600～1700m 统计气井 252 口，平均百米段长 EUR 为 1066×10⁴m³，平均单位钻压成本产气量为 31.9m³/ 美元。垂深 1700～1800m 统计气井 436 口，平均百米段长 EUR 为 1031×10⁴m³，平均单位钻压成本产气量为 31.8m³/ 美元。垂深 1800～1900m 统计气井 776 口，平均百米段长 EUR 为 995×10⁴m³，平均单位钻压成本产气量为 30.4m³/ 美元。垂深 1900～2000m 统计气井 1198 口，平均百米段长 EUR 为 1240×10⁴m³，平均单位钻压成本产气量为 35.4m³/ 美元。垂深 2000～2100m 统计气井 1122 口，平均百米段长 EUR 为 1373×10⁴m³，平均单位钻压成本产气量为 41.7m³/ 美元。垂深 2100～2200m 统计气井 973 口，平均百米段长 EUR 为 1577×10⁴m³，平均单位钻压成本产气量为 49.3m³/ 美元。垂深 2200～2300m 统计气井 937 口，平均百米段长 EUR 为 1549×10⁴m³，平均单位钻压成本产气量为 45.2m³/ 美元。垂深 2300～2400m 统计气井 869 口，平均百米段长 EUR 为 1573×10⁴m³，平均单位钻压成本产气量为 44.3m³/ 美元。垂深 2400～2500m 统计气井 711 口，平均百米段长 EUR 为 1480×10⁴m³，平均单位钻压成本产气量为 42.5m³/ 美元。垂深 2500～2600m 统计气井 388 口，平均百米段长 EUR 为 1356×10⁴m³，平均单位钻压成本产气量为 41.8m³/ 美元。垂深 2600～2700m 统计气井 266 口，平均百米段长 EUR 为 1388×10⁴m³，平均单位钻压成本产气量为 42.6m³/ 美元。垂深 2700～2800m 统计气井 144 口，平均百米段长 EUR 为 1435×10⁴m³，平均单位钻压成本产气量为 40.1m³/ 美元。

不同垂深气井百米段长 EUR 和单位钻压成本产气量均值统计曲线显示，百米段长 EUR 随垂深增加而增加。垂深超过 2100m 时，气井百米段长 EUR 保持相对稳定。单位钻压成本产气量随垂深先增加后降低，峰值出现在垂深 2100～2200m 区间，平均单位钻压成本产气量达到 49.3m³/美元。垂深超过 2200m 时，气井平均单位钻压成本产气量呈缓慢下降趋势。垂深 2700～2800m 时平均单位钻压成本产气量下降至 40.1m³/美元。

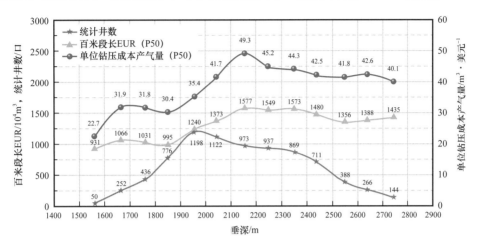

图 7-3　Marcellus 页岩气藏不同垂深页岩气水平井 P50 百米段长 EUR 和单位钻压成本产气量

不同垂深页岩气水平井百米段长 EUR 和单位钻压成本产气量 M50 值统计结果显示（图 7-4），垂深 1500～1600m 统计气井 50 口，平均百米段长 EUR 为 855×10⁴m³，平均单位钻压成本产气量为 23.0m³/美元。垂深 1600～1700m 统计气井 252 口，平均百米段长 EUR 为 1068×10⁴m³，平均单位钻压成本产气量为 32.1m³/美元。垂深 1700～1800m 统计气井 436 口，平均百米段长 EUR 为 1034×10⁴m³，平均单位钻压成本产气量为 32.5 m³/美元。垂深 1800～1900m 统计气井 776 口，平均百米段长 EUR 为 1018×10⁴m³，平均单位钻压成本产气量为 31.4m³/美元。垂深 1900～2000m 统计气井 1198 口，平均百米段长 EUR 为 1257×10⁴m³，平均单位钻压成本产气量为 36.5m³/美元。垂深 2000～2100m 统计气井 1122 口，平均百米段长 EUR 为 1430×10⁴m³，平均单位钻压成本产气量为 42.4m³/美元。垂深 2100～2200m 统计气井 973 口，平均百米段长 EUR 为 1642×10⁴m³，平均单位钻压成本产气量为 50.1m³/美元。垂深 2200～2300m 统计气井 937 口，平均百米段长 EUR 为 1623×10⁴m³，平均单位钻压成本产气量为 47.4m³/美元。垂深 2300～2400m 统计气井 869 口，平均百米段长 EUR 为 1598×10⁴m³，平均单位钻压成本产气量为 45.3 m³/美元。垂深 2400～2500m 统计气井 711 口，平均百米段长 EUR 为 1518×10⁴m³，平均单位钻压成本产气量为 43.8m³/美元。垂深 2500～2600m 统计气井 388 口，平均百米段长 EUR 为 1399×10⁴m³，平均单位钻压成本产气量为 42.1m³/美元。垂深 2600～2700m 统计气井 266 口，平均百米段长 EUR 为 1471×10⁴m³，平均单位钻压成本产气量为 42.2 m³/美元。垂深 2700～2800m 统计气井 144 口，平均百米段长 EUR 为 1461×10⁴m³，平均单位钻压成本产气量为 44.0m³/美元。

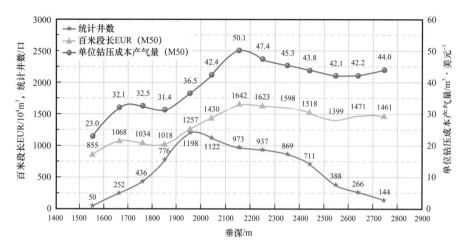

图 7-4　Marcellus 页岩气藏不同垂深页岩气水平井 M50 百米段长 EUR 和单位钻压成本产气量

不同垂深气井百米段长 EUR 和单位钻压成本产气量 M50 值统计曲线与均值和 P50 统计曲线趋势相似。百米段长 EUR 随垂深增加而增加。垂深超过 2100m 时，气井百米段长 EUR 保持相对稳定。单位钻压成本产气量随垂深先增加后降低，峰值出现在垂深 2100～2200m 区间，平均单位钻压成本产气量达到 50.1m³/ 美元。垂深超过 2200m 时，气井平均单位钻压成本产气量呈缓慢下降趋势。

不同垂深均值、P50 和 M50 统计百米段长 EUR 和单位钻压成本产气量呈现一致变化趋势。百米段长 EUR 随垂深增加而增加，垂深超过 2100m 时百米段长 EUR 保持相对稳定。单位钻压成本产气量随垂深先增加后降低，并在垂深 2100～2200m 时达到峰值，此后随垂深增加单位钻压成本产气量呈下降趋势。从百米段长 EUR 技术指标可以看出，以垂深 2000m 为分界线，垂深超过 2000m 时百米段长 EUR 有显著增幅。垂深大于 2000m 气井百米段长 EUR 相对稳定。考虑国内通常将垂深低于 2000m 的页岩气藏划分为浅层页岩气藏，将垂深介于 2000～3500m 的页岩气藏划分为中深层页岩气藏，将垂深超过 3500m 的页岩气藏划分为深层页岩气藏，综合上述特征以垂深 2000m 和 2500m 为界线，将 Marcellus 页岩气藏页岩气水平井以 500m 垂深间隔进行开发技术政策分析。

7.2　水平段长

水平井钻完井作为页岩气规模效益开发的两项核心技术之一，合理水平段长一直是研究热点问题。页岩气井水平段长受多重因素综合影响，包括地质特征、钻完井装备、压裂设备适应性、经济效益等。目前通常认为长水平段水平井能够实现更高气井产能和经济效益，但水平段长存在临界点（与现有钻完井及压裂设备能力相关），当水平段长超过某一范围时，开发技术和经济指标不再随之增加。除此之外，受不同区域地质特征差异影响，合理水平段长在不同页岩气藏也存在差异。本节针对 Marcellus 页岩气藏页岩气水平井合理水平段长进行了统计分析。

7.2.1 垂深 1500～2000m 气井

对垂深 1500～2000m 气井进行统计分析，近似认为该范围垂深对气井产能影响较小，可针对性开展水平段长分析。Marcellus 页岩气藏垂深 1500～2000m 的气井有 2759 口（图 7-5 和图 7-6），平均垂深 1843m、P25 垂深 1786m、P50 垂深 1876m、P75 垂深 1950m。统计平均百米段长 EUR 为 $1884 \times 10^4 m^3$、P25 百米段长 EUR 为 $1365 \times 10^4 m^3$、P50 百米段长 EUR 为 $1736 \times 10^4 m^3$、P75 百米段长 EUR 为 $2314 \times 10^4 m^3$。统计平均单位钻压成本产气量为 $38.8 m^3$/ 美元、P25 单位钻压成本产气量为 $21.4 m^3$/ 美元、P50 单位钻压成本产气量为 $33.1 m^3$/ 美元、P75 单位钻压成本产气量为 $49.5 m^3$/ 美元。

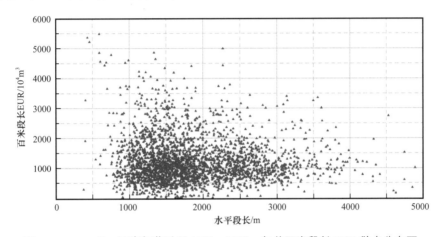

图 7-5　Marcellus 页岩气藏垂深 1500～2000m 气井百米段长 EUR 散点分布图

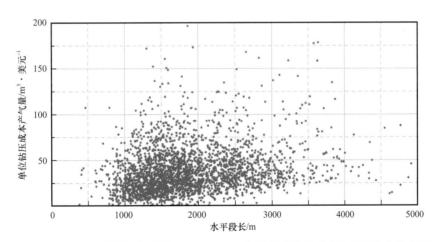

图 7-6　Marcellus 页岩气藏垂深 1500～2000m 气井单位钻压成本产气量散点分布图

统计水平段长分布（图 7-7）显示，水平段长主体分布在 1000～3000m。水平段长小于 500m 的气井 6 口，统计气井占比 0.2%。水平段长介于 500～1000m 的气井 131 口，统计气井占比 4.7%。水平段长介于 1000～1500m 的气井 809 口，统计气井占比 29.3%。水平段长介于 1500～2000m 的气井 827 口，统计气井占比 30.0%。水平段长介于

2000～2500m 的气井 463 口，统计气井占比 16.8%。水平段长介于 2500～3000m 的气井 310 口，统计气井占比 11.2%。水平段长介于 3000～3500m 的气井 133 口，统计气井占比 4.8%。水平段长介于 3500～4000m 的气井 56 口，统计气井占比 2.0%。水平段长超过 4000m 的气井 24 口，统计气井占比 0.9%。

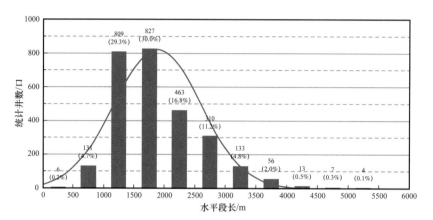

图 7-7　Marcellus 页岩气藏垂深 1500～2000m 气井水平段长统计分布图

Marcellus 页岩气藏垂深 1500～2000m 气井水平段长分布显示，气井完钻水平段长主体位于 1000～3000m，其中水平段长 1000～2000m 的气井占比 59.3%。基于均值、P50 和 M50 统计方法，针对水平段长 1000～3000m 区间气井技术指标百米段长 EUR 和经济指标单位钻压成本产气量进行统计分析。

Marcellus 页岩气藏垂深 1500～2000m 气井不同水平段长对应百米段长 EUR 和单位钻压成本产气量平均值统计结果显示（图 7-8），水平段长 500～1000m 区间统计气井 135 口，平均百米段长 EUR 为 $1774 \times 10^4 m^3$，平均单位钻压成本产气量为 29.5m³/美元。水平段长 1000～1500m 区间统计气井 810 口，平均百米段长 EUR 为 $1289 \times 10^4 m^3$，平均单位钻压成本产气量为 33.0m³/美元。水平段长 1500～2000m 区间统计气井 827 口，平均百米段长 EUR 为 $1241 \times 10^4 m^3$，平均单位钻压成本产气量为 38.9m³/美元。水平段长 2000～2500m 区间统计气井 464 口，平均百米段长 EUR 为 $1232 \times 10^4 m^3$，平均单位钻压成本产气量为 41.3m³/美元。水平段长 2500～3000m 区间统计气井 310 口，平均百米段长 EUR 为 $1182 \times 10^4 m^3$，平均单位钻压成本产气量为 44.5m³/美元。水平段长 3000～3500m 区间统计气井 133 口，平均百米段长 EUR 为 $1214 \times 10^4 m^3$，平均单位钻压成本产气量为 49.4m³/美元。

不同水平段长对应气井百米段长 EUR 和单位钻压成本产气量平均值统计曲线表明，随水平段长增加，单位钻压成本产气量呈稳定增加趋势。单位钻压成本产气量由 29.5m³/美元增加至 49.4m³/美元。随水平段长增加，百米段长 EUR 整体呈下降趋势。水平段长超过 1000m 时，百米段长 EUR 随水平段长增加保持相对稳定趋势，百米段长 EUR 稳定在 $1200 \times 10^4 m^3$ 左右。

Marcellus 页岩气藏垂深 1500～2000m 气井不同水平段长对应 P50 百米段长 EUR 和

单位钻压成本产气量曲线（图7-9），水平段长500～1000m区间统计气井135口，P50百米段长 EUR 为 $1317 \times 10^4 m^3$，P50单位钻压成本产气量为 $25.3m^3/$美元。水平段长 1000～1500m 区间统计气井 810 口，P50百米段长 EUR 为 $1112 \times 10^4 m^3$，P50单位钻压成本产气量为 $26.7m^3/$美元。水平段长 1500～2000m 区间统计气井 827 口，P50百米段长 EUR 为 $1093 \times 10^4 m^3$，P50单位钻压成本产气量为 $32.7m^3/$美元。水平段长 2000～2500m 区间统计气井 464 口，P50百米段长 EUR 为 $1092 \times 10^4 m^3$，P50单位钻压成本产气量为 $35.9m^3/$美元。水平段长 2500～3000m 区间统计气井 310 口，P50百米段长 EUR 为 $1097 \times 10^4 m^3$，P50单位钻压成本产气量为 $38.9m^3/$美元。水平段长 3000～3500m 区间统计气井 133 口，P50百米段长 EUR 为 $1068 \times 10^4 m^3$，P50单位钻压成本产气量为 $38.0m^3/$美元。

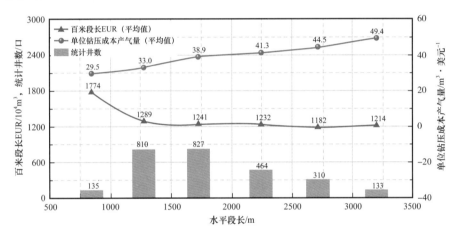

图 7-8 Marcellus 页岩气藏垂深 1500～2000m 气井不同水平段长对应平均百米段长 EUR 和单位钻压成本产气量平均值统计曲线

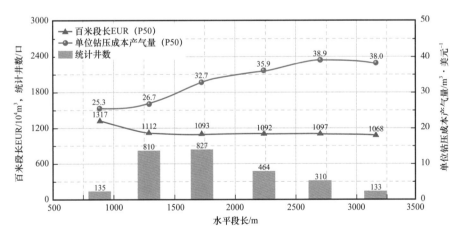

图 7-9 Marcellus 页岩气藏垂深 1500～2000m 气井不同水平段长对应 P50 百米段长 EUR 和单位钻压成本产气量统计曲线

不同水平段长对应气井百米段长 EUR 和单位钻压成本产气量 P50 值统计曲线表明，

随水平段长增加，单位钻压成本产气量呈稳定增加趋势。P50 单位钻压成本产气量由 25.3m³/ 美元增加至 38.9m³/ 美元。当水平段长超过 3000m 时，P50 单位钻压成本产气量下降至 38.0m³/ 美元。随水平段长增加，P50 百米段长 EUR 整体呈下降趋势。水平段长超过 1000m 时，P50 百米段长 EUR 随水平段长增加保持相对稳定趋势，P50 百米段长 EUR 稳定在 1100×10^4m³ 左右。

Marcellus 页岩气藏垂深 1500～2000m 页岩气水平井不同水平段长对应百米段长 EUR 和单位钻压成本产气量 M50 数值统计结果显示（图 7-10），水平段长 500～1000m 区间统计气井 135 口，M50 百米段长 EUR 为 1326×10^4m³，M50 单位钻压成本产气量为 26.2m³/ 美元。水平段长 1000～1500m 区间统计气井 810 口，M50 百米段长 EUR 为 1132×10^4m³，M50 单位钻压成本产气量为 27.8m³/ 美元。水平段长 1500～2000m 区间统计气井 827 口，M50 百米段长 EUR 为 1108×10^4m³，M50 单位钻压成本产气量为 33.6m³/ 美元。水平段长 2000～2500m 区间统计气井 464 口，M50 百米段长 EUR 为 1108×10^4m³，M50 单位钻压成本产气量为 37.0m³/ 美元。水平段长 2500～3000m 区间统计气井 310 口，M50 百米段长 EUR 为 1103×10^4m³，M50 单位钻压成本产气量为 39.8m³/ 美元。水平段长 3000～3500m 区间统计气井 133 口，M50 百米段长 EUR 为 1071×10^4m³，M50 单位钻压成本产气量为 41.2m³/ 美元。

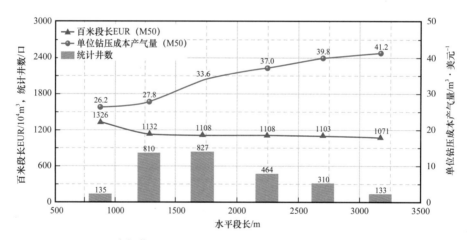

图 7-10　Marcellus 页岩气藏垂深 1500～2000m 气井不同水平段长对应 M50 百米段长 EUR 和单位钻压成本产气量统计曲线

不同水平段长对应气井百米段长 EUR 和单位钻压成本产气量 M50 值统计曲线表明，随水平段长增加，单位钻压成本产气量呈稳定增加趋势。M50 单位钻压成本产气量由 26.2m³/ 美元增加至 41.2m³/ 美元。随水平段长增加，M50 百米段长 EUR 整体呈下降趋势。当水平段长超过 1000m 时，M50 百米段长 EUR 随水平段长增加保持相对稳定趋势，M50 百米段长 EUR 稳定在 1100×10^4m³ 左右。

Marcellus 页岩气藏垂深 1500～2000m 页岩气水平井不同水平段长对应百米段长 EUR 和单位钻压成本产气量统计规律显示，当水平段长超过 1000m 时，随水平段长增加，技术指标百米段长 EUR 保持相对稳定，经济指标单位钻压成本产气量保持递增趋势。随水平段长增加，单位钻压成本产气量呈稳定增加趋势，并且未迎来拐点，表明随水平段长增加，气井经济效益依然保持增长趋势。水平段长在 1000～3500m 范围内，增加水平段长能够提高气井开发经济效益。

7.2.2 垂深 2000～2500m 气井

对垂深 2000～2500m 气井进行统计分析，近似认为该范围垂深对气井产能影响较小，可针对性开展水平段长分析。本次统计 Marcellus 页岩气藏垂深介于 2000～2500m 的气井 4610 口（图 7-11 和图 7-12），平均垂深 2227m、P25 垂深 2103m、P50 垂深 2220m、P75 垂深 2347m。统计平均百米段长 EUR 为 $1914 \times 10^4 \mathrm{m}^3$、P25 百米段长 EUR 为 $1403 \times 10^4 \mathrm{m}^3$、P50 百米段长 EUR 为 $1804 \times 10^4 \mathrm{m}^3$、P75 百米段长 EUR 为 $2325 \times 10^4 \mathrm{m}^3$。统计平均单位钻压成本产气量为 $52.9 \mathrm{m}^3/$ 美元、P25 单位钻压成本产气量为 $31.3 \mathrm{m}^3/$ 美元、P50 单位钻压成本产气量为 $44.3 \mathrm{m}^3/$ 美元、P75 单位钻压成本产气量为 $65.9 \mathrm{m}^3/$ 美元。

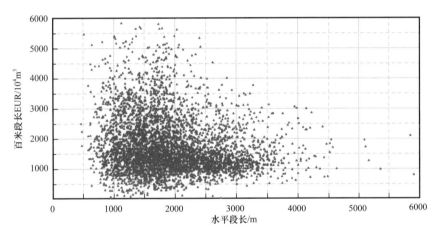

图 7-11 Marcellus 页岩气藏垂深 2000～2500m 气井百米段长 EUR 散点分布图

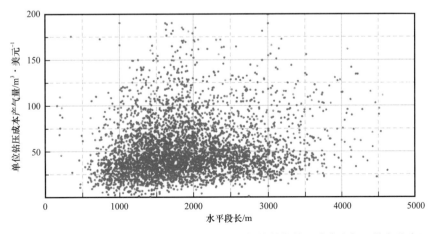

图 7-12 Marcellus 页岩气藏垂深 2000～2500m 气井单位钻压成本产气量散点分布图

统计水平段长分布（图7-13）显示，水平段长主体分布在1000～3000m。水平段长小于500m的气井13口，统计气井占比0.3%。水平段长介于500～1000m的气井295口，统计气井占比6.4%。水平段长介于1000～1500m的气井1132口，统计气井占比24.6%。水平段长介于1500～2000m的气井1376口，统计气井占比29.8%。水平段长介于2000～2500m的气井866口，统计气井占比18.8%。水平段长介于2500～3000m的气井541口，统计气井占比11.7%。水平段长介于3000～3500m的气井263口，统计气井占比5.7%。水平段长介于3500～4000m的气井83口，统计气井占比1.8%。水平段长超过4000m的气井41口。

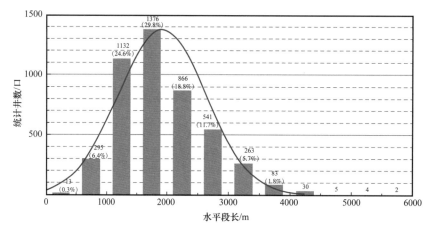

图7-13　Marcellus 页岩气藏垂深2000～2500m 气井水平段长统计分布图

Marcellus 页岩气藏垂深2000～2500m 气井水平段长分布显示，气井完钻水平段长主体位于1000～3000m，其中水平段长1000～2000m的气井占比54.4%。基于均值、P50和M50统计方法，针对水平段长1000～3500m区间气井技术指标百米段长 EUR 和经济指标单位钻压成本产气量进行统计分析。

Marcellus 页岩气藏垂深2000～2500m 页岩气水平井不同水平段长对应百米段长 EUR 和单位钻压成本产气量平均值统计结果显示（图7-14），水平段长500～1000m区间统计气井308口，平均百米段长 EUR 为 $2658 \times 10^4 \text{m}^3$，平均单位钻压成本产气量为 39.1m³/美元。水平段长1000～1500m区间统计气井1132口，平均百米段长 EUR 为 $1909 \times 10^4 \text{m}^3$，平均单位钻压成本产气量为 48.2m³/美元。水平段长1500～2000m区间统计气井1375口，平均百米段长 EUR 为 $1840 \times 10^4 \text{m}^3$，平均单位钻压成本产气量为 55.9m³/美元。水平段长2000～2500m区间统计气井867口，平均百米段长 EUR 为 $1639 \times 10^4 \text{m}^3$，平均单位钻压成本产气量为 55.3m³/美元。水平段长2500～3000m区间统计气井541口，平均百米段长 EUR 为 $1476 \times 10^4 \text{m}^3$，平均单位钻压成本产气量为 52.4m³/美元。水平段长3000～3500m区间统计气井263口，平均百米段长 EUR 为 $1467 \times 10^4 \text{m}^3$，平均单位钻压成本产气量为 57.6m³/美元。水平段长3500～4000m区间统计气井83口，平均百米段长 EUR 为 $1509 \times 10^4 \text{m}^3$，平均单位钻压成本产气量为 66.1m³/美元。

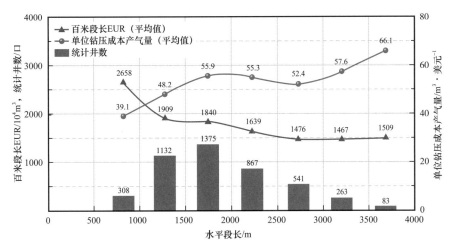

图 7-14　Marcellus 页岩气藏垂深 2000～2500m 气井不同水平段长对应平均百米段长 EUR
和单位钻压成本产气量统计曲线

不同水平段长对应气井百米段长 EUR 和单位钻压成本产气量平均值统计曲线表明，随水平段长增加，平均单位钻压成本产气量由 39.1m³/美元先增加至 55.9m³/美元，然后开始下降至 52.4m³/美元，然后又开始上升至 66.1m³/美元。随水平段长增加，百米段长 EUR 整体呈下降趋势。水平段长为 1000～1500m 对应平均百米段长 EUR 为 1909×10⁴m³，水平段长增加至 1500～2000m 时平均百米段长 EUR 下降至 1840×10⁴m³，相对降幅为 3.6%。水平段长增加至 2000～2500m 时平均百米段长 EUR 下降至 1639×10⁴m³，相对降幅为 10.9%。水平段长继续增加至 2500m 以上时，气井平均百米段长 EUR 保持稳定趋势。

Marcellus 页岩气藏垂深 2000～2500m 页岩气水平井不同水平段长对应百米段长 EUR 和单位钻压成本产气量 P50 值统计结果显示（图 7-15），水平段长 500～1000m 区间统计气井 308 口，P50 百米段长 EUR 为 1825×10⁴m³，P50 单位钻压成本产气量为 34.5m³/美元。水平段长 1000～1500m 区间统计气井 1132 口，P50 百米段长 EUR 为 1658×10⁴m³，P50 单位钻压成本产气量为 40.3m³/美元。水平段长 1500～2000m 区间统计气井 1375 口，P50 百米段长 EUR 为 1565×10⁴m³，P50 单位钻压成本产气量为 46.4m³/美元。水平段长 2000～2500m 区间统计气井 867 口，P50 百米段长 EUR 为 1414×10⁴m³，P50 单位钻压成本产气量为 47.6m³/美元。水平段长 2500～3000m 区间统计气井 541 口，P50 百米段长 EUR 为 1280×10⁴m³，P50 单位钻压成本产气量为 43.9m³/美元。水平段长 3000～3500m 区间统计气井 263 口，P50 百米段长 EUR 为 1258×10⁴m³，P50 单位钻压成本产气量为 46.4m³/美元。水平段长 3500～4000m 区间统计气井 83 口，P50 百米段长 EUR 为 1346×10⁴m³，P50 单位钻压成本产气量为 56.8m³/美元。

不同水平段长对应气井百米段长 EUR 和单位钻压成本产气量 P50 值统计曲线表明，随水平段长增加，P50 单位钻压成本产气量由 34.5m³/美元先增加至 47.6m³/美元，然后开始下降至 43.9m³/美元，然后又开始上升至 56.8m³/美元。随水平段长增加，百米段长 EUR 整体呈下降趋势。水平段长为 1000～1500m 时对应 P50 百米段长 EUR 为 $1658 \times 10^4 m^3$，水平段长增加至 1500～2000m 时 P50 百米段长 EUR 下降至 $1565 \times 10^4 m^3$，相对降幅为 5.6%。水平段长增加至 2000～2500m 时 P50 百米段长 EUR 下降至 $1414 \times 10^4 m^3$，相对降幅为 9.6%。水平段长继续增加至 2500m 以上时，气井 P50 百米段长 EUR 保持稳定趋势。

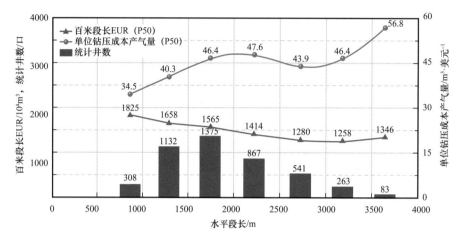

图 7-15　Marcellus 页岩气藏垂深 2000～2500m 气井不同水平段长对应 P50 百米段长 EUR 和单位钻压成本产气量统计曲线

Marcellus 页岩气藏垂深 2000～2500m 页岩气水平井不同水平段长对应百米段长 EUR 和单位钻压成本产气量 M50 值统计结果显示（图 7-16），水平段长 500～1000m 区间统计气井 308 口，M50 百米段长 EUR 为 $1881 \times 10^4 m^3$，M50 单位钻压成本产气量为 35.9m³/ 美元。水平段长 1000～1500m 区间统计气井 1132 口，M50 百米段长 EUR 为 $1913 \times 10^4 m^3$，M50 单位钻压成本产气量为 48.5m³/ 美元。水平段长 1500～2000m 区间统计气井 1375 口，M50 百米段长 EUR 为 $1883 \times 10^4 m^3$，M50 单位钻压成本产气量为 57.3m³/ 美元。水平段长 2000～2500m 区间统计气井 867 口，M50 百米段长 EUR 为 $1617 \times 10^4 m^3$，M50 单位钻压成本产气量为 53.6m³/ 美元。水平段长 2500～3000m 区间统计气井 541 口，M50 百米段长 EUR 为 $1480 \times 10^4 m^3$，M50 单位钻压成本产气量为 52.2m³/ 美元。水平段长 3000～3500m 区间统计气井 263 口，M50 百米段长 EUR 为 $1529 \times 10^4 m^3$，M50 单位钻压成本产气量为 58.3m³/ 美元。水平段长 3500～4000m 区间统计气井 83 口，M50 百米段长 EUR 为 $1505 \times 10^4 m^3$，M50 单位钻压成本产气量为 65.0m³/ 美元。

不同水平段长对应气井百米段长 EUR 和单位钻压成本产气量 M50 值统计曲线表明，随水平段长增加，M50 单位钻压成本产气量由 35.9m³/ 美元先增加至 57.3m³/ 美元，然后开始下降至 52.2m³/ 美元，然后又开始上升至 65.0m³/ 美元。随水平段长增加，百米段长 EUR 整体呈下降趋势。水平段长为 1000～1500m 对应 M50 百米段长 EUR 为 $1913 \times 10^4 m^3$，水平段长增加至 1500～2000m 时 M50 百米段长 EUR 下降至 $1883 \times 10^4 m^3$，相对降幅为 1.6%。水平段长增加至 2000～2500m 时 M50 百米段长 EUR 下降至

$1617 \times 10^4 \mathrm{m}^3$，相对降幅为 14.1%。水平段长继续增加至 2500m 以上时，气井 M50 百米段长 EUR 保持稳定趋势。

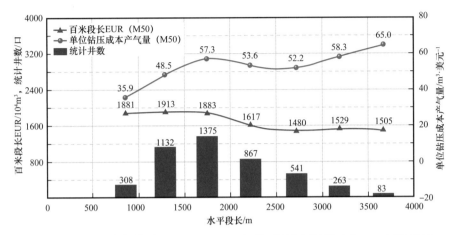

图 7-16　Marcellus 页岩气藏垂深 2000～2500m 气井不同水平段长对应 M50 百米段长 EUR
和单位钻压成本产气量统计曲线

Marcellus 页岩气藏垂深 2000～2500m 气井不同水平段长对应百米段长 EUR 和单位钻压成本产气量统计曲线显示，均值、P50 和 M50 统计结果反映了相似规律。随水平段长增加，技术指标百米段长 EUR 呈下降趋势，水平段长超过 2500m 时百米段长 EUR 保持相对稳定。随水平段长增加，单位钻压成本产气量呈先上升后下降趋势，水平段长超过 3000m 时单位钻压成本产气量又呈上升趋势。由于多数气井水平段长位于 1000～3000m 范围内，单位钻压成本产气量峰值出现在水平段长 1500～2000m 区间。

7.2.3　垂深 2500～3000m 气井

对垂深 2500～3000m 气井进行统计分析，近似认为该范围垂深对气井产能影响较小，可针对性开展水平段长分析。本次统计 Marcellus 页岩气藏垂深介于 2500～3000m 的气井 819 口（图 7-17 和图 7-18），平均垂深 2619m、P25 垂深 2548m、P50 垂深 2603m、P75 垂深 2676m。统计平均百米段长 EUR 为 $1698 \times 10^4 \mathrm{m}^3$、P25 百米段长 EUR 为 $1281 \times 10^4 \mathrm{m}^3$、P50 百米段长 EUR 为 $1652 \times 10^4 \mathrm{m}^3$、P75 百米段长 EUR 为 $2054 \times 10^4 \mathrm{m}^3$。统计平均单位钻压成本产气量为 50.4m³/美元、P25 单位钻压成本产气量为 27.7m³/美元、P50 单位钻压成本产气量为 41.9m³/美元、P75 单位钻压成本产气量为 63.4m³/美元。

统计水平段长分布（图 7-19）显示，水平段长主体分布在 1000～3000m。水平段长小于 500m 的气井 3 口，统计气井占比 0.4%。水平段长介于 500～1000m 的气井 87 口，统计气井占比 10.6%。水平段长介于 1000～1500m 的气井 220 口，统计气井占比 26.9%。水平段长介于 1500～2000m 的气井 277 口，统计气井占比 33.8%。水平段长介于 2000～2500m 的气井 164 口，统计气井占比 20.0%。水平段长介于 2500～3000m 的气井 50 口，统计气井占比 6.1%。水平段长介于 3000～3500m 的气井 13 口，统计气井占比 1.6%。水平段长介于 3500~4000m 的气井 3 口，统计气井占比 0.4%。水平段长超过 4000m 的气井 2 口，统计井数占比 0.2%。

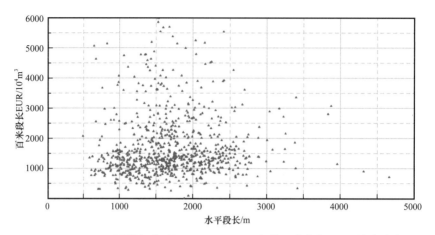

图 7-17　Marcellus 页岩气藏垂深 2500~3000m 气井百米段长 EUR 散点分布图

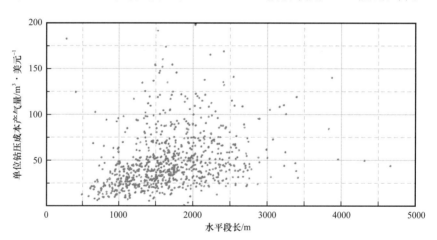

图 7-18　Marcellus 页岩气藏垂深 2500~3000m 气井单位钻压成本产气量散点分布图

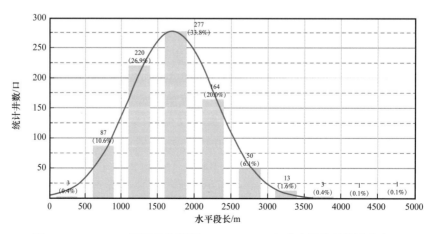

图 7-19　Marcellus 页岩气藏垂深 2500~3000m 气井水平段长统计分布图

Marcellus 页岩气藏垂深 2500～3000m 页岩气水平井不同水平段长对应百米段长 EUR 和单位钻压成本产气量平均值统计结果显示（图 7-20），水平段长 500～1000m 区间统计气井 90 口，平均百米段长 EUR 为 $1814\times10^4m^3$，平均单位钻压成本产气量为 $31.9m^3$/美元。水平段长 1000～1500m 区间统计气井 220 口，平均百米段长 EUR 为 $1627\times10^4m^3$，平均单位钻压成本产气量为 $41.2m^3$/美元。水平段长 1500～2000m 区间统计气井 277 口，平均百米段长 EUR 为 $1879\times10^4m^3$，平均单位钻压成本产气量为 $55.8m^3$/美元。水平段长 2000～2500m 区间统计气井 164 口，平均百米段长 EUR 为 $1755\times10^4m^3$，平均单位钻压成本产气量为 $59.3m^3$/美元。水平段长 2500～3000m 区间统计气井 50 口，平均百米段长 EUR 为 $1614\times10^4m^3$，平均单位钻压成本产气量为 $56.4m^3$/美元。

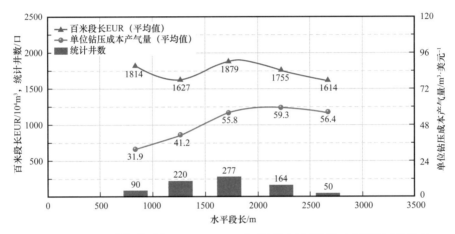

图 7-20　Marcellus 页岩气藏垂深 2500～3000m 气井不同水平段长对应平均百米段长 EUR 和单位钻压成本产气量统计曲线

不同水平段长对应气井百米段长 EUR 和单位钻压成本产气量平均值统计曲线表明，随水平段长增加，平均单位钻压成本产气量由 $31.9m^3$/美元先增加至 $59.3m^3$/美元，然后又下降至 $56.4m^3$/美元。随水平段长增加，百米段长 EUR 整体呈波动趋势。峰值百米段长 EUR 出现在水平段长 1500～2000m 范围内，峰值单位钻压成本产气量出现在水平段长 2000～2500m 范围内。综合技术指标百米段长 EUR 和经济指标单位钻压成本产气量，初步认为垂深 2500～3000m 气井合理水平段长位于 2000～2500m 范围内。

Marcellus 页岩气藏垂深 2500～3000m 页岩气水平井不同水平段长对应百米段长 EUR 和单位钻压成本产气量 P50 值统计结果显示（图 7-21），水平段长 500～1000m 区间统计气井 90 口，P50 百米段长 EUR 为 $1267\times10^4m^3$，P50 单位钻压成本产气量为 $22.4m^3$/美元。水平段长 1000～1500m 区间统计气井 220 口，P50 百米段长 EUR 为 $1285\times10^4m^3$，P50 单位钻压成本产气量为 $34.2m^3$/美元。水平段长 1500～2000m 区间统计气井 277 口，P50 百米段长 EUR 为 $1444\times10^4m^3$，P50 单位钻压成本产气量为 $45.8m^3$/美元。水平段长 2000～2500m 区间统计气井 164 口，P50 百米段长 EUR 为 $1430\times10^4m^3$，P50 单位钻压成本产气量为 $50.3m^3$/美元。水平段长 2500～3000m 区间统计气井 50 口，P50 百米段长 EUR 为 $1406 \times 10^4 m^3$，P50 单位钻压成本产气量为 49.2 $m^3/$ 美元。

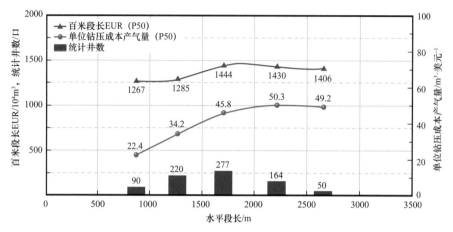

图 7–21　Marcellus 页岩气藏垂深 2500～3000m 气井不同水平段长对应 P50 百米段长 EUR 和单位钻压成本产气量统计曲线

不同水平段长对应气井百米段长 EUR 和单位钻压成本产气量 P50 值统计曲线表明，随水平段长增加，P50 单位钻压成本产气量由 22.4m³/ 美元先增加至 50.3m³/ 美元，然后又下降至 49.2m³/ 美元。随水平段长增加，百米段长 EUR 整体呈先上升后下降趋势。峰值百米段长 EUR 出现在水平段长 1500～2000m 范围内，峰值单位钻压成本产气量出现在水平段长 2000～2500m 范围内。综合技术指标百米段长 EUR 和经济指标单位钻压成本产气量，初步认为垂深 2500～3000m 气井合理水平段长位于 2000～2500m 范围内。

Marcellus 页岩气藏垂深 2500～3000m 页岩气水平井不同水平段长对应百米段长 EUR 和单位钻压成本产气量 M50 值统计结果显示（图 7–22），水平段长 500～1000m 区间统计气井 90 口，M50 百米段长 EUR 为 $1256 \times 10^4 m^3$，M50 单位钻压成本产气量为 24.3m³/ 美元。水平段长 1000～1500m 区间统计气井 220 口，M50 百米段长 EUR 为 $1334 \times 10^4 m^3$，M50 单位钻压成本产气量为 34.8m³/ 美元。水平段长 1500～2000m 区间统计气井 277 口，M50 百米段长 EUR 为 $1566 \times 10^4 m^3$，M50 单位钻压成本产气量为 47.1m³/ 美元。水平段长 2000～2500m 区间统计气井 164 口，M50 百米段长 EUR 为 $1478 \times 10^4 m^3$，M50 单位钻压成本产气量为 52.3m³/ 美元。水平段长 2500～3000m 区间统计气井 50 口，M50 百米段长 EUR 为 $1458 \times 10^4 m^3$，M50 单位钻压成本产气量为 51.2m³/ 美元。

不同水平段长对应气井百米段长 EUR 和单位钻压成本产气量 M50 值统计曲线表明，随水平段长增加，M50 单位钻压成本产气量由 24.3m³/ 美元先增加至 52.3m³/ 美元，然后又下降至 51.2m³/ 美元。随水平段长增加，百米段长 EUR 整体呈先上升后下降趋势。峰值百米段长 EUR 出现在水平段长 1500～2000m 范围内，峰值单位钻压成本产气量出现在水平段长 2000～2500m 范围内。综合技术指标百米段长 EUR 和经济指标单位钻压成本产气量，初步认为垂深 2500～3000m 气井合理水平段长位于 2000～2500m 范围内。

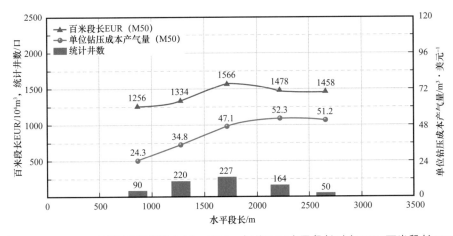

图 7-22 Marcellus 页岩气藏垂深 2500～3000m 气井不同水平段长对应 M50 百米段长 EUR
和单位钻压成本产气量统计曲线

Marcellus 页岩气藏垂深 2500～3000m 气井不同水平段长对应百米段长 EUR 和单位钻压成本产气量统计曲线显示，均值、P50 和 M50 统计结果反映了相似的规律。随水平段长增加，技术指标百米段长 EUR 呈先上升后下降趋势，在 1500～2000m 水平段长区间出现峰值。随水平段长增加，单位钻压成本产气量呈先上升后下降趋势，峰值单位钻压成本产气量对应水平段长区间为 2000～2500m。综合技术指标百米段长 EUR 和经济指标单位钻压成本产气量，认为垂深 2500～3000m 气井合理水平段长位于 2000～2500m 范围内。

7.3 加砂强度

水平井分段压裂关键参数包括段间距、簇间距、加砂强度、用液强度和施工排量等。加砂强度是指单位段长支撑剂用量，一定程度上反映了水平井分段压裂强度。加砂强度是页岩气水平井分段压裂核心参数之一。目前较为普遍的认识是提高加砂强度能够有助于提高单井产量。针对 Marcellus 页岩气藏 6732 口垂深、加砂强度、百米段长 EUR 和单位钻压成本产气量参数齐全的气井进行统计分析，分析加砂强度对气井开发技术指标和经济指标的影响。

7.3.1 垂深 1500～2000m 气井

对垂深 1500～2000m 气井进行统计分析，近似认为该范围垂深对气井产能影响较小，可针对性开展加砂强度分析。Marcellus 页岩气藏垂深 1500～2000m 统计气井 2099 口（图 7-23 和图 7-24），平均垂深 1863m、P25 垂深 1799m、P50 垂深 1884m、P75 垂深 1950m。统计平均加砂强度 2.49t/m，P25 加砂强度 1.82t/m，P50 加砂强度 2.36t/m，P75 加砂强度 2.96t/m。统计平均百米段长 EUR 为 $1282 \times 10^4 \text{m}^3$、P25 百米段长 EUR 为 $788 \times 10^4 \text{m}^3$、P50 百米段长 EUR 为 $1112 \times 10^4 \text{m}^3$、P75 百米段长 EUR 为 $1558 \times 10^4 \text{m}^3$。统计平均单位钻压成

本产气量为 38.7m³/ 美元、P25 单位钻压成本产气量为 21.8m³/ 美元、P50 单位钻压成本产气量为 33.3m³/ 美元、P75 单位钻压成本产气量为 48.8m³/ 美元。

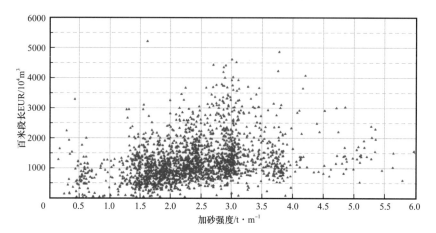

图 7-23　Marcellus 页岩气藏垂深 1500～2000m 气井百米段长 EUR 散点分布图

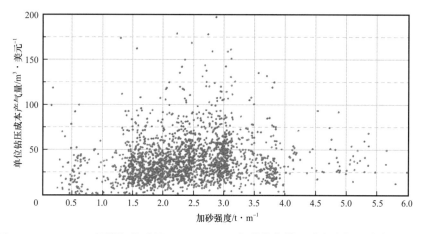

图 7-24　Marcellus 页岩气藏垂深 1500～2000m 气井单位钻压成本产气量散点分布图

统计水平段长分布（图 7-25）显示，加砂强度主体分布在 1.0～4.0t/m。加砂强度小于 0.5t/m 的气井 24 口，统计气井占比 1.1%。加砂强度介于 0.5～1.0t/m 的气井 63 口，统计气井占比 3.0%。加砂强度介于 1.0～1.5t/m 的气井 158 口，统计气井占比 7.5%。加砂强度介于 1.5～2.0t/m 的气井 469 口，统计气井占比 22.3%。加砂强度介于 2.0～2.5t/m 的气井 481 口，统计气井占比 22.9%。加砂强度介于 2.5～3.0t/m 的气井 431 口，统计气井占比 20.5%。加砂强度介于 3.0～3.5t/m 的气井 250 口，统计气井占比 11.9%。加砂强度介于 3.5～4.0t/m 的气井 139 口，统计气井占比 6.6%。加砂强度介于 4.0～4.5t/m 的气井 21 口，统计气井占比 1.0%。加砂强度介于 4.5～5.0t/m 的气井 20 口，统计气井占比 1.0%。加砂强度介于 5.0～5.5t/m 的气井 18 口，统计气井占比 0.9%。加砂强度介于 5.5～6.0t/m 的气井 4 口，统计气井占比 0.2%。

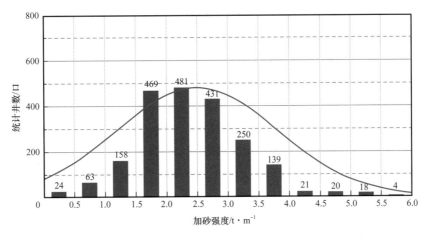

图 7-25 Marcellus 页岩气藏垂深 1500～2000m 气井加砂强度统计分布图

Marcellus 页岩气藏垂深 1500～2000m 页岩气水平井不同加砂强度对应百米段长 EUR 和单位钻压成本产气量平均值统计结果显示（图 7-26），加砂强度 0.5～1.0t/m 区间统计气井 63 口，平均百米段长 EUR 为 $736 \times 10^4 \mathrm{m}^3$，平均单位钻压成本产气量为 26.5m³/ 美元。加砂强度 1.0～1.5t/m 区间统计气井 158 口，平均百米段长 EUR 为 $926 \times 10^4 \mathrm{m}^3$，平均单位钻压成本产气量为 31.8m³/ 美元。加砂强度 1.5～2.0t/m 区间统计气井 469 口，平均百米段长 EUR 为 $987 \times 10^4 \mathrm{m}^3$，平均单位钻压成本产气量为 32.6m³/ 美元。加砂强度 2.0～2.5t/m 区间统计气井 481 口，平均百米段长 EUR 为 $1261 \times 10^4 \mathrm{m}^3$，平均单位钻压成本产气量为 40.7m³/ 美元。加砂强度 2.5～3.0t/m 区间统计气井 431 口，平均百米段长 EUR 为 $1471 \times 10^4 \mathrm{m}^3$，平均单位钻压成本产气量为 44.7m³/ 美元。加砂强度 3.0～3.5t/m 区间统计气井 250 口，平均百米段长 EUR 为 $1664 \times 10^4 \mathrm{m}^3$，平均单位钻压成本产气量为 46.5m³/ 美元。加砂强度 3.5～4.0t/m 区间统计气井 139 口，平均百米段长 EUR 为 $1317 \times 10^4 \mathrm{m}^3$，平均单位钻压成本产气量为 33.2m³/ 美元。

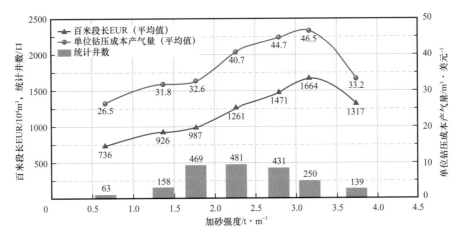

图 7-26 Marcellus 页岩气藏垂深 1500～2000m 气井不同水平段长对应平均百米段长 EUR 和单位钻压成本产气量统计曲线

不同加砂强度对应气井百米段长 EUR 和单位钻压成本产气量平均值统计曲线表明，随加砂强度增加，技术指标百米段长 EUR 和经济指标单位钻压成本产气量呈先上升后下降趋势。百米段长 EUR 由 $736 \times 10^4 m^3$ 增加至 $1664 \times 10^4 m^3$，然后又下降至 $1317 \times 10^4 m^3$。百米段长 EUR 峰值对应加砂强度范围为 3.0～3.5t/m。单位钻压成本产气量由 26.5 m^3/ 美元增加至 46.5m^3/ 美元，然后又下降至 33.2m^3/ 美元。峰值单位钻压成本产气量对应加砂强度范围为 3.0～3.5t/m，与峰值百米段长 EUR 对应加砂强度范围重合。

Marcellus 页岩气藏垂深 1500～2000m 页岩气水平井不同加砂强度对应百米段长 EUR 和单位钻压成本产气量 P50 值统计结果显示（图 7-27），加砂强度 0.5～1.0t/m 区间统计气井 63 口，P50 百米段长 EUR 为 $725 \times 10^4 m^3$，P50 单位钻压成本产气量为 25.0m^3/ 美元。加砂强度 1.0～1.5t/m 区间统计气井 158 口，P50 百米段长 EUR 为 $842 \times 10^4 m^3$，P50 单位钻压成本产气量为 26.6m^3/ 美元。加砂强度 1.5～2.0t/m 区间统计气井 469 口，P50 百米段长 EUR 为 $885 \times 10^4 m^3$，P50 单位钻压成本产气量为 28.3m^3/ 美元。加砂强度 2.0～2.5t/m 区间统计气井 481 口，P50 百米段长 EUR 为 $1126 \times 10^4 m^3$，P50 单位钻压成本产气量为 36.1m^3/ 美元。加砂强度 2.5～3.0t/m 区间统计气井 431 口，P50 百米段长 EUR 为 $1225 \times 10^4 m^3$，P50 单位钻压成本产气量为 37.6m^3/ 美元。加砂强度 3.0～3.5t/m 区间统计气井 250 口，P50 百米段长 EUR 为 $1452 \times 10^4 m^3$，P50 单位钻压成本产气量为 42.5m^3/ 美元。加砂强度 3.5～4.0t/m 区间统计气井 139 口，P50 百米段长 EUR 为 $1110 \times 10^4 m^3$，P50 单位钻压成本产气量为 27.7m^3/ 美元。

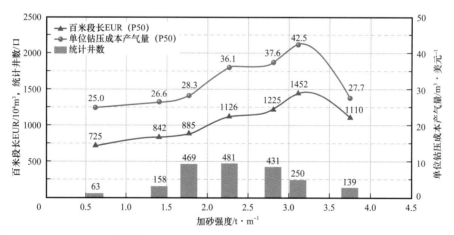

图 7-27　Marcellus 页岩气藏垂深 1500～2000m 气井不同水平段长对应 P50 百米段长 EUR 和单位钻压成本产气量统计曲线

不同加砂强度对应气井百米段长 EUR 和单位钻压成本产气量 P50 值统计曲线表明，随加砂强度增加，技术指标百米段长 EUR 和经济指标单位钻压成本产气量呈先上升后下降趋势。百米段长 EUR 由 $725 \times 10^4 m^3$ 增加至 $1452 \times 10^4 m^3$，然后又下降至 $1110 \times 10^4 m^3$。峰值百米段长 EUR 对应加砂强度范围为 3.0～3.5t/m。单位钻压成本产气量由 25.0m^3/ 美元增加至 42.5m^3/ 美元，然后又下降至 27.7m^3/ 美元。峰值单位钻压成本产气量对应加砂强度范围为 3.0～3.5t/m，与峰值百米段长 EUR 对应加砂强度范围重合。

Marcellus 页岩气藏垂深 1500～2000m 页岩气水平井不同加砂强度对应百米段长 EUR 和单位钻压成本产气量 M50 值统计结果显示（图 7-28），加砂强度 0.5～1.0t/m 区间统计气井 63 口，M50 百米段长 EUR 为 745×10⁴m³，M50 单位钻压成本产气量为 25.1m³/美元。加砂强度 1.0～1.5t/m 区间统计气井 158 口，M50 百米段长 EUR 为 856×10⁴m³，M50 单位钻压成本产气量为 26.3m³/美元。加砂强度 1.5～2.0t/m 区间统计气井 469 口，M50 百米段长 EUR 为 904×10⁴m³，M50 单位钻压成本产气量为 29.0m³/美元。加砂强度 2.0～2.5t/m 区间统计气井 481 口，M50 百米段长 EUR 为 1153×10⁴m³，M50 单位钻压成本产气量为 35.9m³/美元。加砂强度 2.5～3.0t/m 区间统计气井 431 口，M50 百米段长 EUR 为 1256×10⁴m³，M50 单位钻压成本产气量为 38.8m³/美元。加砂强度 3.0～3.5t/m 区间统计气井 250 口，M50 百米段长 EUR 为 1479×10⁴m³，M50 单位钻压成本产气量为 42.7m³/美元。加砂强度 3.5～4.0t/m 区间统计气井 139 口，M50 百米段长 EUR 为 1166×10⁴m³，M50 单位钻压成本产气量为 27.7m³/美元。

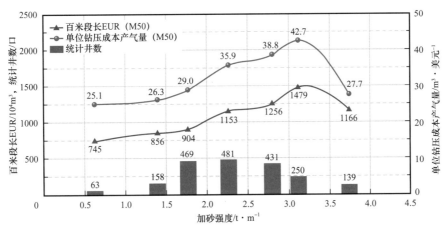

图 7-28 Marcellus 页岩气藏垂深 1500～2000m 气井不同水平段长对应 M50 百米段长 EUR 和单位钻压成本产气量统计曲线

不同加砂强度对应气井百米段长 EUR 和单位钻压成本产气量 M50 值统计曲线表明，随加砂强度增加，技术指标百米段长 EUR 和经济指标单位钻压成本产气量呈先上升后下降趋势。百米段长 EUR 由 745×10⁴m³ 增加至 1479×10⁴m³，然后又下降至 1166×10⁴m³。峰值百米段长 EUR 对应加砂强度范围为 3.0～3.5t/m。单位钻压成本产气量由 25.1m³/美元增加至 42.7m³/美元，然后又下降至 27.7m³/美元。峰值单位钻压成本产气量对应加砂强度范围为 3.0～3.5t/m，与峰值百米段长 EUR 对应加砂强度范围重合。

Marcellus 页岩气藏垂深 1500～2000m 气井不同加砂强度对应百米段长 EUR 和单位钻压成本产气量统计曲线显示，均值、P50 和 M50 统计结果反映了相似的规律。随加砂强度增加，技术指标百米段长 EUR 和经济指标单位钻压成本产气量呈先上升后下降特征。峰值百米段长 EUR 和峰值单位钻压成本产气量对应的加砂强度范围重合，均在 3.0～3.5t/m 区间。因此，认为 Marcellus 页岩气藏垂深 1500～2000m 气井合理加砂强度为 3.0～3.5t/m。

7.3.2 垂深 2000～2500m 气井

对垂深 2000～2500m 气井进行统计分析，近似认为该范围垂深对气井产能影响较小，可针对性开展加砂强度分析。Marcellus 页岩气藏垂深 2000～2500m 统计气井有 3884 口（图 7-29 和图 7-30），平均垂深 2226m、P25 垂深 2103m、P50 垂深 2220m、P75 垂深 2343m。统计平均加砂强度 2.44t/m，P25 加砂强度 1.79t/m，P50 加砂强度 2.30t/m，P75 加砂强度 2.94t/m。统计平均百米段长 EUR 为 $1830 \times 10^4 m^3$、P25 百米段长 EUR 为 $1143 \times 10^4 m^3$、P50 百米段长 EUR 为 $1517 \times 10^4 m^3$、P75 百米段长 EUR 为 $2226 \times 10^4 m^3$。统计平均单位钻压成本产气量为 53.3m³/美元、P25 单位钻压成本产气量为 32.0m³/美元、P50 单位钻压成本产气量为 44.5m³/美元、P75 单位钻压成本产气量为 66.1m³/美元。加砂强度与技术指标百米段长 EUR 散点图定性显示，随加砂强度增加，百米段长 EUR 呈增加趋势。但加砂强度超过 4.0t/m 时，气井百米段长 EUR 整体保持相对较低水平。加砂强度与单位钻压成本产气量散点图显示出相似的变化规律，当加砂强度超过 4.0t/m 时，气井单位钻压成本产气量整体保持相对较低水平。

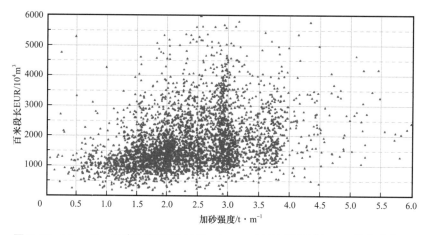

图 7-29　Marcellus 页岩气藏垂深 2000～2500m 气井百米段长 EUR 散点分布图

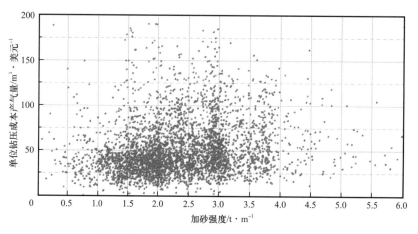

图 7-30　Marcellus 页岩气藏垂深 2000～2500m 气井单位钻压成本产气量散点分布图

统计水平段长分布（图7-31）显示，加砂强度主体分布在1.0～4.0t/m。加砂强度小于0.5t/m的气井24口，统计气井占比0.6%。加砂强度介于0.5～1.0t/m的气井124口，统计气井占比3.2%。加砂强度介于1.0～1.5t/m的气井409口，统计气井占比10.5%。加砂强度介于1.5～2.0t/m的气井842口，统计气井占比21.7%。加砂强度介于2.0～2.5t/m的气井828口，统计气井占比21.3%。加砂强度介于2.5～3.0t/m的气井808口，统计气井占比20.8%。加砂强度介于3.0～3.5t/m的气井430口，统计气井占比11.1%。加砂强度介于3.5～4.0t/m的气井280口，统计气井占比7.2%。加砂强度介于4.0～4.5t/m的气井60口，统计气井占比1.5%。加砂强度介于4.5～5.0t/m的气井24口，统计气井占比0.6%。加砂强度介于5.0～5.5t/m的气井15口，统计气井占比0.4%。加砂强度介于5.5～6.0t/m的气井8口，统计气井占比0.2%。

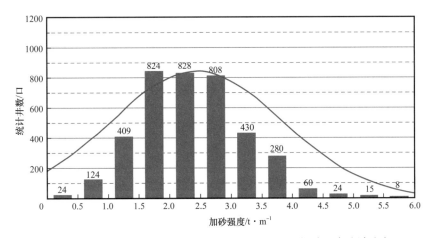

图7-31　Marcellus页岩气藏垂深2000～2500m气井加砂强度统计分布图

Marcellus页岩气藏垂深2000～2500m页岩气水平井不同加砂强度对应百米段长EUR和单位钻压成本产气量平均值统计结果显示（图7-32），加砂强度0.5～1.0t/m区间统计气井124口，平均百米段长EUR为$1148\times10^4m^3$，平均单位钻压成本产气量为44.1m³/美元。加砂强度1.0～1.5t/m区间统计气井409口，平均百米段长EUR为$1255\times10^4m^3$，平均单位钻压成本产气量为42.6m³/美元。加砂强度1.5～2.0t/m区间统计气井842口，平均百米段长EUR为$1509\times10^4m^3$，平均单位钻压成本产气量为47.8m³/美元。加砂强度2.0～2.5t/m区间统计气井828口，平均百米段长EUR为$1793\times10^4m^3$，平均单位钻压成本产气量为54.2m³/美元。加砂强度2.5～3.0t/m区间统计气井808口，平均百米段长EUR为$2155\times10^4m^3$，平均单位钻压成本产气量为59.6m³/美元。加砂强度3.0～3.5t/m区间统计气井430口，平均百米段长EUR为$1944\times10^4m^3$，平均单位钻压成本产气量为56.1m³/美元。加砂强度3.5～4.0t/m区间统计气井280口，平均百米段长EUR为$2140\times10^4m^3$，平均单位钻压成本产气量为61.8m³/美元。加砂强度4.0～4.5t/m区间统计气井60口，平均百米段长EUR为$2409\times10^4m^3$，平均单位钻压成本产气量为60.9m³/美元。

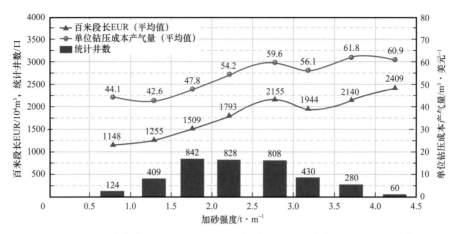

图 7-32　Marcellus 页岩气藏垂深 2000～2500m 气井不同水平段长对应平均百米段长 EUR
和单位钻压成本产气量统计曲线

不同加砂强度对应气井百米段长 EUR 和单位钻压成本产气量平均值统计曲线表明，随加砂强度增加，技术指标百米段长 EUR 和经济指标单位钻压成本产气量呈波动变化趋势。加砂强度小于 3.0t/m 时，百米段长 EUR 和单位钻压成本产气量随加砂强度增加而增加。加砂强度为 3.0～3.5t/m 时，百米段长 EUR 和单位钻压成本产气量出现降低特征。百米段长 EUR 峰值对应加砂强度区间为 4.0～4.5t/m。单位钻压成本产气量峰值对应加砂强度区间为 3.5～4.0t/m。

Marcellus 页岩气藏垂深 2000～2500m 页岩气水平井不同加砂强度对应百米段长 EUR 和单位钻压成本产气量 P50 值统计结果显示（图 7-33），加砂强度 0.5～1.0t/m 区间统计气井 124 口，P50 百米段长 EUR 为 $1045 \times 10^4 m^3$，P50 单位钻压成本产气量为 37.2m^3/ 美元。加砂强度 1.0～1.5t/m 区间统计气井 409 口，P50 百米段长 EUR 为 $1114 \times 10^4 m^3$，P50 单位钻压成本产气量为 38.7m^3/ 美元。加砂强度 1.5～2.0t/m 区间统计气井 842 口，P50 百米段长 EUR 为 $1343 \times 10^4 m^3$，P50 单位钻压成本产气量为 40.1m^3/ 美元。加砂强度 2.0～2.5t/m 区间统计气井 828 口，P50 百米段长 EUR 为 $1560 \times 10^4 m^3$，P50 单位钻压成本产气量为 45.4m^3/ 美元。加砂强度 2.5～3.0t/m 区间统计气井 808 口，P50 百米段长 EUR 为 $1903 \times 10^4 m^3$，P50 单位钻压成本产气量为 51.4m^3/ 美元。加砂强度 3.0～3.5t/m 区间统计气井 430 口，P50 百米段长 EUR 为 $1751 \times 10^4 m^3$，P50 单位钻压成本产气量为 46.8m^3/ 美元。加砂强度 3.5～4.0t/m 区间统计气井 280 口，P50 百米段长 EUR 为 $1911 \times 10^4 m^3$，P50 单位钻压成本产气量为 55.3m^3/ 美元。加砂强度 4.0～4.5t/m 区间统计气井 60 口，P50 百米段长 EUR 为 $2360 \times 10^4 m^3$，P50 单位钻压成本产气量为 54.1m^3/ 美元。

不同加砂强度对应气井百米段长 EUR 和单位钻压成本产气量 P50 值统计曲线表明，随加砂强度增加，技术指标百米段长 EUR 和经济指标单位钻压成本产气量呈波动变化趋势。加砂强度小于 3.0t/m 时，百米段长 EUR 和单位钻压成本产气量随加砂强度增加而增加。加砂强度为 3.0～3.5t/m 时，百米段长 EUR 和单位钻压成本产气量出现降低特征。百米段长 EUR 峰值对应加砂强度区间为 4.0～4.5t/m。单位钻压成本产气量峰值对应加砂强度区间为 3.5～4.0t/m。

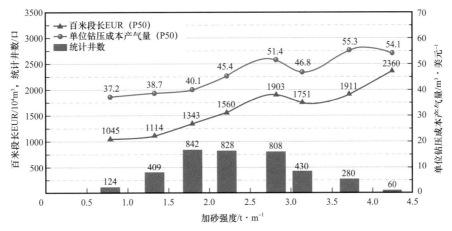

图 7-33　Marcellus 页岩气藏垂深 2000～2500m 气井不同水平段长对应 P50 百米段长 EUR 和单位钻压成本产气量统计曲线

　　Marcellus 页岩气藏垂深 2000～2500m 页岩气水平井不同加砂强度对应百米段长 EUR 和单位钻压成本产气量 M50 值统计结果显示（图 7-34），加砂强度 0.5～1.0t/m 区间统计气井 124 口，M50 百米段长 EUR 为 $1051 \times 10^4 m^3$，M50 单位钻压成本产气量为 38.6m³/美元。加砂强度 1.0～1.5t/m 区间统计气井 409 口，M50 百米段长 EUR 为 $1129 \times 10^4 m^3$，M50 单位钻压成本产气量为 38.0m³/美元。加砂强度 1.5～2.0t/m 区间统计气井 842 口，M50 百米段长 EUR 为 $1364 \times 10^4 m^3$，M50 单位钻压成本产气量为 40.8m³/美元。加砂强度 2.0～2.5t/m 区间统计气井 828 口，M50 百米段长 EUR 为 $1605 \times 10^4 m^3$，M50 单位钻压成本产气量为 47.2m³/美元。加砂强度 2.5～3.0t/m 区间统计气井 808 口，M50 百米段长 EUR 为 $1944 \times 10^4 m^3$，M50 单位钻压成本产气量为 52.1m³/美元。加砂强度 3.0～3.5t/m 区间统计气井 430 口，M50 百米段长 EUR 为 $1746 \times 10^4 m^3$，M50 单位钻压成本产气量为 48.9m³/美元。加砂强度 3.5～4.0t/m 区间统计气井 280 口，M50 百米段长 EUR 为 $1987 \times 10^4 m^3$，M50 单位钻压成本产气量为 56.8m³/美元。加砂强度 4.0～4.5t/m 区间统计气井 60 口，M50 百米段长 EUR 为 $2330 \times 10^4 m^3$，M50 单位钻压成本产气量为 56.0m³/美元。

　　不同加砂强度对应气井百米段长 EUR 和单位钻压成本产气量 M50 值统计曲线表明，随加砂强度增加，技术指标百米段长 EUR 和经济指标单位钻压成本产气量呈波动变化趋势。加砂强度小于 3.0t/m 时，百米段长 EUR 和单位钻压成本产气量随加砂强度增加而增加。加砂强度为 3.0～3.5t/m 时，百米段长 EUR 和单位钻压成本产气量出现降低特征。百米段长 EUR 峰值对应加砂强度区间为 4.0～4.5t/m。单位钻压成本产气量峰值对应加砂强度区间为 3.5～4.0t/m。

　　Marcellus 页岩气藏垂深 2000～2500m 气井不同加砂强度对应百米段长 EUR 和单位钻压成本产气量统计曲线显示，均值、P50 和 M50 统计结果反映了相似的规律。随加砂强度增加，技术指标百米段长 EUR 和经济指标单位钻压成本产气量呈波动趋势。两个峰值百米段长 EUR 对应加砂强度区间分别为 2.5～3.0t/m 和 4.0～4.5t/m。两个单位钻压成本产气量峰值对应加砂强度区间分别为 2.5～3.0t/m 和 3.5～4.0t/m。因此，认为 Marcellus 页岩气藏垂深 2000～2500m 气井合理加砂强度为 3.5～4.0t/m。

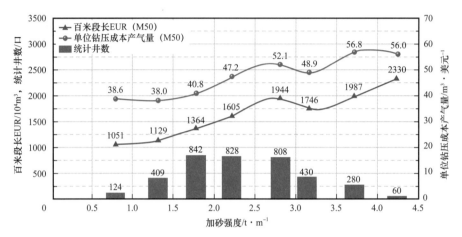

图 7-34　Marcellus 页岩气藏垂深 2000～2500m 气井不同水平段长对应 M50 百米段长 EUR 和单位钻压成本产气量统计曲线

7.3.3　垂深 2500～3000m 气井

对垂深 2500～3000m 气井进行统计分析，近似认为该范围垂深对气井产能影响较小，可针对性开展加砂强度分析。Marcellus 页岩气藏垂深 2500～3000m 的统计气井有 3884 口（图 7-35 和图 7-36），平均垂深 2620m、P25 垂深 2549m、P50 垂深 2604m、P75 垂深 2678m。统计平均加砂强度 2.06t/m，P25 加砂强度 1.31t/m，P50 加砂强度 1.94t/m，P75 加砂强度 2.65t/m。统计平均百米段长 EUR 为 $1705 \times 10^4 m^3$、P25 百米段长 EUR 为 $1044 \times 10^4 m^3$、P50 百米段长 EUR 为 $1369 \times 10^4 m^3$、P75 百米段长 EUR 为 $2024 \times 10^4 m^3$。统

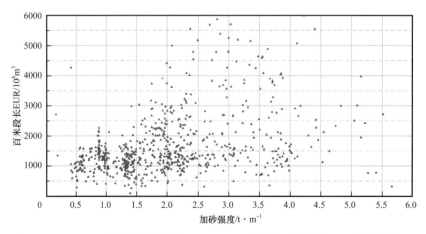

图 7-35　Marcellus 页岩气藏垂深 2500～3000m 气井百米段长 EUR 散点分布图

计平均单位钻压成本产气量为 49.0m³/ 美元、P25 单位钻压成本产气量为 27.9m³/ 美元、P50 单位钻压成本产气量为 40.3m³/ 美元、P75 单位钻压成本产气量为 61.9m³/ 美元。

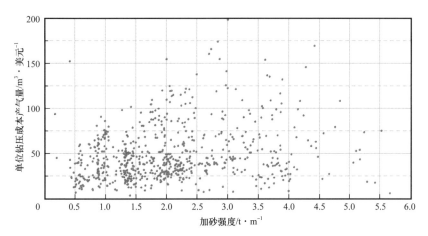

图 7-36　Marcellus 页岩气藏垂深 2500～3000m 气井单位钻压成本产气量散点分布图

加砂强度与技术指标百米段长 EUR 散点图定性显示，随加砂强度增加，百米段长 EUR 呈增加趋势。但加砂强度超过 4.0t/m 时，气井百米段长 EUR 整体保持相对较低水平。加砂强度与单位钻压成本产气量散点图显示出相似的变化规律，当加砂强度超过 4.0t/m 时，气井单位钻压成本产气量整体保持相对较低水平。

统计水平段长分布（图 7-37）显示，加砂强度主体分布在 1.0～4.0t/m。加砂强度小于 0.5t/m 的气井 12 口，统计气井占比 1.7%。加砂强度介于 0.5～1.0t/m 的气井 117 口，统计气井占比 16.4%。加砂强度介于 1.0～1.5t/m 的气井 131 口，统计气井占比 18.4%。加砂强度介于 1.5～2.0t/m 的气井 126 口，统计气井占比 17.7%。加砂强度介于 2.0～2.5t/m 的气井 130 口，统计气井占比 18.3%。加砂强度介于 2.5～3.0t/m 的气井 60 口，统计气井占比 8.4%。加砂强度介于 3.0～3.5t/m 的气井 47 口，统计气井占比 6.6%。加砂强度介于 3.5～4.0t/m 的气井 56 口，统计气井占比 7.9%。加砂强度超过 4.0t/m 的气井 31 口。

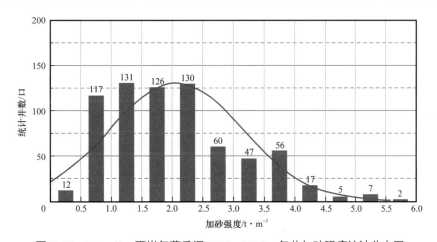

图 7-37　Marcellus 页岩气藏垂深 2500～3000m 气井加砂强度统计分布图

　　Marcellus 页岩气藏垂深 2500～3000m 页岩气水平井不同加砂强度对应百米段长 EUR 和单位钻压成本产气量平均值统计结果显示（图 7-38），加砂强度 0.5～1.0t/m 区间统计气井 117 口，平均百米段长 EUR 为 $1255 \times 10^4 m^3$，平均单位钻压成本产气量为 39.9 m^3/ 美元。加砂强度 1.0～1.5t/m 区间统计气井 131 口，平均百米段长 EUR 为 $1118 \times 10^4 m^3$，平均单位钻压成本产气量为 38.1 m^3/ 美元。加砂强度 1.5～2.0t/m 区间统计气井 126 口，平均百米段长 EUR 为 $1701 \times 10^4 m^3$，平均单位钻压成本产气量为 50.2 m^3/ 美元。加砂强度 2.0～2.5t/m 区间统计气井 130 口，平均百米段长 EUR 为 $1855 \times 10^4 m^3$，平均单位钻压成本产气量为 53.1 m^3/ 美元。加砂强度 2.5～3.0t/m 区间统计气井 60 口，平均百米段长 EUR 为 $2293 \times 10^4 m^3$，平均单位钻压成本产气量为 62.7 m^3/ 美元。加砂强度 3.0～3.5t/m 区间统计气井 47 口，平均百米段长 EUR 为 $2340 \times 10^4 m^3$，平均单位钻压成本产气量为 58.3 m^3/ 美元。加砂强度 3.5～4.0t/m 区间统计气井 56 口，平均百米段长 EUR 为 $2161 \times 10^4 m^3$，平均单位钻压成本产气量为 54.6 m^3/ 美元。

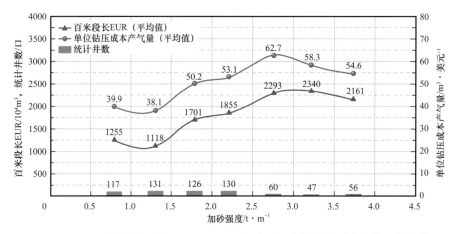

图 7-38　Marcellus 页岩气藏垂深 2500～3000m 气井不同水平段长对应平均百米段长 EUR
和单位钻压成本产气量统计曲线

　　不同加砂强度对应气井百米段长 EUR 和单位钻压成本产气量平均值统计曲线表明，随加砂强度增加，技术指标百米段长 EUR 和经济指标单位钻压成本产气量呈先上升后下降趋势。当加砂强度小于 3.5t/m 时，百米段长 EUR 随加砂强度增加而增加。当加砂强度超过 3.5t/m 时，百米段长 EUR 随加砂强度增加而下降。峰值百米段长 EUR 对应加砂强度范围为 3.0～3.5t/m。当加砂强度小于 3.0t/m 时，单位钻压成本产气量随加砂强度增加而增加。当加砂强度超过 3.0t/m 时，单位钻压成本产气量随加砂强度增加而下降。

　　Marcellus 页岩气藏垂深 2500～3000m 页岩气水平井不同加砂强度对应百米段长 EUR 和单位钻压成本产气量 P50 值统计结果显示（图 7-39），加砂强度 0.5～1.0t/m 区间统计气井 117 口，P50 百米段长 EUR 为 $1281 \times 10^4 m^3$，P50 单位钻压成本产气量为 38.6 m^3/ 美元。加砂强度 1.0～1.5t/m 区间统计气井 131 口，P50 百米段长 EUR 为 $1076 \times 10^4 m^3$，P50 单位钻压成本产气量为 36.1 m^3/ 美元。加砂强度 1.5～2.0t/m 区间统计气井 126 口，

P50 百米段长 EUR 为 $1568 \times 10^4 \text{m}^3$，P50 单位钻压成本产气量为 $41.7\text{m}^3/$ 美元。加砂强度 $2.0 \sim 2.5\text{t/m}$ 区间统计气井 130 口，P50 百米段长 EUR 为 $1414 \times 10^4 \text{m}^3$，P50 单位钻压成本产气量为 $41.3\text{m}^3/$ 美元。加砂强度 $2.5 \sim 3.0\text{t/m}$ 区间统计气井 60 口，P50 百米段长 EUR 为 $1695 \times 10^4 \text{m}^3$，P50 单位钻压成本产气量为 $44.4\text{m}^3/$ 美元。加砂强度 $3.0 \sim 3.5\text{t/m}$ 区间统计气井 47 口，P50 百米段长 EUR 为 $1730 \times 10^4 \text{m}^3$，P50 单位钻压成本产气量为 $52.4\text{m}^3/$ 美元。加砂强度 $3.5 \sim 4.0\text{t/m}$ 区间统计气井 56 口，P50 百米段长 EUR 为 $1576 \times 10^4 \text{m}^3$，P50 单位钻压成本产气量为 $39.3\text{m}^3/$ 美元。

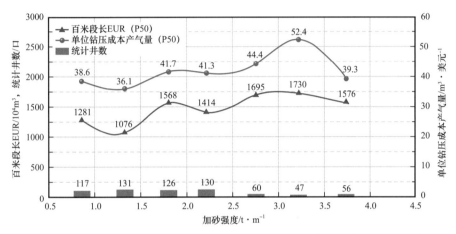

图 7-39　Marcellus 页岩气藏垂深 $2500 \sim 3000\text{m}$ 气井不同水平段长对应 P50 百米段长 EUR 和单位钻压成本产气量统计曲线

不同加砂强度对应气井百米段长 EUR 和单位钻压成本产气量 P50 值统计曲线表明，随加砂强度增加，技术指标百米段长 EUR 和经济指标单位钻压成本产气量呈先上升后下降趋势。当加砂强度小于 3.5t/m 时，百米段长 EUR 随加砂强度增加而增加。当加砂强度超过 3.5t/m 时，百米段长 EUR 随加砂强度增加而下降。峰值百米段长 EUR 对应加砂强度范围为 $3.0 \sim 3.5\text{t/m}$。当加砂强度小于 3.5t/m 时，单位钻压成本产气量随加砂强度增加而增加。当加砂强度超过 3.5t/m 时，单位钻压成本产气量随加砂强度增加而下降。

Marcellus 页岩气藏垂深 $2500 \sim 3000\text{m}$ 页岩气水平井不同加砂强度对应百米段长 EUR 和单位钻压成本产气量 M50 值统计结果显示（图 7-40），加砂强度 $0.5 \sim 1.0\text{t/m}$ 区间统计气井 117 口，M50 百米段长 EUR 为 $1272 \times 10^4 \text{m}^3$，M50 单位钻压成本产气量为 $37.7\text{m}^3/$ 美元。加砂强度 $1.0 \sim 1.5\text{t/m}$ 区间统计气井 131 口，M50 百米段长 EUR 为 $1093 \times 10^4 \text{m}^3$，M50 单位钻压成本产气量为 $36.5\text{m}^3/$ 美元。加砂强度 $1.5 \sim 2.0\text{t/m}$ 区间统计气井 126 口，M50 百米段长 EUR 为 $1617 \times 10^4 \text{m}^3$，M50 单位钻压成本产气量为 $43.5\text{m}^3/$ 美元。加砂强度 $2.0 \sim 2.5\text{t/m}$ 区间统计气井 130 口，M50 百米段长 EUR 为 $1542 \times 10^4 \text{m}^3$，M50 单位钻压成本产气量为 $42.8\text{m}^3/$ 美元。加砂强度 $2.5 \sim 3.0\text{t/m}$ 区间统计气井 60 口，M50 百米段长 EUR 为 $1808 \times 10^4 \text{m}^3$，M50 单位钻压成本产气量为 $49.4\text{m}^3/$ 美元。加砂强度 $3.0 \sim 3.5\text{t/m}$ 区间统计气井 47 口，M50 百米段长 EUR 为 $2002 \times 10^4 \text{m}^3$，M50 单位钻压成本产气量

为 53.9m³/ 美元。加砂强度 3.5～4.0t/m 区间统计气井 56 口，M50 百米段长 EUR 为 1783 × 10⁴m³，M50 单位钻压成本产气量为 43.9m³/ 美元。

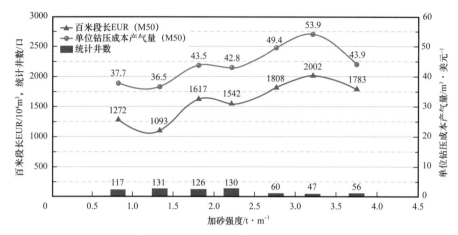

图 7-40 Marcellus 页岩气藏垂深 2500～3000m 气井不同水平段长对应 M50 百米段长 EUR 和单位钻压成本产气量统计曲线

不同加砂强度对应气井百米段长 EUR 和单位钻压成本产气量 M50 值统计曲线表明，随加砂强度增加，技术指标百米段长 EUR 和经济指标单位钻压成本产气量呈先上升后下降趋势。当加砂强度小于 3.5t/m 时，百米段长 EUR 随加砂强度增加而增加。当加砂强度超过 3.5t/m 时，百米段长 EUR 随加砂强度增加而下降。峰值百米段长 EUR 对应加砂强度范围为 3.0～3.5t/m。当加砂强度小于 3.5t/m 时，单位钻压成本产气量随加砂强度增加而增加。当加砂强度超过 3.5t/m 时，单位钻压成本产气量随加砂强度增加而下降。

7.4 合理开发参数分析

本章前三节针对垂深、水平段长和加砂强度单因素对气井技术指标和经济指标进行分析。统计规律显示，垂深和加砂强度是影响气井技术指标百米段长 EUR 的重要因素，水平段长对百米段长 EUR 影响程度次之。为探讨页岩气水平井合理开发参数，选取关键参数分区间进行开发参数分析。

7.4.1 合理水平段长

针对 Marcellus 页岩气藏历年完钻页岩气水平井进行合理水平段长分析。以 0.5t/m 加砂强度和 500m 垂深为间隔区间，近似认为给定垂深和加砂强度区间，所有气井具备近似地质特征和压裂规模，分析不同水平段长范围气井对应技术指标百米段长 EUR 和经济指标单位钻压成本产气量变化规律。针对不同区间内气井百米段长 EUR 和单位钻压成本产气量采用算数平均值、P50 和 M50 统计方法。M50 是指中数平均值统计方法，对累计概率分布 25%～75% 对应的样本点求取算数平均值，中数平均统计方法能够去除数据异常点对统计结果的影响。

7.4.1.1　垂深 1500～2000m 气井

图 7-41 给出了 Marcellus 页岩气藏垂深 1500～2000m 气井不同加砂强度范围内水平段长与百米段长 EUR 和单位钻压成本产气量均值统计曲线。不同水平段长对应百米段长 EUR 统计曲线显示，随水平段长增加，百米段长 EUR 总体呈下降趋势。随水平段长增加，单位钻压成本产气量整体呈增加趋势。

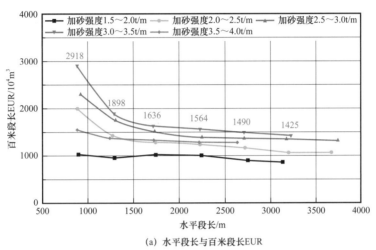

(a) 水平段长与百米段长 EUR

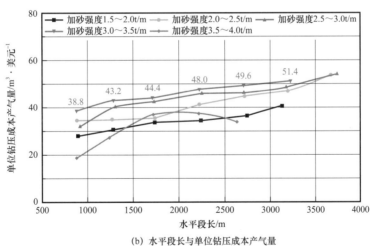

(b) 水平段长与单位钻压成本产气量

图 7-41　Marcellus 页岩气藏垂深 1500～2000m 气井水平段长与百米段长 EUR
和单位钻压成本产气量平均值统计曲线

加砂强度 1.5～2.0t/m 时，百米段长 EUR 随水平段长增加呈下降趋势，单位钻压成本产气量呈增加趋势。水平段长 500～1000m 统计气井 10 口，平均水平段长 895m，平均百米段长 EUR 为 $1023 \times 10^4 \mathrm{m}^3$，平均单位钻压成本产气量 28.1m³/ 美元。水平段长 1000～1500m 统计气井 137 口，平均水平段长 1290m，平均百米段长 EUR 为 $949 \times 10^4 \mathrm{m}^3$，平均单位钻压成本产气量 30.7m³/ 美元。水平段长 1500～2000m 统计气井 172 口，平均水平段长 1744m，平均百米段长 EUR 为 1015×10⁴m³，平均单位钻压成本产气量 33.8m³/ 美元。水平段长 2000～2500m 统计气井 95 口，平均水平段长 2243m，平均百米段长 EUR 为 995×10⁴m³，平均单位钻压成本产气量 34.4m³/ 美元。水平段长 2500～3000m 统计气井 46 口，平均水平段长 2745m，平均百米段长 EUR 为 893×10⁴m³，平均单位钻压成本产气量 36.7m³/ 美元。水平段长 3000～3500m 统计气井 9 口，平均水平段长 3131m，平均百米段长 EUR 为 853×10⁴m³，平均单位钻压成本产气量 40.8m³/ 美元。

加砂强度 2.0～2.5t/m 时，百米段长 EUR 随水平段长增加呈下降趋势，单位钻压成本产气量呈增加趋势。水平段长 500～1000m 统计气井 11 口，平均水平段长 887m，平均百米段长 EUR 为 2000×10⁴m³，平均单位钻压成本产气量 34.7m³/ 美元。水平段长 1000～1500m 统计气井 110 口，平均水平段长 1275m，平均百米段长 EUR 为 1422×10⁴m³，平均单位钻压成本产气量 35.2m³/ 美元。水平段长 1500～2000m 统计气井 131 口，平均水平段长 1745m，平均百米段长 EUR 为 1286×10⁴m³，平均单位钻压成本产气量 35.7m³/ 美元。水平段长 2000～2500m 统计气井 96 口，平均水平段长 2231m，平均百米段长 EUR 为 1241×10⁴m³，平均单位钻压成本产气量 41.5m³/ 美元。水平段长 2500～3000m 统计气井 75 口，平均水平段长 2721m，平均百米段长 EUR 为 1160×10⁴m³，平均单位钻压成本产气量 44.9m³/ 美元。水平段长 3000～3500m 统计气井 37 口，平均水平段长 3199m，平均百米段长 EUR 为 1055×10⁴m³，平均单位钻压成本产气量 47.1m³/ 美元。水平段长 3500～4000m 统计气井 18 口，平均水平段长 3674m，平均百米段长 EUR 为 1065×10⁴m³，平均单位钻压成本产气量 53.9m³/ 美元。

加砂强度 2.5～3.0t/m 时，百米段长 EUR 随水平段长增加呈下降趋势，单位钻压成本产气量呈增加趋势。水平段长 500～1000m 统计气井 10 口，平均水平段长 919m，平均百米段长 EUR 为 2303×10⁴m³，平均单位钻压成本产气量 32.0m³/ 美元。水平段长 1000～1500m 统计气井 89 口，平均水平段长 1306m，平均百米段长 EUR 为 1749×10⁴m³，平均单位钻压成本产气量 40.5m³/ 美元。水平段长 1500～2000m 统计气井 121 口，平均水平段长 1736m，平均百米段长 EUR 为 1513×10⁴m³，平均单位钻压成本产气量 42.8m³/ 美元。水平段长 2000～2500m 统计气井 85 口，平均水平段长 2253m，平均百米段长 EUR 为 1386×10⁴m³，平均单位钻压成本产气量 46.0m³/ 美元。水平段长 2500～3000m 统计气井 70 口，平均水平段长 2710m，平均百米段长 EUR 为 1364×10⁴m³，平均单位钻压成本产气量 46.4m³/ 美元。水平段长 3000～3500m 统计气井 30 口，平均水平段长 3176m，平均百米段长 EUR 为 1349×10⁴m³，平均单位钻压成本产气量 48.7m³/ 美元。水平段长 3500～4000m 统计气井 21 口，平均水平段长 3744m，平均百米段长 EUR 为 1308×10⁴m³，平均单位钻压成本产气量 54.2m³/ 美元。

加砂强度 3.0～3.5t/m 时，百米段长 EUR 随水平段长增加呈下降趋势，单位钻压成本产气量呈增加趋势。水平段长 500～1000m 统计气井 11 口，平均水平段长 881m，平均百米段长 EUR 为 2918×10⁴m³，平均单位钻压成本产气量 38.8m³/ 美元。水平段长

1000～1500m 统计气井 65 口，平均水平段长 1286m，平均百米段长 EUR 为 $1898 \times 10^4 m^3$，平均单位钻压成本产气量 43.2m^3/美元。水平段长 1500～2000m 统计气井 68 口，平均水平段长 1718m，平均百米段长 EUR 为 $1636 \times 10^4 m^3$，平均单位钻压成本产气量 44.4 m^3/美元。水平段长 2000～2500m 统计气井 37 口，平均水平段长 2231m，平均百米段长 EUR 为 $1564 \times 10^4 m^3$，平均单位钻压成本产气量 48.0m^3/美元。水平段长 2500～3000m 统计气井 38 口，平均水平段长 2710m，平均百米段长 EUR 为 $1490 \times 10^4 m^3$，平均单位钻压成本产气量 49.6m^3/美元。水平段长 3000～3500m 统计气井 24 口，平均水平段长 3226m，平均百米段长 EUR 为 $1425 \times 10^4 m^3$，平均单位钻压成本产气量 51.4m^3/美元。

加砂强度 3.5～4.0t/m 时，百米段长 EUR 随水平段长增加呈下降趋势，单位钻压成本产气量呈先增加后下降趋势。水平段长 500～1000m 统计气井 13 口，平均水平段长 882m，平均百米段长 EUR 为 $1555 \times 10^4 m^3$，平均单位钻压成本产气量 18.9m^3/美元。水平段长 1000～1500m 统计气井 46 口，平均水平段长 1241m，平均百米段长 EUR 为 $1370 \times 10^4 m^3$，平均单位钻压成本产气量 27.5m^3/美元。水平段长 1500～2000m 统计气井 38 口，平均水平段长 1724m，平均百米段长 EUR 为 $1324 \times 10^4 m^3$，平均单位钻压成本产气量 37.1m^3/美元。水平段长 2000～2500m 统计气井 24 口，平均水平段长 2220m，平均百米段长 EUR 为 $1283 \times 10^4 m^3$，平均单位钻压成本产气量 37.6m^3/美元。水平段长 2500～3000m 统计气井 10 口，平均水平段长 2634m，平均百米段长 EUR 为 $1277 \times 10^4 m^3$，平均单位钻压成本产气量 34.1m^3/美元。

垂深 1500～2000m 气井不同水平段长对应技术指标百米段长 EUR 平均值统计规律显示，随水平段长增加，技术指标百米段长 EUR 整体呈下降趋势。百米段长 EUR 初期下降速度显著，后期呈缓慢下降趋势。水平段长超过 1500m 时，百米段长 EUR 保持相对稳定趋势。不同加砂强度区间技术和经济指标变化规律显示，当加砂强度小于 3.5t/m 时，百米段长 EUR 随加砂强度增加而增加。相同水平段长范围内，百米段长 EUR 峰值对应加砂强度区间为 3.0～3.5t/m。加砂强度增加至 3.5～4.0t/m 时，百米段长 EUR 呈下降趋势。

垂深 1500～2000m 气井不同水平段长对应经济指标单位钻压成本产气量平均值统计规律显示，随水平段长增加，经济指标单位钻压成本产气量整体呈上升趋势。不同加砂强度区间技术和经济指标变化规律显示，当加砂强度小于 3.5t/m 时，单位钻压成本产气量随加砂强度增加而增加。当加砂强度增加至 3.5～4.0t/m 时，单位钻压成本产气量呈先上升后下降趋势。相同水平段长范围内，单位钻压成本产气量峰值对应加砂强度区间为 3.0～3.5t/m。加砂强度小于 3.5t/m 时，尽管随水平段长增加，技术指标百米段长 EUR 呈下降趋势，但经济指标单位钻压成本产气量呈上升趋势，且未迎来统计曲线拐点。垂深 1500～2000m 气井，随水平段长增加气井经济效益依然保持增长趋势。水平段长在 1000～3500m 范围内，增加水平段长能够提高气井开发经济效益。

图 7-42 给出了 Marcellus 页岩气藏垂深 1500～2000m 气井不同加砂强度范围内水平段长与百米段长 EUR 和单位钻压成本产气量 P50 值统计曲线。不同水平段长对应百米段

长 EUR 统计曲线显示，随水平段长增加，百米段长 EUR 总体呈下降趋势。随水平段长增加，单位钻压成本产气量呈先增加后下降趋势。

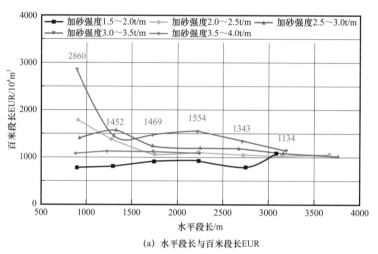

（a）水平段长与百米段长EUR

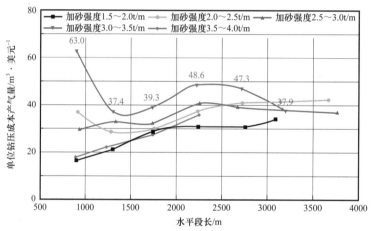

（b）水平段长与单位钻压成本产气量

图 7-42　Marcellus 页岩气藏垂深 1500～2000m 气井水平段长与百米段长 EUR
和单位钻压成本产气量 P50 值统计曲线

加砂强度 1.5～2.0t/m 时，百米段长 EUR 随水平段长增加呈下降趋势，单位钻压成本产气量呈增加趋势。水平段长 500～1000m 统计气井 10 口，P50 水平段长 898m，P50 百米段长 EUR 为 $775 \times 10^4 m^3$，P50 单位钻压成本产气量 $16.9 m^3/$ 美元。水平段长 1000～1500m 统计气井 137 口，P50 水平段长 1301m，P50 百米段长 EUR 为 $807 \times 10^4 m^3$，P50 单位钻压成本产气量 $21.5 m^3/$ 美元。水平段长 1500～2000m 统计气井 172 口，P50 水平段长 1749m，P50 百米段长 EUR 为 $907 \times 10^4 m^3$，P50 单位钻压成本产气量 $29.0 m^3/$ 美元。水平段长 2000～2500m 统计气井 95 口，P50 水平段长 2238m，P50 百米段长 EUR 为 $918 \times 10^4 m^3$，P50 单位钻压成本产气量 $31.1 m^3/$ 美元。水平段长 2500～3000m 统计气井 46 口，P50 水平段长 2756m，P50 百米段长 EUR 为 $782 \times 10^4 m^3$，P50 单位钻压成本产气量

31.1m³/美元。水平段长 3000～3500m 统计气井 9 口，P50 水平段长 3090m，P50 百米段长 EUR 为 1085×10⁴m³，P50 单位钻压成本产气量 34.4m³/美元。

加砂强度 2.0～2.5t/m 时，百米段长 EUR 随水平段长增加呈下降趋势，单位钻压成本产气量呈增加趋势。水平段长 500～1000m 统计气井 11 口，P50 水平段长 914m，P50 百米段长 EUR 为 1781×10⁴m³，P50 单位钻压成本产气量 37.1m³/美元。水平段长 1000～1500m 统计气井 110 口，P50 水平段长 1280m，P50 百米段长 EUR 为 1379×10⁴m³，P50 单位钻压成本产气量 28.8m³/美元。水平段长 1500～2000m 统计气井 131 口，P50 水平段长 1755m，P50 百米段长 EUR 为 1074×10⁴m³，P50 单位钻压成本产气量 30.3m³/美元。水平段长 2000～2500m 统计气井 96 口，P50 水平段长 2233m，P50 百米段长 EUR 为 1097×10⁴m³，P50 单位钻压成本产气量 37.6m³/美元。水平段长 2500～3000m 统计气井 75 口，P50 水平段长 2726m，P50 百米段长 EUR 为 1049×10⁴m³，P50 单位钻压成本产气量 41.3m³/美元。水平段长 3000～3500m 统计气井 37 口，P50 水平段长 3147m，P50 百米段长 EUR 为 1029×10⁴m³，P50 单位钻压成本产气量 41.7m³/美元。水平段长 3500～4000m 统计气井 18 口，P50 水平段长 3667m，P50 百米段长 EUR 为 1049×10⁴m³，P50 单位钻压成本产气量 42.6m³/美元。

加砂强度 2.5～3.0t/m 时，百米段长 EUR 随水平段长增加呈下降趋势，单位钻压成本产气量呈增加趋势。水平段长 500～1000m 统计气井 10 口，P50 水平段长 930m，P50 百米段长 EUR 为 1396×10⁴m³，P50 单位钻压成本产气量 29.8m³/美元。水平段长 1000～1500m 统计气井 89 口，P50 水平段长 1332m，P50 百米段长 EUR 为 1563×10⁴m³，P50 单位钻压成本产气量 33.1m³/美元。水平段长 1500～2000m 统计气井 121 口，P50 水平段长 1737m，P50 百米段长 EUR 为 1236×10⁴m³，P50 单位钻压成本产气量 32.5m³/美元。水平段长 2000～2500m 统计气井 85 口，P50 水平段长 2254m，P50 百米段长 EUR 为 1187×10⁴m³，P50 单位钻压成本产气量 41.0m³/美元。水平段长 2500～3000m 统计气井 70 口，P50 水平段长 2676m，P50 百米段长 EUR 为 1179×10⁴m³，P50 单位钻压成本产气量 39.4m³/美元。水平段长 3000～3500m 统计气井 30 口，P50 水平段长 3167m，P50 百米段长 EUR 为 1083×10⁴m³，P50 单位钻压成本产气量 38.5m³/美元。水平段长 3500～4000m 统计气井 21 口，P50 水平段长 3764m，P50 百米段长 EUR 为 1017×10⁴m³，P50 单位钻压成本产气量 37.2m³/美元。

加砂强度 3.0～3.5t/m 时，百米段长 EUR 随水平段长增加呈下降趋势，单位钻压成本产气量呈增加趋势。水平段长 500～1000m 统计气井 11 口，P50 水平段长 898m，P50 百米段长 EUR 为 2860×10⁴m³，P50 单位钻压成本产气量 63.0m³/美元。水平段长 1000～1500m 统计气井 65 口，P50 水平段长 1301m，P50 百米段长 EUR 为 1452×10⁴m³，P50 单位钻压成本产气量 37.4m³/美元。水平段长 1500～2000m 统计气井 68 口，P50 水平段长 1736m，P50 百米段长 EUR 为 1469×10⁴m³，P50 单位钻压成本产气量 39.3m³/美元。水平段长 2000～2500m 统计气井 37 口，P50 水平段长 2221m，P50 百米段长 EUR 为 1554×10⁴m³，P50 单位钻压成本产气量 48.6m³/美元。水平段长 2500～3000m 统计气井

38 口，P50 水平段长 2712m，P50 百米段长 EUR 为 $1343 \times 10^4 m^3$，P50 单位钻压成本产气量 47.3m³/ 美元。水平段长 3000～3500m 统计气井 24 口，P50 水平段长 3200m，P50 百米段长 EUR 为 $1134 \times 10^4 m^3$，P50 单位钻压成本产气量 37.9m³/ 美元。

加砂强度 3.5～4.0t/m 时，百米段长 EUR 随水平段长增加呈下降趋势，单位钻压成本产气量呈先增加后下降趋势。水平段长 500～1000m 统计气井 13 口，P50 水平段长 885m，P50 百米段长 EUR 为 $1071 \times 10^4 m^3$，P50 单位钻压成本产气量 18.1m³/ 美元。水平段长 1000～1500m 统计气井 46 口，P50 水平段长 1230m，P50 百米段长 EUR 为 $1114 \times 10^4 m^3$，P50 单位钻压成本产气量 22.3m³/ 美元。水平段长 1500～2000m 统计气井 38 口，P50 水平段长 1740m，P50 百米段长 EUR 为 $1111 \times 10^4 m^3$，P50 单位钻压成本产气量 27.7m³/ 美元。水平段长 2000～2500m 统计气井 24 口，P50 水平段长 2248m，P50 百米段长 EUR 为 $1093 \times 10^4 m^3$，P50 单位钻压成本产气量 36.1m³/ 美元。

垂深 1500～2000m 气井不同水平段长对应技术指标百米段长 EUR P50 值统计规律显示，随水平段长增加，技术指标百米段长 EUR 整体呈下降趋势。百米段长 EUR 初期下降速度显著，后期呈缓慢下降趋势。当水平段长超过 1500m 时，百米段长 EUR 保持相对稳定趋势。不同加砂强度区间技术和经济指标变化规律显示，当加砂强度小于 3.5t/m 时，百米段长 EUR 随加砂强度增加而增加。相同水平段长范围内，百米段长 EUR 峰值对应加砂强度区间为 3.0～3.5t/m。加砂强度增加至 3.5～4.0t/m 时，百米段长 EUR 呈下降趋势。

垂深 1500～2000m 气井不同水平段长对应经济指标单位钻压成本产气量 P50 值统计规律显示，加砂强度小于 2.5t/m 时，随水平段长增加，经济指标单位钻压成本产气量整体呈上升趋势。加砂强度介于 2.5～3.5t/m 范围内，单位钻压成本产气量随水平段长增加呈先增加后下降趋势，曲线拐点对应水平段长范围为 2000～2500m。不同加砂强度区间技术和经济指标变化规律显示，当加砂强度小于 3.5t/m 时，单位钻压成本产气量随加砂强度增加而增加。加砂强度增加至 3.5～4.0t/m 时，单位钻压成本产气量呈先上升后下降趋势。相同水平段长范围内，单位钻压成本产气量峰值对应加砂强度区间为 3.0～3.5t/m。

图 7-43 给出了 Marcellus 页岩气藏垂深 1500～2000m 气井不同加砂强度范围内水平段长与百米段长 EUR 和单位钻压成本产气量 M50 值统计曲线。不同水平段长对应百米段长 EUR 统计曲线显示，随水平段长增加，百米段长 EUR 总体呈下降趋势。随水平段长增加，单位钻压成本产气量总体呈先增加后下降趋势。

加砂强度 1.5～2.0t/m 时，百米段长 EUR 随水平段长增加呈下降趋势，单位钻压成本产气量呈增加趋势。水平段长 500～1000m 统计气井 10 口，M50 水平段长 893m，M50 百米段长 EUR 为 $1106 \times 10^4 m^3$，M50 单位钻压成本产气量 25.2m³/ 美元。水平段长 1000～1500m 统计气井 137 口，M50 水平段长 1293m，M50 百米段长 EUR 为 $1049 \times 10^4 m^3$，M50 单位钻压成本产气量 28.5m³/ 美元。水平段长 1500～2000m 统计气井 172 口，M50 水平段长 1746m，M50 百米段长 EUR 为 $955 \times 10^4 m^3$，M50 单位钻压成本产气量 30.0m³/ 美元。水平段长 2000～2500m 统计气井 95 口，M50 水平段长 2249m，M50 百米段长 EUR 为 $952 \times 10^4 m^3$，M50 单位钻压成本产气量 32.7m³/ 美元。水平段长

2500～3000m 统计气井 46 口，M50 水平段长 2747m，M50 百米段长 EUR 为 $909 \times 10^4 m^3$，M50 单位钻压成本产气量 32.0m^3/美元。水平段长 3000～3500m 统计气井 9 口，M50 水平段长 3110m，M50 百米段长 EUR 为 $889 \times 10^4 m^3$，M50 单位钻压成本产气量 34.2 m^3/美元。

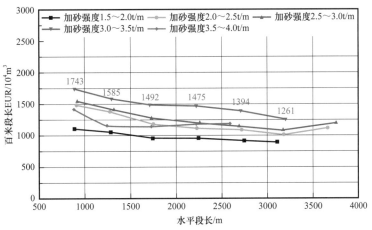

(a) 水平段长与百米段长EUR

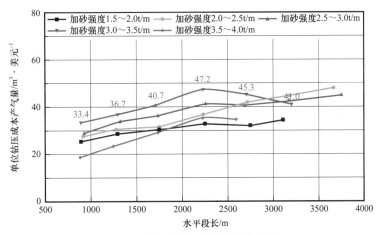

(b) 水平段长与单位钻压成本产气量

图 7-43 Marcellus 页岩气藏垂深 1500～2000m 气井水平段长与百米段长 EUR 和单位钻压成本产气量 M50 值统计曲线

加砂强度 2.0～2.5t/m 时，百米段长 EUR 随水平段长增加呈下降趋势，单位钻压成本产气量呈增加趋势。水平段长 500～1000m 统计气井 11 口，M50 水平段长 915m，M50 百米段长 EUR 为 $1486 \times 10^4 m^3$，M50 单位钻压成本产气量 27.5m^3/美元。水平段长 1000～1500m 统计气井 110 口，M50 水平段长 1280m，M50 百米段长 EUR 为 $1388 \times 10^4 m^3$，M50 单位钻压成本产气量 30.4m^3/美元。水平段长 1500～2000m 统计气井 131 口，M50 水平段长 1749m，M50 百米段长 EUR 为 $1174 \times 10^4 m^3$，M50 单位钻压成本产气量 31.6m^3/美元。水平段长 2000～2500m 统计气井 96 口，M50 水平段长 2228m，

M50 百米段长 EUR 为 $1113 \times 10^4 m^3$，M50 单位钻压成本产气量 36.7m^3/ 美元。水平段长 2500～3000m 统计气井 75 口，M50 水平段长 2720m，M50 百米段长 EUR 为 $1091 \times 10^4 m^3$，M50 单位钻压成本产气量 41.9m^3/ 美元。水平段长 3000～3500m 统计气井 37 口，M50 水平段长 3179m，M50 百米段长 EUR 为 $1013 \times 10^4 m^3$，M50 单位钻压成本产气量 44.6m^3/ 美元。水平段长 3500～4000m 统计气井 18 口，M50 水平段长 3662m，M50 百米段长 EUR 为 $1116 \times 10^4 m^3$，M50 单位钻压成本产气量 47.8m^3/ 美元。

加砂强度 2.5～3.0t/m 时，百米段长 EUR 随水平段长增加呈下降趋势，单位钻压成本产气量呈增加趋势。水平段长 500～1000m 统计气井 10 口，M50 水平段长 923m，M50 百米段长 EUR 为 $1545 \times 10^4 m^3$，M50 单位钻压成本产气量 28.6m^3/ 美元。水平段长 1000～1500m 统计气井 89 口，M50 水平段长 1321m，M50 百米段长 EUR 为 $1415 \times 10^4 m^3$，M50 单位钻压成本产气量 33.8m^3/ 美元。水平段长 1500～2000m 统计气井 121 口，M50 水平段长 1731m，M50 百米段长 EUR 为 $1275 \times 10^4 m^3$，M50 单位钻压成本产气量 36.0m^3/ 美元。水平段长 2000～2500m 统计气井 85 口，M50 水平段长 2259m，M50 百米段长 EUR 为 $1198 \times 10^4 m^3$，M50 单位钻压成本产气量 41.0m^3/ 美元。水平段长 2500～3000m 统计气井 70 口，M50 水平段长 2690m，M50 百米段长 EUR 为 $1147 \times 10^4 m^3$，M50 单位钻压成本产气量 40.5m^3/ 美元。水平段长 3000～3500m 统计气井 30 口，M50 水平段长 3167m，M50 百米段长 EUR 为 $1083 \times 10^4 m^3$，M50 单位钻压成本产气量 42.0m^3/ 美元。水平段长 3500～4000m 统计气井 21 口，M50 水平段长 3749m，M50 百米段长 EUR 为 $1190 \times 10^4 m^3$，M50 单位钻压成本产气量 44.7m^3/ 美元。

加砂强度 3.0～3.5t/m 时，百米段长 EUR 随水平段长增加呈下降趋势，单位钻压成本产气量呈增加趋势。水平段长 500～1000m 统计气井 11 口，M50 水平段长 889m，M50 百米段长 EUR 为 $1743 \times 10^4 m^3$，M50 单位钻压成本产气量 33.4m^3/ 美元。水平段长 1000～1500m 统计气井 65 口，M50 水平段长 1297m，M50 百米段长 EUR 为 $1585 \times 10^4 m^3$，M50 单位钻压成本产气量 36.7m^3/ 美元。水平段长 1500～2000m 统计气井 68 口，M50 水平段长 1712m，M50 百米段长 EUR 为 $1492 \times 10^4 m^3$，M50 单位钻压成本产气量 40.7m^3/ 美元。水平段长 2000～2500m 统计气井 37 口，M50 水平段长 2224m，M50 百米段长 EUR 为 $1475 \times 10^4 m^3$，M50 单位钻压成本产气量 47.2m^3/ 美元。水平段长 2500～3000m 统计气井 38 口，M50 水平段长 2704m，M50 百米段长 EUR 为 $1394 \times 10^4 m^3$，M50 单位钻压成本产气量 45.3m^3/ 美元。水平段长 3000～3500m 统计气井 24 口，M50 水平段长 3199m，M50 百米段长 EUR 为 $1261 \times 10^4 m^3$，M50 单位钻压成本产气量 41.0m^3/ 美元。

加砂强度 3.5～4.0t/m 时，百米段长 EUR 随水平段长增加呈下降趋势，单位钻压成本产气量呈先增加后下降趋势。水平段长 500～1000m 统计气井 13 口，M50 水平段长 882m，M50 百米段长 EUR 为 $1421 \times 10^4 m^3$，M50 单位钻压成本产气量 18.5m^3/ 美元。水平段长 1000～1500m 统计气井 46 口，M50 水平段长 1246m，M50 百米段长 EUR 为 $1158 \times 10^4 m^3$，M50 单位钻压成本产气量 23.2m^3/ 美元。水平段长 1500～2000m 统计气井 38 口，M50 水平段长 1732m，M50 百米段长 EUR 为 $1136 \times 10^4 m^3$，M50 单位钻压成本产气量 29.1m³/美元。水平段长 2000~2500m 统计气井 24 口，M50 水平段长 2223m，M50 百米段长 EUR 为 1186×10⁴m³，M50 单位钻压成本产气量 35.1m³/美元。水平段长 2500~3000m 统计气井 10 口，M50 水平段长 2593m，M50 百米段长 EUR 为 1180×10⁴m³，M50 单位钻压成本产气量 34.6m³/美元。

垂深 1500~2000m 气井不同水平段长对应技术指标百米段长 EUR 的 M50 值统计规律显示，随水平段长增加，技术指标百米段长 EUR 整体呈下降趋势。百米段长 EUR 初期下降速度显著，后期呈缓慢下降趋势。水平段长超过 1500m 时，百米段长 EUR 保持相对稳定趋势。不同加砂强度区间技术和经济指标变化规律显示，当加砂强度小于 3.5t/m 时，百米段长 EUR 随加砂强度增加而增加。相同水平段长范围内，百米段长 EUR 峰值对应加砂强度区间为 3.0~3.5t/m。加砂强度增加至 3.5~4.0t/m 时，百米段长 EUR 呈下降趋势。

垂深 1500~2000m 气井不同水平段长对应经济指标单位钻压成本产气量 M50 值统计规律显示，加砂强度小于 2.5t/m 时，随水平段长增加，经济指标单位钻压成本产气量整体呈上升趋势。加砂强度介于 2.5~3.5t/m 范围内，单位钻压成本产气量随水平段长增加呈先增加后下降趋势，曲线拐点对应水平段长范围为 2000~2500m。不同加砂强度区间技术和经济指标变化规律显示，当加砂强度小于 3.5t/m 时，单位钻压成本产气量随加砂强度增加而增加。加砂强度增加至 3.5~4.0t/m 时，单位钻压成本产气量呈先上升后下降趋势。相同水平段长范围内，单位钻压成本产气量峰值对应加砂强度区间为 3.0~3.5t/m。

Marcellus 页岩气藏垂深 1500~2000m 页岩气水平井水平段长分析结果显示，随水平段长增加，技术指标百米段长 EUR 整体呈下降趋势。水平段长超过 1500m，百米段长 EUR 呈缓慢下降趋势。根据 P50 和 M50 统计规律，加砂强度低于 2.5t/m 时，单位钻压成本产气量随水平段长增加而增加。加砂强度高于 2.5t/m 时，单位钻压成本产气量随水平段长增加呈先增加后下降趋势，统计曲线存在拐点。峰值单位钻压成本产气量对应合理水平段长范围为 2000~2500m。相同水平段长条件下，峰值百米段长 EUR 和单位钻压成本产气量对应加砂强度范围为 3.0~3.5t/m。统计规律显示，垂深 1500~2000m 气井合理水平段长范围为 2000~2500m。

7.4.1.2 垂深 2000~2500m 气井

图 7-44 给出了 Marcellus 页岩气藏垂深 2000~2500m 气井不同加砂强度范围内水平段长与百米段长 EUR 和单位钻压成本产气量均值统计曲线。不同水平段长对应百米段长 EUR 统计曲线显示，随水平段长增加，百米段长 EUR 呈总体下降趋势。随水平段长增加，单位钻压成本产气量呈整体先增加后下降趋势。

加砂强度 1.5~2.0t/m 时，百米段长 EUR 随水平段长增加呈下降趋势，单位钻压成本产气量呈增加趋势。水平段长 500~1000m 统计气井 41 口，平均水平段长 855m，平均百米段长 EUR 为 1453×10⁴m³，平均单位钻压成本产气量 26.6m³/美元。水平段长 1000~1500m 统计气井 169 口，平均水平段长 1287m，平均百米段长 EUR 为

$1652 \times 10^4 m^3$，平均单位钻压成本产气量 $44.9 m^3$/美元。水平段长 $1500 \sim 2000m$ 统计气井 302 口，平均水平段长 1744m，平均百米段长 EUR 为 $1566 \times 10^4 m^3$，平均单位钻压成本产气量 $51.2 m^3$/美元。水平段长 $2000 \sim 2500m$ 统计气井 186 口，平均水平段长 2214m，平均百米段长 EUR 为 $1403 \times 10^4 m^3$，平均单位钻压成本产气量 $47.8 m^3$/美元。水平段长 $2500 \sim 3000m$ 统计气井 94 口，平均水平段长 2732m，平均百米段长 EUR 为 $1299 \times 10^4 m^3$，平均单位钻压成本产气量 $44.5 m^3$/美元。水平段长 $3000 \sim 3500m$ 统计气井 39 口，平均水平段长 3171m，平均百米段长 EUR 为 $1227 \times 10^4 m^3$，平均单位钻压成本产气量 42.0 m^3/美元。

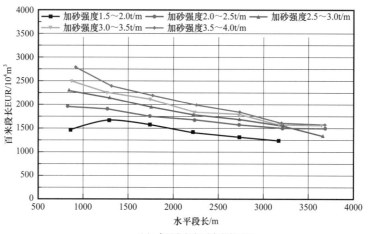

(a) 水平段长与百米段长EUR

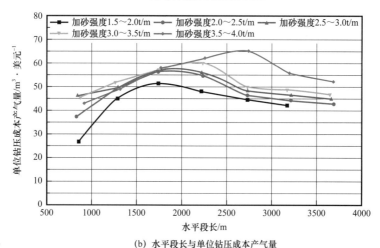

(b) 水平段长与单位钻压成本产气量

图 7-44 Marcellus 页岩气藏垂深 $2000 \sim 2500m$ 气井水平段长与百米段长 EUR
和单位钻压成本产气量平均值统计曲线

加砂强度 $2.0 \sim 2.5t/m$ 时，百米段长 EUR 随水平段长增加呈下降趋势，单位钻压成本产气量呈增加趋势。水平段长 $500 \sim 1000m$ 统计气井 40 口，平均水平段长 828m，平均百米段长 EUR 为 $1948 \times 10^4 m^3$，平均单位钻压成本产气量 $37.1 m^3$/美元。水平段长 1000～1500m 统计气井 211 口，平均水平段长 1264m，平均百米段长 EUR 为 $1897 \times 10^4 m^3$，平均单位钻压成本产气量 48.6 m^3/ 美元。水平段长 1500～2000m 统计气井 252 口，平均水平段长 1738m，平均百米段长 EUR 为 $1743 \times 10^4 m^3$，平均单位钻压成本产气量 56.3 m^3/ 美元。水平段长 2000～2500m 统计气井 162 口，平均水平段长 2234m，平均百米段长 EUR 为 $1662 \times 10^4 m^3$，平均单位钻压成本产气量 54.7 m^3/ 美元。水平段长 2500～3000m 统计气井 71 口，平均水平段长 2729m，平均百米段长 EUR 为 $1564 \times 10^4 m^3$，平均单位钻压成本产气量 46.2 m^3/ 美元。水平段长 3000～3500m 统计气井 51 口，平均水平段长 3216m，平均百米段长 EUR 为 $1501 \times 10^4 m^3$，平均单位钻压成本产气量 44.1 m^3/ 美元。水平段长 3500～4000m 统计气井 16 口，平均水平段长 3688m，平均百米段长 EUR 为 $1496 \times 10^4 m^3$，平均单位钻压成本产气量 42.6 m^3/ 美元。

加砂强度 2.5～3.0t/m 时，百米段长 EUR 随水平段长增加呈下降趋势，单位钻压成本产气量呈增加趋势。水平段长 500～1000m 统计气井 57 口，平均水平段长 843m，平均百米段长 EUR 为 $2291 \times 10^4 m^3$，平均单位钻压成本产气量 45.8 m^3/ 美元。水平段长 1000～1500m 统计气井 175 口，平均水平段长 1293m，平均百米段长 EUR 为 $2131 \times 10^4 m^3$，平均单位钻压成本产气量 49.2 m^3/ 美元。水平段长 1500～2000m 统计气井 237 口，平均水平段长 1753m，平均百米段长 EUR 为 $1931 \times 10^4 m^3$，平均单位钻压成本产气量 56.8 m^3/ 美元。水平段长 2000～2500m 统计气井 137 口，平均水平段长 2221m，平均百米段长 EUR 为 $1769 \times 10^4 m^3$，平均单位钻压成本产气量 55.8 m^3/ 美元。水平段长 2500～3000m 统计气井 105 口，平均水平段长 2734m，平均百米段长 EUR 为 $1674 \times 10^4 m^3$，平均单位钻压成本产气量 48.1 m^3/ 美元。水平段长 3000～3500m 统计气井 56 口，平均水平段长 3216m，平均百米段长 EUR 为 $1538 \times 10^4 m^3$，平均单位钻压成本产气量 46.3 m^3/ 美元。水平段长 3500～4000m 统计气井 18 口，平均水平段长 3662m，平均百米段长 EUR 为 $1325 \times 10^4 m^3$，平均单位钻压成本产气量 44.7 m^3/ 美元。

加砂强度 3.0～3.5t/m 时，百米段长 EUR 随水平段长增加呈下降趋势，单位钻压成本产气量呈增加趋势。水平段长 500～1000m 统计气井 24 口，平均水平段长 870m，平均百米段长 EUR 为 $2496 \times 10^4 m^3$，平均单位钻压成本产气量 45.3 m^3/ 美元。水平段长 1000～1500m 统计气井 84 口，平均水平段长 1262m，平均百米段长 EUR 为 $2249 \times 10^4 m^3$，平均单位钻压成本产气量 51.5 m^3/ 美元。水平段长 1500～2000m 统计气井 104 口，平均水平段长 1741m，平均百米段长 EUR 为 $2116 \times 10^4 m^3$，平均单位钻压成本产气量 56.9 m^3/ 美元。水平段长 2000～2500m 统计气井 77 口，平均水平段长 2232m，平均百米段长 EUR 为 $1831 \times 10^4 m^3$，平均单位钻压成本产气量 60.0 m^3/ 美元。水平段长 2500～3000m 统计气井 78 口，平均水平段长 2729m，平均百米段长 EUR 为 $1779 \times 10^4 m^3$，平均单位钻压成本产气量 49.8 m^3/ 美元。水平段长 3000～3500m 统计气井 43 口，平均水平段长 3171m，平均百米段长 EUR 为 $1580 \times 10^4 m^3$，平均单位钻压成本产气量 48.5 m^3/ 美元。水平段长 3500～4000m 统计气井 9 口，平均水平段长 3649m，平均百米段长 EUR 为 $1565 \times 10^4 m^3$，平均单位钻压成本产气量 46.7m³/ 美元。

加砂强度 3.5~4.0t/m 时，百米段长 EUR 随水平段长增加呈下降趋势，单位钻压成本产气量呈增加趋势。水平段长 500~1000m 统计气井 13 口，平均水平段长 915m，平均百米段长 EUR 为 $2778 \times 10^4 m^3$，平均单位钻压成本产气量 42.8m³/ 美元。水平段长 1000~1500m 统计气井 51 口，平均水平段长 1310m，平均百米段长 EUR 为 $2385 \times 10^4 m^3$，平均单位钻压成本产气量 49.0m³/ 美元。水平段长 1500~2000m 统计气井 66 口，平均水平段长 1769m，平均百米段长 EUR 为 $2186 \times 10^4 m^3$，平均单位钻压成本产气量 57.7m³/ 美元。水平段长 2000~2500m 统计气井 38 口，平均水平段长 2258m，平均百米段长 EUR 为 $1986 \times 10^4 m^3$，平均单位钻压成本产气量 62.0m³/ 美元。水平段长 2500~3000m 统计气井 75 口，平均水平段长 2738m，平均百米段长 EUR 为 $1830 \times 10^4 m^3$，平均单位钻压成本产气量 65.0m³/ 美元。水平段长 3000~3500m 统计气井 19 口，平均水平段长 3199m，平均百米段长 EUR 为 $1603 \times 10^4 m^3$，平均单位钻压成本产气量 55.6m³/ 美元。水平段长 3500~4000m 统计气井 11 口，平均水平段长 3685m，平均百米段长 EUR 为 $1566 \times 10^4 m^3$，平均单位钻压成本产气量 52.2m³/ 美元。

垂深 2000~2500m 气井不同水平段长对应技术指标百米段长 EUR 平均值统计规律显示，随水平段长增加，技术指标百米段长 EUR 整体呈下降趋势。百米段长 EUR 初期下降速度显著，后期呈缓慢下降趋势。水平段长超过 1500m 时，百米段长 EUR 保持相对稳定趋势。不同加砂强度区间技术和经济指标变化规律显示，百米段长 EUR 随加砂强度增加而增加。

垂深 2000~2500m 气井不同水平段长对应经济指标单位钻压成本产气量平均值统计规律显示，随水平段长增加，经济指标单位钻压成本产气量整体呈先上升后下降趋势。加砂强度低于 3.0t/m 时，峰值单位钻压成本产气量对应水平段长范围为 1500~2000m。加砂强度范围为 3.0~3.5t/m 时，峰值单位钻压成本产气量对应水平段长范围为 2000~2500m。加砂强度达到 3.5~4.0t/m 时，峰值单位钻压成本产气量对应水平段长范围为 2500~3000m。

图 7-45 给出了 Marcellus 页岩气藏垂深 2000~2500m 气井不同加砂强度范围内水平段长与百米段长 EUR 和单位钻压成本产气量 P50 值统计曲线。不同水平段长对应百米段长 EUR 统计曲线显示，随水平段长增加，百米段长 EUR 呈总体下降趋势。随水平段长增加，单位钻压成本产气量整体呈先增加后下降趋势。

加砂强度 1.5~2.0t/m 时，百米段长 EUR 随水平段长增加呈下降趋势，单位钻压成本产气量呈增加趋势。水平段长 500~1000m 统计气井 41 口，P50 水平段长 868m，P50 百米段长 EUR 为 $1455 \times 10^4 m^3$，P50 单位钻压成本产气量 26.5m³/ 美元。水平段长 1000~1500m 统计气井 169 口，P50 水平段长 1323m，P50 百米段长 EUR 为 $1479 \times 10^4 m^3$，P50 单位钻压成本产气量 38.6m³/ 美元。水平段长 1500~2000m 统计气井 302 口，P50 水平段长 1742m，P50 百米段长 EUR 为 $1390 \times 10^4 m^3$，P50 单位钻压成本产气量 42.8 m³/ 美元。水平段长 2000~2500m 统计气井 186 口，P50 水平段长 2204m，P50 百米段长

EUR 为 1283×10⁴m³，P50 单位钻压成本产气量 41.8m³/ 美元。水平段长 2500～3000m 统计气井 94 口，P50 水平段长 2733m，P50 百米段长 EUR 为 1173×10⁴m³，P50 单位钻压成本产气量 37.1m³/ 美元。水平段长 3000～3500m 统计气井 39 口，P50 水平段长 3177m，P50 百米段长 EUR 为 1145×10⁴m³，P50 单位钻压成本产气量 37.5m³/ 美元。

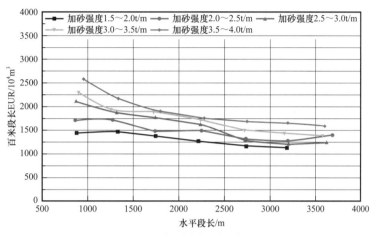

(a) 水平段长与百米段长 EUR

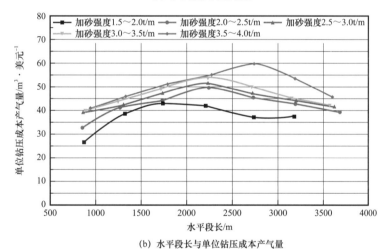

(b) 水平段长与单位钻压成本产气量

图 7-45 Marcellus 页岩气藏垂深 2000～2500m 气井水平段长与百米段长 EUR 和单位钻压成本产气量 P50 值统计曲线

加砂强度 2.0～2.5t/m 时，百米段长 EUR 随水平段长增加呈下降趋势，单位钻压成本产气量呈增加趋势。水平段长 500～1000m 统计气井 40 口，P50 水平段长 854m，P50 百米段长 EUR 为 1724×10⁴m³，P50 单位钻压成本产气量 32.6m³/ 美元。水平段长 1000～1500m 统计气井 211 口，P50 水平段长 1269m，P50 百米段长 EUR 为 1269×10⁴m³，P50 单位钻压成本产气量 41.2m³/ 美元。水平段长 1500～2000m 统计气井 252 口，P50 水平段长 1732m，P50 百米段长 EUR 为 1504×10⁴m³，P50 单位钻压成本产气量 44.2m³/ 美元。水平段长 2000～2500m 统计气井 162 口，P50 水平段长 2245m，P50 百米段长 EUR 为

$1504 \times 10^4 m^3$，P50 单位钻压成本产气量 $49.5 m^3$/美元。水平段长 2500～3000m 统计气井 71 口，P50 水平段长 2726m，P50 百米段长 EUR 为 $1324 \times 10^4 m^3$，P50 单位钻压成本产气量 $45.4 m^3$/美元。水平段长 3000～3500m 统计气井 51 口，P50 水平段长 3185m，P50 百米段长 EUR 为 $1288 \times 10^4 m^3$，P50 单位钻压成本产气量 $42.8 m^3$/美元。水平段长 3500～4000m 统计气井 16 口，P50 水平段长 3682m，P50 百米段长 EUR 为 $1408 \times 10^4 m^3$，P50 单位钻压成本产气量 $39.2 m^3$/美元。

加砂强度 2.5～3.0t/m 时，百米段长 EUR 随水平段长增加呈下降趋势，单位钻压成本产气量呈增加趋势。水平段长 500～1000m 统计气井 57 口，P50 水平段长 862m，P50 百米段长 EUR 为 $2123 \times 10^4 m^3$，P50 单位钻压成本产气量 $39.0 m^3$/美元。水平段长 1000～1500m 统计气井 175 口，P50 水平段长 1311m，P50 百米段长 EUR 为 $1888 \times 10^4 m^3$，P50 单位钻压成本产气量 $42.2 m^3$/美元。水平段长 1500～2000m 统计气井 237 口，P50 水平段长 1737m，P50 百米段长 EUR 为 $1780 \times 10^4 m^3$，P50 单位钻压成本产气量 $47.2 m^3$/美元。水平段长 2000～2500m 统计气井 137 口，P50 水平段长 2233m，P50 百米段长 EUR 为 $1643 \times 10^4 m^3$，P50 单位钻压成本产气量 $51.3 m^3$/美元。水平段长 2500～3000m 统计气井 105 口，P50 水平段长 2719m，P50 百米段长 EUR 为 $1298 \times 10^4 m^3$，P50 单位钻压成本产气量 $47.1 m^3$/美元。水平段长 3000～3500m 统计气井 56 口，P50 水平段长 3198m，P50 百米段长 EUR 为 $1219 \times 10^4 m^3$，P50 单位钻压成本产气量 $44.1 m^3$/美元。水平段长 3500～4000m 统计气井 18 口，P50 水平段长 3622m，P50 百米段长 EUR 为 $1248 \times 10^4 m^3$，P50 单位钻压成本产气量 $41.3 m^3$/美元。

加砂强度 3.0～3.5t/m 时，百米段长 EUR 随水平段长增加呈下降趋势，单位钻压成本产气量呈增加趋势。水平段长 500～1000m 统计气井 24 口，P50 水平段长 887m，P50 百米段长 EUR 为 $2322 \times 10^4 m^3$，P50 单位钻压成本产气量 $39.9 m^3$/美元。水平段长 1000～1500m 统计气井 84 口，P50 水平段长 1249m，P50 百米段长 EUR 为 $1962 \times 10^4 m^3$，P50 单位钻压成本产气量 $43.8 m^3$/美元。水平段长 1500～2000m 统计气井 104 口，P50 水平段长 1720m，P50 百米段长 EUR 为 $1907 \times 10^4 m^3$，P50 单位钻压成本产气量 $49.3 m^3$/美元。水平段长 2000～2500m 统计气井 77 口，P50 水平段长 2234m，P50 百米段长 EUR 为 $1737 \times 10^4 m^3$，P50 单位钻压成本产气量 $54.0 m^3$/美元。水平段长 2500～3000m 统计气井 78 口，P50 水平段长 2710m，P50 百米段长 EUR 为 $1516 \times 10^4 m^3$，P50 单位钻压成本产气量 $50.1 m^3$/美元。水平段长 3000～3500m 统计气井 43 口，P50 水平段长 3145m，P50 百米段长 EUR 为 $1449 \times 10^4 m^3$，P50 单位钻压成本产气量 $45.3 m^3$/美元。水平段长 3500～4000m 统计气井 9 口，P50 水平段长 3575m，P50 百米段长 EUR 为 $1399 \times 10^4 m^3$，P50 单位钻压成本产气量 $42.2 m^3$/美元。

加砂强度 3.5～4.0t/m 时，百米段长 EUR 随水平段长增加呈下降趋势，单位钻压成本产气量呈增加趋势。水平段长 500～1000m 统计气井 13 口，P50 水平段长 945m，P50 百米段长 EUR 为 $2602 \times 10^4 m^3$，P50 单位钻压成本产气量 $40.9 m^3$/美元。水平段长 1000～1500m 统计气井 51 口，P50 水平段长 1331m，P50 百米段长 EUR 为 $2189 \times 10^4 m^3$，

P50 单位钻压成本产气量 45.8m³/ 美元。水平段长 1500～2000m 统计气井 66 口，P50 水平段长 1792m，P50 百米段长 EUR 为 1922×10⁴m³，P50 单位钻压成本产气量 51.1m³/ 美元。水平段长 2000～2500m 统计气井 38 口，P50 水平段长 2275m，P50 百米段长 EUR 为 1770×10⁴m³，P50 单位钻压成本产气量 55.0m³/ 美元。水平段长 2500～3000m 统计气井 75 口，P50 水平段长 2738m，P50 百米段长 EUR 为 1707×10⁴m³，P50 单位钻压成本产气量 59.8m³/ 美元。水平段长 3000～3500m 统计气井 19 口，P50 水平段长 3186m，P50 百米段长 EUR 为 1671×10⁴m³，P50 单位钻压成本产气量 53.6m³/ 美元。水平段长 3500～4000m 统计气井 11 口，P50 水平段长 3598m，P50 百米段长 EUR 为 1598×10⁴m³，P50 单位钻压成本产气量 45.7m³/ 美元。

垂深 2000～2500m 气井不同水平段长对应技术指标百米段长 EUR P50 值统计规律显示，随水平段长增加，技术指标百米段长 EUR 整体呈下降趋势。百米段长 EUR 初期下降速度显著，后期呈缓慢下降趋势。水平段长超过 1500m 时，百米段长 EUR 保持相对稳定趋势。不同加砂强度区间技术和经济指标变化规律显示，百米段长 EUR 随加砂强度增加而增加。

垂深 2000～2500m 气井不同水平段长对应经济指标单位钻压成本产气量 P50 值统计规律显示，随水平段长增加，经济指标单位钻压成本产气量整体呈先上升后下降趋势。加砂强度低于 2.0t/m 时，峰值单位钻压成本产气量对应水平段长范围为 1500～2000m。加砂强度范围 2.0～3.5t/m 时，峰值单位钻压成本产气量对应水平段长范围为 2000～2500m。加砂强度达到 3.5～4.0t/m 时，峰值单位钻压成本产气量对应水平段长范围为 2500～3000m。

图 7-46 给出了 Marcellus 页岩气藏垂深 2000～2500m 气井不同加砂强度范围内水平段长与百米段长 EUR 和单位钻压成本产气量 M50 值统计曲线。不同水平段长对应百米段长 EUR 统计曲线显示，随水平段长增加，百米段长 EUR 总体呈下降趋势。随水平段长增加，单位钻压成本产气量整体呈先增加后下降趋势。

加砂强度 1.5～2.0t/m 时，百米段长 EUR 随水平段长增加呈下降趋势，单位钻压成本产气量呈增加趋势。水平段长 500～1000m 统计气井 41 口，M50 水平段长 869m，M50 百米段长 EUR 为 1449×10⁴m³，M50 单位钻压成本产气量 25.6m³/ 美元。水平段长 1000～1500m 统计气井 169 口，M50 水平段长 1305m，M50 百米段长 EUR 为 1558×10⁴m³，M50 单位钻压成本产气量 40.6m³/ 美元。水平段长 1500～2000m 统计气井 302 口，M50 水平段长 1738m，M50 百米段长 EUR 为 1416×10⁴m³，M50 单位钻压成本产气量 43.4m³/ 美元。水平段长 2000～2500m 统计气井 186 口，M50 水平段长 2204m，M50 百米段长 EUR 为 1284×10⁴m³，M50 单位钻压成本产气量 41.7m³/ 美元。水平段长 2500～3000m 统计气井 94 口，M50 水平段长 2729m，M50 百米段长 EUR 为 1195×10⁴m³，M50 单位钻压成本产气量 38.1m³/ 美元。水平段长 3000～3500m 统计气井 39 口，M50 水平段长 3156m，M50 百米段长 EUR 为 1132×10⁴m³，M50 单位钻压成本产气量 37.4 m³/ 美元。

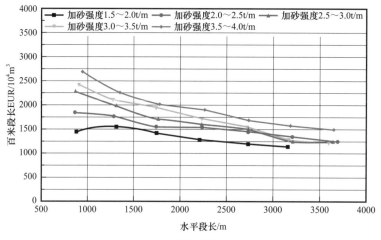

（a）水平段长与百米段长EUR

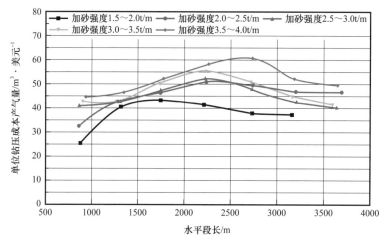

（b）水平段长与单位钻压成本产气量

图 7-46　Marcellus 页岩气藏垂深 2000～2500m 气井水平段长与百米段长 EUR
和单位钻压成本产气量 M50 值统计曲线

加砂强度 2.0～2.5t/m 时，百米段长 EUR 随水平段长增加呈下降趋势，单位钻压成本产气量呈增加趋势。水平段长 500～1000m 统计气井 40 口，M50 水平段长 849m，M50 百米段长 EUR 为 $1841×10^4m^3$，M50 单位钻压成本产气量 32.6m^3/ 美元。水平段长 1000～1500m 统计气井 211 口，M50 水平段长 1271m，M50 百米段长 EUR 为 $1762×10^4m^3$，M50 单位钻压成本产气量 42.7m^3/ 美元。水平段长 1500～2000m 统计气井 252 口，M50 水平段长 1734m，M50 百米段长 EUR 为 $1545×10^4m^3$，M50 单位钻压成本产气量 46.7m^3/ 美元。水平段长 2000～2500m 统计气井 162 口，M50 水平段长 2232m，M50 百米段长 EUR 为 $1538×10^4m^3$，M50 单位钻压成本产气量 51.2m^3/ 美元。水平段长 2500～3000m 统计气井 71 口，M50 水平段长 2731m，M50 百米段长 EUR 为 $1451×10^4m^3$，M50 单位钻压成本产气量 49.7m^3/ 美元。水平段长 3000～3500m 统计气井 51 口，M50 水平

段长 3198m，M50 百米段长 EUR 为 1343×10^{4}m^3，M50 单位钻压成本产气量 47.0m^3/美元。水平段长 3500~4000m 统计气井 16 口，M50 水平段长 3684m，M50 百米段长 EUR 为 1247×10^{4}m^3，M50 单位钻压成本产气量 46.9m^3/美元。

加砂强度 2.5~3.0t/m 时，百米段长 EUR 随水平段长增加呈下降趋势，单位钻压成本产气量呈增加趋势。水平段长 500~1000m 统计气井 57 口，M50 水平段长 855m，M50 百米段长 EUR 为 2283×10^{4}m^3，M50 单位钻压成本产气量 41.1m^3/美元。水平段长 1000~1500m 统计气井 175 口，M50 水平段长 1303m，M50 百米段长 EUR 为 1981×10^{4}m^3，M50 单位钻压成本产气量 42.7m^3/美元。水平段长 1500~2000m 统计气井 237 口，M50 水平段长 1754m，M50 百米段长 EUR 为 1709×10^{4}m^3，M50 单位钻压成本产气量 47.5m^3/美元。水平段长 2000~2500m 统计气井 137 口，M50 水平段长 2224m，M50 百米段长 EUR 为 1602×10^{4}m^3，M50 单位钻压成本产气量 52.3m^3/美元。水平段长 2500~3000m 统计气井 105 口，M50 水平段长 2727m，M50 百米段长 EUR 为 1488×10^{4}m^3，M50 单位钻压成本产气量 47.9m^3/美元。水平段长 3000~3500m 统计气井 56 口，M50 水平段长 3206m，M50 百米段长 EUR 为 1241×10^{4}m^3，M50 单位钻压成本产气量 42.6m^3/美元。水平段长 3500~4000m 统计气井 18 口，M50 水平段长 3637m，M50 百米段长 EUR 为 1236×10^{4}m^3，M50 单位钻压成本产气量 40.3m^3/美元。

加砂强度 3.0~3.5t/m 时，百米段长 EUR 随水平段长增加呈下降趋势，单位钻压成本产气量呈增加趋势。水平段长 500~1000m 统计气井 24 口，M50 水平段长 892m，M50 百米段长 EUR 为 2436×10^{4}m^3，M50 单位钻压成本产气量 43.0m^3/美元。水平段长 1000~1500m 统计气井 84 口，M50 水平段长 1263m，M50 百米段长 EUR 为 2116×10^{4}m^3，M50 单位钻压成本产气量 42.9m^3/美元。水平段长 1500~2000m 统计气井 104 口，M50 水平段长 1733m，M50 百米段长 EUR 为 1948×10^{4}m^3，M50 单位钻压成本产气量 50.5m^3/美元。水平段长 2000~2500m 统计气井 77 口，M50 水平段长 2225m，M50 百米段长 EUR 为 1721×10^{4}m^3，M50 单位钻压成本产气量 55.5m^3/美元。水平段长 2500~3000m 统计气井 78 口，M50 水平段长 2715m，M50 百米段长 EUR 为 1539×10^{4}m^3，M50 单位钻压成本产气量 51.2m^3/美元。水平段长 3000~3500m 统计气井 43 口，M50 水平段长 3157m，M50 百米段长 EUR 为 1286×10^{4}m^3，M50 单位钻压成本产气量 45.1m^3/美元。水平段长 3500~4000m 统计气井 9 口，M50 水平段长 3590m，M50 百米段长 EUR 为 1214×10^{4}m^3，M50 单位钻压成本产气量 41.8m^3/美元。

加砂强度 3.5~4.0t/m3 时，百米段长 EUR 随水平段长增加呈下降趋势，单位钻压成本产气量呈增加趋势。水平段长 500~1000m 统计气井 13 口，M50 水平段长 930m，M50 百米段长 EUR 为 2704×10^{4}m^3，M50 单位钻压成本产气量 44.7m^3/美元。水平段长 1000~1500m 统计气井 51 口，M50 水平段长 1340m，M50 百米段长 EUR 为 2261×10^{4}m^3，M50 单位钻压成本产气量 46.7m^3/美元。水平段长 1500~2000m 统计气井 66 口，M50 水平段长 1771m，M50 百米段长 EUR 为 2020×10^{4}m^3，M50 单位钻压成本产气量 52.3m^3/美元。

水平段长 2000～2500m 统计气井 38 口，M50 水平段长 2259m，M50 百米段长 EUR 为 $1907 \times 10^4 m^3$，M50 单位钻压成本产气量 58.4m^3/ 美元。水平段长 2500～3000m 统计气井 75 口，M50 水平段长 2733m，M50 百米段长 EUR 为 $1687 \times 10^4 m^3$，M50 单位钻压成本产气量 60.9m^3/ 美元。水平段长 3000～3500m 统计气井 19 口，M50 水平段长 3182m，M50 百米段长 EUR 为 $1571 \times 10^4 m^3$，M50 单位钻压成本产气量 52.3m^3/ 美元。水平段长 3500～4000m 统计气井 11 口，M50 水平段长 3647m，M50 百米段长 EUR 为 $1490 \times 10^4 m^3$，M50 单位钻压成本产气量 49.7m^3/ 美元。

垂深 2000～2500m 气井不同水平段长对应技术指标百米段长 EUR M50 值统计规律显示，随水平段长增加，技术指标百米段长 EUR 整体呈下降趋势。百米段长 EUR 初期下降速度显著，后期呈缓慢下降趋势。水平段长超过 1500m 时，百米段长 EUR 保持相对稳定趋势。不同加砂强度区间技术和经济指标变化规律显示，百米段长 EUR 随加砂强度增加而增加。

垂深 2000～2500m 气井不同水平段长对应经济指标单位钻压成本产气量 M50 值统计规律显示，随水平段长增加，经济指标单位钻压成本产气量整体呈先上升后下降趋势。加砂强度低于 2.0t/m 时，峰值单位钻压成本产气量对应水平段长范围为 1500～2000m。加砂强度范围为 2.0～3.5t/m 时，峰值单位钻压成本产气量对应水平段长范围为 2000～2500m。加砂强度达到 3.5～4.0t/m 时，峰值单位钻压成本产气量对应水平段长范围为 2500～3000m。

Marcellus 页岩气藏垂深 2000～2500m 气井水平段长与百米段长 EUR 和单位钻压成本产气量统计结果显示，随水平段长增加，技术指标百米段长 EUR 整体呈逐渐下降趋势。尽管百米段长 EUR 呈下降趋势，由于单井水平段长增加相当于同等条件下节约了垂直井段钻完井成本，在一定范围内经济指标单位钻压成本产气量随水平段长增加而增加。水平段长与气井经济指标单位钻压成本产气量关系曲线存在拐点。经济指标单位钻压成本产气量拐点对应水平段长为气井合理水平段长范围。加砂强度直接影响气井技术和经济指标，不同加砂强度对应气井合理水平段长存在差异。相同水平段长范围条件下，随加砂强度增加，气井单位水平段长 EUR 和单位钻压成本产气量呈增加趋势。加砂强度小于 2.0t/m 时，气井合理水平段长范围为 1500～2000m。加砂强度为 2.0～3.5t/m 时，气井合理水平段长范围为 2000～2500m。加砂强度为 3.5～4.0t/m 时，气井合理水平段长范围为 2500～3000m。

7.4.1.3 垂深 2500～3000m 气井

图 7-47 给出了 Marcellus 页岩气藏垂深 2500～3000m 气井不同加砂强度范围内水平段长与百米段长 EUR 和单位钻压成本产气量均值统计曲线。不同水平段长对应百米段长 EUR 统计曲线显示，随水平段长增加，百米段长 EUR 总体呈下降趋势。随水平段长增加，单位钻压成本产气量整体呈先增加后下降趋势。

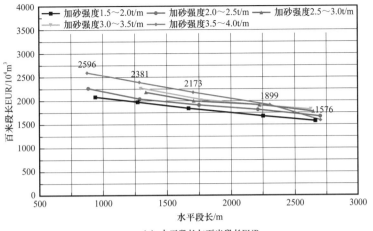

(a) 水平段长与百米段长EUR

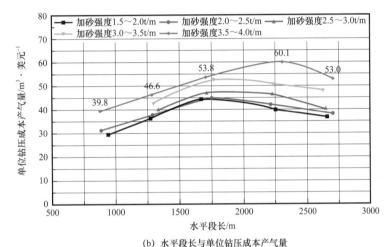

(b) 水平段长与单位钻压成本产气量

图 7-47　Marcellus 页岩气藏垂深 2500～3000m 气井水平段长与百米段长 EUR
和单位钻压成本产气量均值统计曲线

加砂强度 1.5～2.0t/m 时，百米段长 EUR 随水平段长增加呈下降趋势，单位钻压成本产气量呈增加趋势。水平段长 500～1000m 统计气井 11 口，平均水平段长 938m，平均百米段长 EUR 为 $2070 \times 10^4 \text{m}^3$，平均单位钻压成本产气量 29.8m^3/美元。水平段长 1000～1500m 统计气井 36 口，平均水平段长 1268m，平均百米段长 EUR 为 $1966 \times 10^4 \text{m}^3$，平均单位钻压成本产气量 36.3m^3/美元。水平段长 1500～2000m 统计气井 48 口，平均水平段长 1668m，平均百米段长 EUR 为 $1829 \times 10^4 \text{m}^3$，平均单位钻压成本产气量 44.3m^3/美元。水平段长 2000～2500m 统计气井 24 口，平均水平段长 2251m，平均百米段长 EUR 为 $1663 \times 10^4 \text{m}^3$，平均单位钻压成本产气量 39.9m^3/美元。水平段长 2500～3000m 统计气井 7 口，平均水平段长 2662m，平均百米段长 EUR 为 $1560 \times 10^4 \text{m}^3$，平均单位钻压成本产气量 37.0m^3/美元。

加砂强度 2.0～2.5t/m 时，百米段长 EUR 随水平段长增加呈下降趋势，单位钻压成本产气量呈增加趋势。水平段长 500～1000m 统计气井 8 口，平均水平段长 883m，平均百米段长 EUR 为 $2259 \times 10^4 m^3$，平均单位钻压成本产气量 31.6m³/美元。水平段长 1000～1500m 统计气井 35 口，平均水平段长 1286m，平均百米段长 EUR 为 $2039 \times 10^4 m^3$，平均单位钻压成本产气量 37.9m³/美元。水平段长 1500～2000m 统计气井 48 口，平均水平段长 1748m，平均百米段长 EUR 为 $1907 \times 10^4 m^3$，平均单位钻压成本产气量 44.9m³/美元。水平段长 2000～2500m 统计气井 30 口，平均水平段长 2213m，平均百米段长 EUR 为 $1803 \times 10^4 m^3$，平均单位钻压成本产气量 42.3m³/美元。水平段长 2500～3000m 统计气井 10 口，平均水平段长 2701m，平均百米段长 EUR 为 $1659 \times 10^4 m^3$，平均单位钻压成本产气量 38.3m³/美元。

加砂强度 2.5～3.0t/m 时，百米段长 EUR 随水平段长增加呈下降趋势，单位钻压成本产气量呈增加趋势。水平段长 1000～1500m 统计气井 10 口，平均水平段长 1333m，平均百米段长 EUR 为 $2172 \times 10^4 m^3$，平均单位钻压成本产气量 40.2m³/美元。水平段长 1500～2000m 统计气井 15 口，平均水平段长 1711m，平均百米段长 EUR 为 $1987 \times 10^4 m^3$，平均单位钻压成本产气量 47.3m³/美元。水平段长 2000～2500m 统计气井 13 口，平均水平段长 2229m，平均百米段长 EUR 为 $1895 \times 10^4 m^3$，平均单位钻压成本产气量 46.6m³/美元。水平段长 2500～3000m 统计气井 13 口，平均水平段长 2651m，平均百米段长 EUR 为 $1761 \times 10^4 m^3$，平均单位钻压成本产气量 40.2m³/美元。

加砂强度 3.0～3.5t/m 时，百米段长 EUR 随水平段长增加呈下降趋势，单位钻压成本产气量呈增加趋势。水平段长 1000～1500m 统计气井 10 口，平均水平段长 1293m，平均百米段长 EUR 为 $2265 \times 10^4 m^3$，平均单位钻压成本产气量 43.1m³/美元。水平段长 1500～2000m 统计气井 11 口，平均水平段长 1766m，平均百米段长 EUR 为 $2020 \times 10^4 m^3$，平均单位钻压成本产气量 52.7m³/美元。水平段长 2000～2500m 统计气井 13 口，平均水平段长 2241m，平均百米段长 EUR 为 $1903 \times 10^4 m^3$，平均单位钻压成本产气量 50.8m³/美元。水平段长 2500～3000m 统计气井 7 口，平均水平段长 2631m，平均百米段长 EUR 为 $1804 \times 10^4 m^3$，平均单位钻压成本产气量 48.4m³/美元。

加砂强度 3.5～4.0t/m 时，百米段长 EUR 随水平段长增加呈下降趋势，单位钻压成本产气量呈增加趋势。水平段长 500～1000m 统计气井 6 口，平均水平段长 875m，平均百米段长 EUR 为 $2596 \times 10^4 m^3$，平均单位钻压成本产气量 39.8m³/美元。水平段长 1000～1500m 统计气井 19 口，平均水平段长 1283m，平均百米段长 EUR 为 $2381 \times 10^4 m^3$，平均单位钻压成本产气量 46.6m³/美元。水平段长 1500～2000m 统计气井 11 口，平均水平段长 1704m，平均百米段长 EUR 为 $2173 \times 10^4 m^3$，平均单位钻压成本产气量 53.8m³/美元。水平段长 2000～2500m 统计气井 7 口，平均水平段长 2304m，平均百米段长 EUR 为 $1899 \times 10^4 m^3$，平均单位钻压成本产气量 60.1m³/美元。水平段长 2500～3000m 统计气井 5 口，平均水平段长 2705m，平均百米段长 EUR 为 $1576 \times 10^4 m^3$，平均单位钻压成本产气量 53.0m³/美元。

垂深 2500～3000m 气井不同水平段长对应技术指标百米段长 EUR 均值统计规律显示，随水平段长增加，技术指标百米段长 EUR 整体呈下降趋势。百米段长 EUR 初期下降速度显著，后期呈缓慢下降趋势。水平段长超过 1500m 时，百米段长 EUR 保持相对稳定趋势。不同加砂强度区间技术和经济指标变化规律显示，百米段长 EUR 随加砂强度增加而增加。

垂深 2500～3000m 气井不同水平段长对应经济指标单位钻压成本产气量均值统计规律显示，随水平段长增加，经济指标单位钻压成本产气量整体呈先上升后下降趋势。加砂强度低于 3.5t/m 时，峰值单位钻压成本产气量对应水平段长范围为 1500～2000m。加砂强度范围为 3.5～4.0t/m 时，峰值单位钻压成本产气量对应水平段长范围为 2000～2500m。

图 7-48 给出了 Marcellus 页岩气藏垂深 2500～3000m 气井不同加砂强度范围内水平段长与百米段长 EUR 和单位钻压成本产气量 P50 值统计曲线。不同水平段长对应百米段长 EUR 统计曲线显示，随水平段长增加，百米段长 EUR 总体呈下降趋势。随水平段长增加，单位钻压成本产气量整体呈先增加后下降趋势。

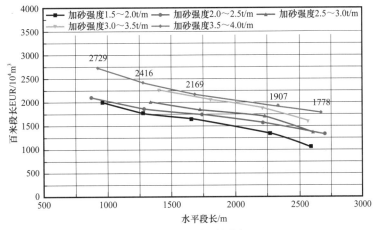

(a) 水平段长与百米段长EUR

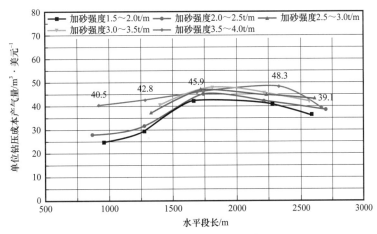

(b) 水平段长与单位钻压成本产气量

图 7-48 Marcellus 页岩气藏垂深 2500～3000m 气井水平段长与百米段长 EUR
和单位钻压成本产气量 P50 值统计曲线

加砂强度 1.5～2.0t/m 时，百米段长 EUR 随水平段长增加呈下降趋势，单位钻压成本产气量呈增加趋势。水平段长 500～1000m 统计气井 11 口，P50 水平段长 961m，P50 百米段长 EUR 为 $1992 \times 10^4 m^3$，P50 单位钻压成本产气量 24.8m³/美元。水平段长 1000～1500m 统计气井 36 口，P50 水平段长 1282m，P50 百米段长 EUR 为 $1763 \times 10^4 m^3$，P50 单位钻压成本产气量 29.6m³/美元。水平段长 1500～2000m 统计气井 48 口，P50 水平段长 1657m，P50 百米段长 EUR 为 $1645 \times 10^4 m^3$，P50 单位钻压成本产气量 42.4m³/美元。水平段长 2000～2500m 统计气井 24 口，P50 水平段长 2279m，P50 百米段长 EUR 为 $1331 \times 10^4 m^3$，P50 单位钻压成本产气量 40.9m³/美元。水平段长 2500～3000m 统计气井 7 口，P50 水平段长 2589m，P50 百米段长 EUR 为 $1055 \times 10^4 m^3$，P50 单位钻压成本产气量 36.2m³/美元。

加砂强度 2.0～2.5t/m 时，百米段长 EUR 随水平段长增加呈下降趋势，单位钻压成本产气量呈增加趋势。水平段长 500～1000m 统计气井 8 口，P50 水平段长 874m，P50 百米段长 EUR 为 $2094 \times 10^4 m^3$，P50 单位钻压成本产气量 27.9m³/美元。水平段长 1000～1500m 统计气井 35 口，P50 水平段长 1285m，P50 百米段长 EUR 为 $1855 \times 10^4 m^3$，P50 单位钻压成本产气量 31.6m³/美元。水平段长 1500～2000m 统计气井 48 口，P50 水平段长 1741m，P50 百米段长 EUR 为 $1739 \times 10^4 m^3$，P50 单位钻压成本产气量 45.1m³/美元。水平段长 2000～2500m 统计气井 30 口，P50 水平段长 2216m，P50 百米段长 EUR 为 $1567 \times 10^4 m^3$，P50 单位钻压成本产气量 42.4m³/美元。水平段长 2500～3000m 统计气井 10 口，P50 水平段长 2700m，P50 百米段长 EUR 为 $1323 \times 10^4 m^3$，P50 单位钻压成本产气量 38.4m³/美元。

加砂强度 2.5～3.0t/m 时，百米段长 EUR 随水平段长增加呈下降趋势，单位钻压成本产气量呈增加趋势。水平段长 1000～1500m 统计气井 10 口，P50 水平段长 1335m，P50 百米段长 EUR 为 $2005 \times 10^4 m^3$，P50 单位钻压成本产气量 37.4m³/美元。水平段长 1500～2000m 统计气井 15 口，P50 水平段长 1722m，P50 百米段长 EUR 为 $1840 \times 10^4 m^3$，P50 单位钻压成本产气量 46.6m³/美元。水平段长 2000～2500m 统计气井 13 口，P50 水平段长 2236m，P50 百米段长 EUR 为 $1696 \times 10^4 m^3$，P50 单位钻压成本产气量 44.9m³/美元。水平段长 2500～3000m 统计气井 13 口，P50 水平段长 2614m，P50 百米段长 EUR 为 $1348 \times 10^4 m^3$，P50 单位钻压成本产气量 43.1m³/美元。

加砂强度 3.0～3.5t/m 时，百米段长 EUR 随水平段长增加呈下降趋势，单位钻压成本产气量呈增加趋势。水平段长 1000～1500m 统计气井 10 口，P50 水平段长 1404m，P50 百米段长 EUR 为 $2261 \times 10^4 m^3$，P50 单位钻压成本产气量 40.5m³/美元。水平段长 1500～2000m 统计气井 11 口，P50 水平段长 1809m，P50 百米段长 EUR 为 $2056 \times 10^4 m^3$，P50 单位钻压成本产气量 48.1m³/美元。水平段长 2000～2500m 统计气井 13 口，P50 水平段长 2211m，P50 百米段长 EUR 为 $1880 \times 10^4 m^3$，P50 单位钻压成本产气量 45.8m³/美元。水平段长 2500～3000m 统计气井 7 口，P50 水平段长 2572m，P50 百米段长 EUR 为

$1595 \times 10^4 m^3$，P50 单位钻压成本产气量 42.4m³/ 美元。

加砂强度 3.5～4.0t/m 时，百米段长 EUR 随水平段长增加呈下降趋势，单位钻压成本产气量呈增加趋势。水平段长 500～1000m 统计气井 6 口，P50 水平段长 923m，P50 百米段长 EUR 为 $2729 \times 10^4 m^3$，P50 单位钻压成本产气量 40.5m³/ 美元。水平段长 1000～1500m 统计气井 19 口，P50 水平段长 1280m，P50 百米段长 EUR 为 $2416 \times 10^4 m^3$，P50 单位钻压成本产气量 42.8m³/ 美元。水平段长 1500～2000m 统计气井 11 口，P50 水平段长 1687m，P50 百米段长 EUR 为 $2169 \times 10^4 m^3$，P50 单位钻压成本产气量 45.9m³/ 美元。水平段长 2000～2500m 统计气井 7 口，P50 水平段长 2332m，P50 百米段长 EUR 为 $1907 \times 10^4 m^3$，P50 单位钻压成本产气量 48.3m³/ 美元。水平段长 2500～3000m 统计气井 5 口，P50 水平段长 2672m，P50 百米段长 EUR 为 $1778 \times 10^4 m^3$，P50 单位钻压成本产气量 39.1m³/ 美元。

垂深 2500～3000m 气井不同水平段长对应技术指标百米段长 EUR P50 值统计规律显示，随水平段长增加，技术指标百米段长 EUR 整体呈下降趋势。百米段长 EUR 初期下降速度显著，后期呈缓慢下降趋势。水平段长超过 1500m 时，百米段长 EUR 保持相对稳定趋势。不同加砂强度区间技术和经济指标变化规律显示，百米段长 EUR 随加砂强度增加而增加。

垂深 2500～3000m 气井不同水平段长对应经济指标单位钻压成本产气量 P50 值统计规律显示，随水平段长增加，经济指标单位钻压成本产气量整体呈先上升后下降趋势。加砂强度低于 3.5t/m 时，峰值单位钻压成本产气量对应水平段长范围为 1500～2000m。加砂强度范围为 3.5～4.0t/m 时，峰值单位钻压成本产气量对应水平段长范围为 2000～2500m。

图 7-49 给出了 Marcellus 页岩气藏垂深 2500～3000m 气井不同加砂强度范围内水平段长与百米段长 EUR 和单位钻压成本产气量 M50 值统计曲线。不同水平段长对应百米段长 EUR 统计曲线显示，随水平段长增加，百米段长 EUR 总体呈下降趋势。随水平段长增加，单位钻压成本产气量整体呈先增加后下降趋势。

加砂强度 1.5～2.0t/m 时，百米段长 EUR 随水平段长增加呈下降趋势，单位钻压成本产气量呈增加趋势。水平段长 500～1000m 统计气井 11 口，M50 水平段长 951m，M50 百米段长 EUR 为 $1681 \times 10^4 m^3$，M50 单位钻压成本产气量 23.9m³/ 美元。水平段长 1000～1500m 统计气井 36 口，M50 水平段长 1284m，M50 百米段长 EUR 为 $1525 \times 10^4 m^3$，M50 单位钻压成本产气量 36.4m³/ 美元。水平段长 1500～2000m 统计气井 48 口，M50 水平段长 1656m，M50 百米段长 EUR 为 $1392 \times 10^4 m^3$，M50 单位钻压成本产气量 42.6m³/ 美元。水平段长 2000～2500m 统计气井 24 口，M50 水平段长 2260m，M50 百米段长 EUR 为 $1293 \times 10^4 m^3$，M50 单位钻压成本产气量 38.2m³/ 美元。水平段长 2500～3000m 统计气井 7 口，M50 水平段长 2646m，M50 百米段长 EUR 为 $1251 \times 10^4 m^3$，M50 单位钻压成本产气量 37.0m³/ 美元。

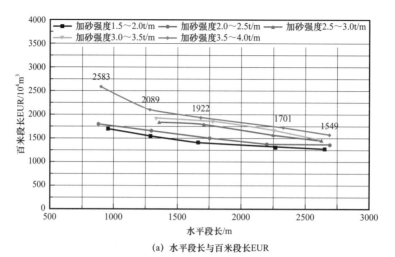

(a) 水平段长与百米段长EUR

(b) 水平段长与单位钻压成本产气量

图 7-49　Marcellus 页岩气藏垂深 2500～3000m 气井水平段长与百米段长 EUR
和单位钻压成本产气量 M50 值统计曲线

加砂强度 2.0～2.5t/m 时，百米段长 EUR 随水平段长增加呈下降趋势，单位钻压成本产气量呈增加趋势。水平段长 500～1000m 统计气井 8 口，M50 水平段长 883m，M50 百米段长 EUR 为 $1780 \times 10^4 m^3$，M50 单位钻压成本产气量 26.7m³/ 美元。水平段长 1000～1500m 统计气井 35 口，M50 水平段长 1296m，M50 百米段长 EUR 为 $1633 \times 10^4 m^3$，M50 单位钻压成本产气量 39.3m³/ 美元。水平段长 1500～2000m 统计气井 48 口，M50 水平段长 1753m，M50 百米段长 EUR 为 $1491 \times 10^4 m^3$，M50 单位钻压成本产气量 44.6m³/ 美元。水平段长 2000～2500m 统计气井 30 口，M50 水平段长 2208m，M50 百米段长 EUR 为 $1352 \times 10^4 m^3$，M50 单位钻压成本产气量 40.8m³/ 美元。水平段长 2500～3000m 统计气井 10 口，M50 水平段长 2689m，M50 百米段长 EUR 为 $1339 \times 10^4 m^3$，M50 单位钻压成本产气量 39.9m³/ 美元。

加砂强度 2.5～3.0t/m 时，百米段长 EUR 随水平段长增加呈下降趋势，单位钻压成本产气量呈增加趋势。水平段长 1000～1500m 统计气井 10 口，M50 水平段长 1349m，M50 百米段长 EUR 为 $1836 \times 10^4 m^3$，M50 单位钻压成本产气量 36.1m^3/美元。水平段长 1500～2000m 统计气井 15 口，M50 水平段长 1702m，M50 百米段长 EUR 为 $1781 \times 10^4 m^3$，M50 单位钻压成本产气量 48.8m^3/美元。水平段长 2000～2500m 统计气井 13 口，M50 水平段长 2241m，M50 百米段长 EUR 为 $1553 \times 10^4 m^3$，M50 单位钻压成本产气量 46.7m^3/美元。水平段长 2500～3000m 统计气井 13 口，M50 水平段长 2626m，M50 百米段长 EUR 为 $1437 \times 10^4 m^3$，M50 单位钻压成本产气量 43.4m^3/美元。

加砂强度 3.0～3.5t/m 时，百米段长 EUR 随水平段长增加呈下降趋势，单位钻压成本产气量呈增加趋势。水平段长 1000～1500m 统计气井 10 口，M50 水平段长 1328m，M50 百米段长 EUR 为 $1907 \times 10^4 m^3$，M50 单位钻压成本产气量 37.8m^3/美元。水平段长 1500～2000m 统计气井 11 口，M50 水平段长 1776m，M50 百米段长 EUR 为 $1838 \times 10^4 m^3$，M50 单位钻压成本产气量 52.7m^3/美元。水平段长 2000～2500m 统计气井 13 口，M50 水平段长 2247m，M50 百米段长 EUR 为 $1663 \times 10^4 m^3$，M50 单位钻压成本产气量 48.0m^3/美元。水平段长 2500～3000m 统计气井 7 口，M50 水平段长 2603m，M50 百米段长 EUR 为 $1461 \times 10^4 m^3$，M50 单位钻压成本产气量 42.4m^3/美元。

加砂强度 3.5～4.0t/m 时，百米段长 EUR 随水平段长增加呈下降趋势，单位钻压成本产气量呈增加趋势。水平段长 500～1000m 统计气井 6 口，M50 水平段长 896m，M50 百米段长 EUR 为 $2583 \times 10^4 m^3$，M50 单位钻压成本产气量 33.1m^3/美元。水平段长 1000～1500m 统计气井 19 口，M50 水平段长 1286m，M50 百米段长 EUR 为 $2089 \times 10^4 m^3$，M50 单位钻压成本产气量 35.4m^3/美元。水平段长 1500～2000m 统计气井 11 口，M50 水平段长 1680m，M50 百米段长 EUR 为 $1922 \times 10^4 m^3$，M50 单位钻压成本产气量 43.5m^3/美元。水平段长 2000～2500m 统计气井 7 口，M50 水平段长 2323m，M50 百米段长 EUR 为 $1701 \times 10^4 m^3$，M50 单位钻压成本产气量 54.7m^3/美元。水平段长 2500～3000m 统计气井 5 口，M50 水平段长 2689m，M50 百米段长 EUR 为 $1549 \times 10^4 m^3$，M50 单位钻压成本产气量 44.3m^3/美元。

垂深 2500～3000m 气井不同水平段长对应技术指标百米段长 EUR M50 值统计规律显示，随水平段长增加，技术指标百米段长 EUR 整体呈下降趋势。百米段长 EUR 初期下降速度显著，后期呈缓慢下降趋势。水平段长超过 1500m 时，百米段长 EUR 保持相对稳定趋势。不同加砂强度区间技术和经济指标变化规律显示，百米段长 EUR 随加砂强度增加而增加。

垂深 2500～3000m 气井不同水平段长对应经济指标单位钻压成本产气量 M50 值统计规律显示，随水平段长增加，经济指标单位钻压成本产气量整体呈先上升后下降趋势。加砂强度低于 3.5t/m 时，峰值单位钻压成本产气量对应水平段长范围为 1500～2000m。加砂强度范围为 3.5～4.0t/m 时，峰值单位钻压成本产气量对应水平段长范围为 2000～2500m。

Marcellus 页岩气藏垂深 2500～3000m 气井水平段长与百米段长 EUR 和单位钻压成

本产气量统计结果显示，随水平段长增加，技术指标百米段长 EUR 整体呈逐渐下降趋势。尽管百米段长 EUR 呈下降趋势，由于单井水平段长增加相当于同等条件下节约了垂直井段钻完井成本，在一定范围内经济指标单位钻压成本产气量随水平段长增加而增加。水平段长与气井经济指标单位钻压成本产气量关系曲线存在拐点。经济指标单位钻压成本产气量拐点对应水平段长为气井合理水平段长范围。加砂强度直接影响气井技术和经济指标，不同加砂强度对应气井合理水平段长存在差异。相同水平段长范围条件下，随加砂强度增加，气井单位段长 EUR 和单位钻压成本产气量呈增加趋势。加砂强度小于 3.5t/m 时，气井合理水平段长范围为 1500～2000m。加砂强度 3.5～4.0t/m 时，气井合理水平段长范围为 2000～2500m。

7.4.2 合理加砂强度

针对 Marcellus 页岩气藏历年完钻页岩气水平井进行合理加砂强度分析。以 500m 水平段长和 500m 垂深为间隔区间，近似认为给定垂深和水平段长区间，所有气井具备近似地质特征和压裂规模，分析不同加砂强度范围气井对应技术指标百米段长 EUR 和经济指标单位钻压成本产气量变化规律。针对不同区间内气井百米段长 EUR 和单位钻压成本产气量，采用算数平均值、P50 和 M50 统计方法。

7.4.2.1 垂深 1500～2000m 气井

图 7-50 给出了 Marcellus 页岩气藏垂深 1500～2000m 气井加砂强度与百米段长 EUR 和单位钻压成本产气量均值统计曲线。不同加砂强度对应百米段长 EUR 统计曲线显示，随加砂强度增加，百米段长 EUR 呈先增加后下降趋势，曲线存在拐点。随加砂强度增加，单位钻压成本产气量同样呈先增加后下降趋势，曲线也存在拐点。统计曲线显示，存在最优加砂强度。

水平段长 1000～1500m 时，百米段长 EUR 和单位钻压成本产气量随加砂强度增加呈先上升后下降趋势。加砂强度 0.50～1.00t/m 统计气井 36 口，平均加砂强度 0.61t/m，平均百米段长 EUR 为 $756 \times 10^4 \mathrm{m}^3$，平均单位钻压成本产气量 22.9$\mathrm{m}^3$/美元。加砂强度 1.00～1.50t/m 统计气井 54 口，平均加砂强度 1.37t/m，平均百米段长 EUR 为 $887 \times 10^4 \mathrm{m}^3$，平均单位钻压成本产气量 26.2$\mathrm{m}^3$/美元。加砂强度 1.50～2.00t/m 统计气井 135 口，平均加砂强度 1.75t/m，平均百米段长 EUR 为 $1112 \times 10^4 \mathrm{m}^3$，平均单位钻压成本产气量 26.9 m^3/美元。加砂强度 2.00～2.50t/m 统计气井 109 口，平均加砂强度 2.28t/m，平均百米段长 EUR 为 $1431 \times 10^4 \mathrm{m}^3$，平均单位钻压成本产气量 35.1$\mathrm{m}^3$/美元。加砂强度 2.50～3.00t/m 统计气井 89 口，平均加砂强度 2.79t/m，平均百米段长 EUR 为 $1741 \times 10^4 \mathrm{m}^3$，平均单位钻压成本产气量 40.5$\mathrm{m}^3$/美元。加砂强度 3.00～3.50t/m 统计气井 65 口，平均加砂强度 3.18t/m，平均百米段长 EUR 为 $1689 \times 10^4 \mathrm{m}^3$，平均单位钻压成本产气量 39.7$\mathrm{m}^3$/美元。加砂强度 3.50～4.00t/m 统计气井 45 口，平均加砂强度 3.74t/m，平均百米段长 EUR 为 $1380 \times 10^4 \mathrm{m}^3$，平均单位钻压成本产气量 27.6$\mathrm{m}^3$/美元。

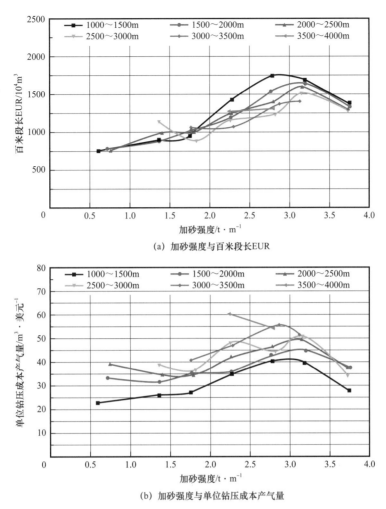

(a) 加砂强度与百米段长EUR

(b) 加砂强度与单位钻压成本产气量

图 7-50 Marcellus 页岩气藏垂深 1500～2000m 气井加砂强度与百米段长 EUR
和单位钻压成本产气量均值统计曲线

水平段长 1500～2000m 时，百米段长 EUR 和单位钻压成本产气量随加砂强度增加呈先上升后下降趋势。加砂强度 0.50～1.00t/m 统计气井 17 口，平均加砂强度 0.72t/m，平均百米段长 EUR 为 $773 \times 10^4 m^3$，平均单位钻压成本产气量 33.0m³/美元。加砂强度 1.00～1.50t/m 统计气井 69 口，平均加砂强度 1.37t/m，平均百米段长 EUR 为 $871 \times 10^4 m^3$，平均单位钻压成本产气量 31.4m³/美元。加砂强度 1.50～2.00t/m 统计气井 173 口，平均加砂强度 1.77t/m，平均百米段长 EUR 为 $1019 \times 10^4 m^3$，平均单位钻压成本产气量 32.9m³/美元。加砂强度 2.00～2.50t/m 统计气井 131 口，平均加砂强度 2.26t/m，平均百米段长 EUR 为 $1325 \times 10^4 m^3$，平均单位钻压成本产气量 38.9m³/美元。加砂强度 2.50～3.00t/m 统计气井 122 口，平均加砂强度 2.77t/m，平均百米段长 EUR 为 $1551 \times 10^4 m^3$，平均单位钻压成本产气量 44.0m³/美元。加砂强度 3.00～3.50t/m 统计气井 66 口，平均加砂强度 3.20t/m，平均百米段长 EUR 为 $1627 \times 10^4 m^3$，平均单位钻压成本产气量 44.7m³/美元。

加砂强度 3.50～4.00t/m 统计气井 38 口，平均加砂强度 3.75t/m，平均百米段长 EUR 为 $1324 \times 10^4 m^3$，平均单位钻压成本产气量 $37.1 m^3$/ 美元。

水平段长 2000～2500m 时，百米段长 EUR 和单位钻压成本产气量随加砂强度增加呈先上升后下降趋势。加砂强度 1.00～1.50t/m 统计气井 31 口，平均加砂强度 1.40t/m，平均百米段长 EUR 为 $1048 \times 10^4 m^3$，平均单位钻压成本产气量 $40.0 m^3$/ 美元。加砂强度 1.50～2.00t/m 统计气井 94 口，平均加砂强度 1.79t/m，平均百米段长 EUR 为 $998 \times 10^4 m^3$，平均单位钻压成本产气量 $34.6 m^3$/ 美元。加砂强度 2.00～2.50t/m 统计气井 96 口，平均加砂强度 2.26t/m，平均百米段长 EUR 为 $1241 \times 10^4 m^3$，平均单位钻压成本产气量 $41.6 m^3$/ 美元。加砂强度 2.50～3.00t/m 统计气井 86 口，平均加砂强度 2.79t/m，平均百米段长 EUR 为 $1439 \times 10^4 m^3$，平均单位钻压成本产气量 $45.9 m^3$/ 美元。加砂强度 3.00～3.50t/m 统计气井 35 口，平均加砂强度 3.16t/m，平均百米段长 EUR 为 $1587 \times 10^4 m^3$，平均单位钻压成本产气量 $49.0 m^3$/ 美元。加砂强度 3.50～4.00t/m 统计气井 24 口，平均加砂强度 3.73t/m，平均百米段长 EUR 为 $1283 \times 10^4 m^3$，平均单位钻压成本产气量 $37.6 m^3$/ 美元。

水平段长 2500～3000m 时，百米段长 EUR 和单位钻压成本产气量随加砂强度增加呈先上升后下降趋势。加砂强度 1.00～1.50t/m 统计气井 9 口，平均加砂强度 1.37t/m，平均百米段长 EUR 为 $831 \times 10^4 m^3$，平均单位钻压成本产气量 $38.7 m^3$/ 美元。加砂强度 1.50～2.00t/m 统计气井 46 口，平均加砂强度 1.83t/m，平均百米段长 EUR 为 $893 \times 10^4 m^3$，平均单位钻压成本产气量 $36.7 m^3$/ 美元。加砂强度 2.00～2.50t/m 统计气井 75 口，平均加砂强度 2.26t/m，平均百米段长 EUR 为 $1100 \times 10^4 m^3$，平均单位钻压成本产气量 $43.9 m^3$/ 美元。加砂强度 2.50～3.00t/m 统计气井 76 口，平均加砂强度 2.82t/m，平均百米段长 EUR 为 $1334 \times 10^4 m^3$，平均单位钻压成本产气量 $49.0 m^3$/ 美元。加砂强度 3.00～3.50t/m 统计气井 32 口，平均加砂强度 3.14t/m，平均百米段长 EUR 为 $1515 \times 10^4 m^3$，平均单位钻压成本产气量 $50.7 m^3$/ 美元。加砂强度 3.50～4.00t/m 统计气井 10 口，平均加砂强度 3.73t/m，平均百米段长 EUR 为 $1277 \times 10^4 m^3$，平均单位钻压成本产气量 $34.1 m^3$/ 美元。

水平段长 3000～3500m 时，百米段长 EUR 和单位钻压成本产气量随加砂强度增加呈先上升后下降趋势。加砂强度 1.50～2.00t/m 统计气井 9 口，平均加砂强度 1.76t/m，平均百米段长 EUR 为 $1053 \times 10^4 m^3$，平均单位钻压成本产气量 $40.8 m^3$/ 美元。加砂强度 2.00～2.50t/m 统计气井 38 口，平均加砂强度 2.29t/m，平均百米段长 EUR 为 $1068 \times 10^4 m^3$，平均单位钻压成本产气量 $47.0 m^3$/ 美元。加砂强度 2.50～3.00t/m 统计气井 30 口，平均加砂强度 2.87t/m，平均百米段长 EUR 为 $1362 \times 10^4 m^3$，平均单位钻压成本产气量 $55.3 m^3$/ 美元。加砂强度 3.00～3.50t/m 统计气井 23 口，平均加砂强度 3.12t/m，平均百米段长 EUR 为 $1403 \times 10^4 m^3$，平均单位钻压成本产气量 $51.0 m^3$/ 美元。

水平段长 3500～4000m 时，加砂强度 2.00～2.50t/m 统计气井 18 口，平均加砂强度 2.24t/m，平均百米段长 EUR 为 $1265 \times 10^4 m^3$，平均单位钻压成本产气量 $59.9 m^3$/ 美元。加砂强度 2.50～3.00t/m 统计气井 21 口，平均加砂强度 2.80t/m，平均百米段长 EUR 为 $1308 \times 10^4 m^3$，平均单位钻压成本产气量 $54.2 m^3$/ 美元。

垂深 1500~2000m 气井不同加砂强度对应技术指标百米段长 EUR 的均值统计规律显示，随加砂强度增加，技术指标百米段长 EUR 整体呈先增加后下降趋势，曲线存在拐点。水平段长小于 1500m 时，曲线拐点对应加砂强度范围为 2.5~3.0t/m。加砂强度大于 3.0t/m 时，百米段长 EUR 呈下降趋势。水平段长 1500~3000m 时，曲线拐点对应加砂强度范围为 3.0~3.5t/m。加砂强度大于 3.5t/m 时，百米段长 EUR 呈下降趋势。水平段长范围为 3000~3500m 时，百米段长 EUR 保持相对较低水平。

垂深 1500~2000m 气井不同加砂强度对应经济指标单位钻压成本产气量均值统计规律显示，单位钻压成本产气量整体呈先增加后下降趋势，曲线存在拐点。水平段长小于 1500m 时，曲线拐点对应加砂强度范围为 2.5~3.0t/m。加砂强度大于 3.0t/m 时，单位钻压成本产气量呈下降趋势。水平段长为 1500~3000m 时，曲线拐点对应加砂强度范围为 3.0~3.5t/m。加砂强度大于 3.5t/m 时，单位钻压成本产气量呈下降趋势。水平段长为 3000~3500m 的气井因统计样本点相对较少，统计规律代表性相对较低。

图 7-51 给出了 Marcellus 页岩气藏垂深 1500~2000m 气井加砂强度与百米段长 EUR 和单位钻压成本产气量 P50 值统计曲线。不同加砂强度对应百米段长 EUR 统计曲线显示，随加砂强度增加，百米段长 EUR 呈先增加后下降趋势，曲线存在拐点。随加砂强度增加，单位钻压成本产气量同样呈先增加后下降趋势，曲线也存在拐点。统计曲线显示存在最优加砂强度。

水平段长 1000~1500m 时，百米段长 EUR 和单位钻压成本产气量随加砂强度增加呈先上升后下降趋势。加砂强度 0.50~1.00t/m 统计气井 36 口，P50 加砂强度 0.59t/m，P50 百米段长 EUR 为 $723 \times 10^4 m^3$，P50 单位钻压成本产气量 17.7m³/美元。加砂强度 1.00~1.50t/m 统计气井 54 口，P50 加砂强度 1.42t/m，P50 百米段长 EUR 为 $730 \times 10^4 m^3$，P50 单位钻压成本产气量 22.4m³/美元。加砂强度 1.50~2.00t/m 统计气井 135 口，P50 加砂强度 1.72t/m，P50 百米段长 EUR 为 $807 \times 10^4 m^3$，P50 单位钻压成本产气量 25.4m³/美元。加砂强度 2.00~2.50t/m 统计气井 109 口，P50 加砂强度 2.29t/m，P50 百米段长 EUR 为 $1382 \times 10^4 m^3$，P50 单位钻压成本产气量 28.8m³/美元。加砂强度 2.50~3.00t/m 统计气井 89 口，P50 加砂强度 2.79t/m，P50 百米段长 EUR 为 $1525 \times 10^4 m^3$，P50 单位钻压成本产气量 33.1m³/美元。加砂强度 3.00~3.50t/m 统计气井 65 口，P50 加砂强度 3.13t/m，P50 百米段长 EUR 为 $1444 \times 10^4 m^3$，P50 单位钻压成本产气量 36.1m³/美元。加砂强度 3.50~4.00t/m 统计气井 45 口，P50 加砂强度 3.75t/m，P50 百米段长 EUR 为 $1155 \times 10^4 m^3$，P50 单位钻压成本产气量 22.5m³/美元。

水平段长 1500~2000m 时，百米段长 EUR 和单位钻压成本产气量随加砂强度增加呈先上升后下降趋势。加砂强度 0.50~1.00t/m 统计气井 17 口，P50 加砂强度 0.70t/m，P50 百米段长 EUR 为 $823 \times 10^4 m^3$，P50 单位钻压成本产气量 21.6m³/美元。加砂强度 1.00~1.50t/m 统计气井 69 口，P50 加砂强度 1.40t/m，P50 百米段长 EUR 为 $854 \times 10^4 m^3$，P50 单位钻压成本产气量 26.2m³/美元。加砂强度 1.50~2.00t/m 统计气井 173 口，P50 加砂强度 1.77t/m，P50 百米段长 EUR 为 $917 \times 10^4 m^3$，P50 单位钻压成本产气量 29.3m³/美元。

加砂强度 2.00～2.50t/m 统计气井 131 口，P50 加砂强度 2.28t/m，P50 百米段长 EUR 为 $1074 \times 10^4 m^3$，P50 单位钻压成本产气量 30.4m³/ 美元。加砂强度 2.50～3.00t/m 统计气井 122 口，P50 加砂强度 2.79t/m，P50 百米段长 EUR 为 $1455 \times 10^4 m^3$，P50 单位钻压成本产气量 35.6m³/ 美元。加砂强度 3.00～3.50t/m 统计气井 66 口，P50 加砂强度 3.12t/m，P50 百米段长 EUR 为 $1463 \times 10^4 m^3$，P50 单位钻压成本产气量 40.2m³/ 美元。加砂强度 3.50～4.00t/m 统计气井 38 口，P50 加砂强度 3.76t/m，P50 百米段长 EUR 为 $1111 \times 10^4 m^3$，P50 单位钻压成本产气量 27.7m³/ 美元。

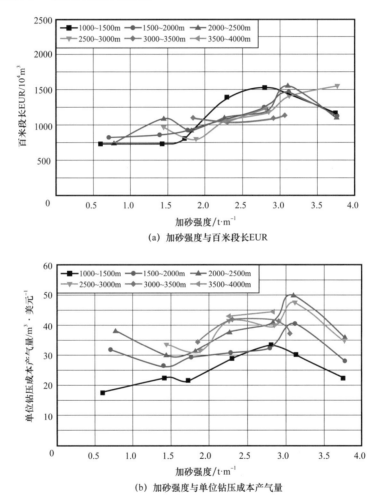

图 7-51　Marcellus 页岩气藏垂深 1500～2000m 气井加砂强度与百米段长 EUR
和单位钻压成本产气量 P50 值统计曲线

　　水平段长 2000～2500m 时，百米段长 EUR 和单位钻压成本产气量随加砂强度增加呈先上升后下降趋势。加砂强度 1.00～1.50t/m 统计气井 31 口，P50 加砂强度 1.42t/m，P50 百米段长 EUR 为 $889 \times 10^4 m^3$，P50 单位钻压成本产气量 29.9m³/ 美元。加砂强度 1.50～2.00t/m 统计气井 94 口，P50 加砂强度 1.82t/m，P50 百米段长 EUR 为 $917 \times 10^4 m^3$，

P50 单位钻压成本产气量 31.2m³/ 美元。加砂强度 2.00～2.50t/m 统计气井 96 口，P50 加砂强度 2.26t/m，P50 百米段长 EUR 为 $1097 \times 10^4 m^3$，P50 单位钻压成本产气量 37.6m³/ 美元。加砂强度 2.50～3.00t/m 统计气井 86 口，P50 加砂强度 2.82t/m，P50 百米段长 EUR 为 $1491 \times 10^4 m^3$，P50 单位钻压成本产气量 45.8m³/ 美元。加砂强度 3.00～3.50t/m 统计气井 35 口，P50 加砂强度 3.09t/m，P50 百米段长 EUR 为 $1557 \times 10^4 m^3$，P50 单位钻压成本产气量 49.8m³/ 美元。加砂强度 3.50～4.00t/m 统计气井 24 口，P50 加砂强度 3.77t/m，P50 百米段长 EUR 为 $1093 \times 10^4 m^3$，P50 单位钻压成本产气量 36.1m³/ 美元。

　　水平段长 2500～3000m 时，百米段长 EUR 和单位钻压成本产气量随加砂强度增加呈先上升后下降趋势。加砂强度 1.00～1.50t/m 统计气井 9 口，P50 加砂强度 1.44t/m，P50 百米段长 EUR 为 $760 \times 10^4 m^3$，P50 单位钻压成本产气量 33.4m³/ 美元。加砂强度 1.50～2.00t/m 统计气井 46 口，P50 加砂强度 1.87t/m，P50 百米段长 EUR 为 $782 \times 10^4 m^3$，P50 单位钻压成本产气量 31.1m³/ 美元。加砂强度 2.00～2.50t/m 统计气井 75 口，P50 加砂强度 2.27t/m，P50 百米段长 EUR 为 $1049 \times 10^4 m^3$，P50 单位钻压成本产气量 39.3m³/ 美元。加砂强度 2.50～3.00t/m 统计气井 76 口，P50 加砂强度 2.85t/m，P50 百米段长 EUR 为 $1279 \times 10^4 m^3$，P50 单位钻压成本产气量 44.6m³/ 美元。加砂强度 3.00～3.50t/m 统计气井 32 口，P50 加砂强度 3.12t/m，P50 百米段长 EUR 为 $1399 \times 10^4 m^3$，P50 单位钻压成本产气量 47.3m³/ 美元。加砂强度 3.50～4.00t/m 统计气井 10 口，P50 加砂强度 3.77t/m，P50 百米段长 EUR 为 $1235 \times 10^4 m^3$，P50 单位钻压成本产气量 34.2m³/ 美元。

　　水平段长 3000～3500m 时，百米段长 EUR 和单位钻压成本产气量随加砂强度增加呈先上升后下降趋势。加砂强度 1.50～2.00t/m 统计气井 9 口，P50 加砂强度 1.85t/m，P50 百米段长 EUR 为 $1085 \times 10^4 m^3$，P50 单位钻压成本产气量 34.4m³/ 美元。加砂强度 2.00～2.50t/m 统计气井 38 口，P50 加砂强度 2.29t/m，P50 百米段长 EUR 为 $1037 \times 10^4 m^3$，P50 单位钻压成本产气量 41.8m³/ 美元。加砂强度 2.50～3.00t/m 统计气井 30 口，P50 加砂强度 2.91t/m，P50 百米段长 EUR 为 $1083 \times 10^4 m^3$，P50 单位钻压成本产气量 41.1m³/ 美元。加砂强度 3.00～3.50t/m 统计气井 23 口，P50 加砂强度 3.06t/m，P50 百米段长 EUR 为 $1126 \times 10^4 m^3$，P50 单位钻压成本产气量 37.1m³/ 美元。

　　水平段长 3500～4000m 时，加砂强度 2.00～2.50t/m 统计气井 18 口，P50 加砂强度 2.25t/m，P50 百米段长 EUR 为 $1049 \times 10^4 m^3$，P50 单位钻压成本产气量 42.6m³/ 美元。加砂强度 2.50～3.00t/m 统计气井 21 口，P50 加砂强度 2.82t/m，P50 百米段长 EUR 为 $1217 \times 10^4 m^3$，P50 单位钻压成本产气量 44.2m³/ 美元。

　　垂深 1500～2000m 气井不同加砂强度对应技术指标百米段长 EUR 的 P50 值统计规律显示，随加砂强度增加，技术指标百米段长 EUR 整体呈先增加后下降趋势，曲线存在拐点。水平段长小于 1500m 时，曲线拐点对应加砂强度范围为 2.5～3.0t/m。加砂强度大于 3.0t/m 时，百米段长 EUR 呈下降趋势。水平段长为 1500～3000m 时，曲线拐点对应加砂强度范围为 3.0～3.5t/m。加砂强度大于 3.5t/m 时，百米段长 EUR 呈下降趋势。水平段长范围为 3000～3500m 时，百米段长 EUR 保持相对较低水平。

　　垂深1500～2000m气井不同加砂强度对应经济指标单位钻压成本产气量P50值统计规律显示，单位钻压成本产气量整体呈先增加后下降趋势，曲线存在拐点。水平段长为1000～3000m时，曲线拐点对应加砂强度范围为3.0～3.5t/m。加砂强度大于3.5t/m时，单位钻压成本产气量呈下降趋势。水平段长为3000～3500m的气井因统计样本点相对较少，统计规律代表性相对较低。

　　图7-52给出了Marcellus页岩气藏垂深1500～2000m气井加砂强度与百米段长EUR和单位钻压成本产气量M50值统计曲线。不同加砂强度对应百米段长EUR统计曲线显示，随加砂强度增加，百米段长EUR呈先增加后下降趋势，曲线存在拐点。随加砂强度增加，单位钻压成本产气量同样呈先增加后下降趋势，曲线也存在拐点。统计曲线显示存在最优加砂强度。

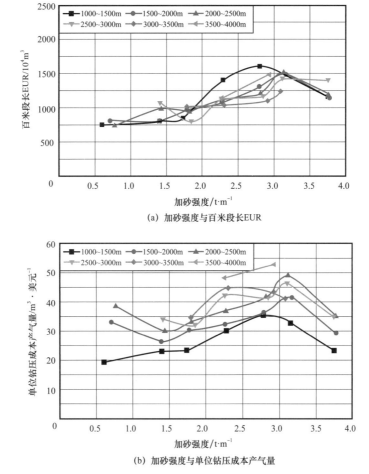

(a) 加砂强度与百米段长EUR

(b) 加砂强度与单位钻压成本产气量

图7-52　Marcellus页岩气藏垂深1500～2000m气井加砂强度与百米段长EUR
和单位钻压成本产气量M50值统计曲线

　　水平段长1000～1500m时，百米段长EUR和单位钻压成本产气量随加砂强度增加呈先上升后下降趋势。加砂强度0.50～1.00t/m统计气井36口，M50加砂强度0.60t/m，

M50 百米段长 EUR 为 $841 \times 10^4 m^3$，M50 单位钻压成本产气量 19.5m^3/美元。加砂强度 1.00～1.50t/m 统计气井 54 口，M50 加砂强度 1.40t/m，M50 百米段长 EUR 为 $904 \times 10^4 m^3$，M50 单位钻压成本产气量 22.8m^3/美元。加砂强度 1.50～2.00t/m 统计气井 135 口，M50 加砂强度 1.74t/m，M50 百米段长 EUR 为 $1050 \times 10^4 m^3$，M50 单位钻压成本产气量 25.3 m^3/美元。加砂强度 2.00～2.50t/m 统计气井 109 口，M50 加砂强度 2.29t/m，M50 百米段长 EUR 为 $1399 \times 10^4 m^3$，M50 单位钻压成本产气量 30.4m^3/美元。加砂强度 2.50～3.00t/m 统计气井 89 口，M50 加砂强度 2.80t/m，M50 百米段长 EUR 为 $1598 \times 10^4 m^3$，M50 单位钻压成本产气量 34.9m^3/美元。加砂强度 3.00～3.50t/m 统计气井 65 口，M50 加砂强度 3.16t/m，M50 百米段长 EUR 为 $1474 \times 10^4 m^3$，M50 单位钻压成本产气量 31.8m^3/美元。加砂强度 3.50～4.00t/m 统计气井 45 口，M50 加砂强度 3.75t/m，M50 百米段长 EUR 为 $1167 \times 10^4 m^3$，M50 单位钻压成本产气量 23.3m^3/美元。

水平段长 1500～2000m 时，百米段长 EUR 和单位钻压成本产气量随加砂强度增加呈先上升后下降趋势。加砂强度 0.50～1.00t/m 统计气井 17 口，M50 加砂强度 0.71t/m，M50 百米段长 EUR 为 $808 \times 10^4 m^3$，M50 单位钻压成本产气量 22.7m^3/美元。加砂强度 1.00～1.50t/m 统计气井 69 口，M50 加砂强度 1.39t/m，M50 百米段长 EUR 为 $805 \times 10^4 m^3$，M50 单位钻压成本产气量 26.4m^3/美元。加砂强度 1.50～2.00t/m 统计气井 173 口，M50 加砂强度 1.78t/m，M50 百米段长 EUR 为 $962 \times 10^4 m^3$，M50 单位钻压成本产气量 30.1 m^3/美元。加砂强度 2.00～2.50t/m 统计气井 131 口，M50 加砂强度 2.27t/m，M50 百米段长 EUR 为 $1172 \times 10^4 m^3$，M50 单位钻压成本产气量 31.9m^3/美元。加砂强度 2.50～3.00t/m 统计气井 122 口，M50 加砂强度 2.78t/m，M50 百米段长 EUR 为 $1412 \times 10^4 m^3$，M50 单位钻压成本产气量 36.2m^3/美元。加砂强度 3.00～3.50t/m 统计气井 66 口，M50 加砂强度 3.16t/m，M50 百米段长 EUR 为 $1480 \times 10^4 m^3$，M50 单位钻压成本产气量 34.2m^3/美元。加砂强度 3.50～4.00t/m 统计气井 38 口，M50 加砂强度 3.76t/m，M50 百米段长 EUR 为 $1136 \times 10^4 m^3$，M50 单位钻压成本产气量 29.1m^3/美元。

水平段长 2000～2500m 时，百米段长 EUR 和单位钻压成本产气量随加砂强度增加呈先上升后下降趋势。加砂强度 1.00～1.50t/m 统计气井 31 口，M50 加砂强度 1.42t/m，M50 百米段长 EUR 为 $800 \times 10^4 m^3$，M50 单位钻压成本产气量 30.9m^3/美元。加砂强度 1.50～2.00t/m 统计气井 94 口，M50 加砂强度 1.81t/m，M50 百米段长 EUR 为 $949 \times 10^4 m^3$，M50 单位钻压成本产气量 32.9m^3/美元。加砂强度 2.00～2.50t/m 统计气井 96 口，M50 加砂强度 2.26t/m，M50 百米段长 EUR 为 $1113 \times 10^4 m^3$，M50 单位钻压成本产气量 36.7m^3/美元。加砂强度 2.50～3.00t/m 统计气井 86 口，M50 加砂强度 2.81t/m，M50 百米段长 EUR 为 $1354 \times 10^4 m^3$，M50 单位钻压成本产气量 43.9m^3/美元。加砂强度 3.00～3.50t/m 统计气井 35 口，M50 加砂强度 3.12t/m，M50 百米段长 EUR 为 $1504 \times 10^4 m^3$，M50 单位钻压成本产气量 48.6m^3/美元。加砂强度 3.50～4.00t/m 统计气井 24 口，M50 加砂强度 3.75t/m，M50 百米段长 EUR 为 $1186 \times 10^4 m^3$，M50 单位钻压成本产气量 35.1m^3/美元。

水平段长 2500～3000m 时，百米段长 EUR 和单位钻压成本产气量随加砂强度增加呈先上升后下降趋势。加砂强度 1.00～1.50t/m 统计气井 9 口，M50 加砂强度 1.41t/m，M50 百米段长 EUR 为 752×10⁴m³，M50 单位钻压成本产气量 31.0m³/ 美元。加砂强度 1.50～2.00t/m 统计气井 46 口，M50 加砂强度 1.85t/m，M50 百米段长 EUR 为 889×10⁴m³，M50 单位钻压成本产气量 32.0m³/ 美元。加砂强度 2.00～2.50t/m 统计气井 75 口，M50 加砂强度 2.26t/m，M50 百米段长 EUR 为 1061×10⁴m³，M50 单位钻压成本产气量 33.9m³/ 美元。加砂强度 2.50～3.00t/m 统计气井 76 口，M50 加砂强度 2.84t/m，M50 百米段长 EUR 为 1239×10⁴m³，M50 单位钻压成本产气量 41.9m³/ 美元。加砂强度 3.00～3.50t/m 统计气井 32 口，M50 加砂强度 3.10t/m，M50 百米段长 EUR 为 1413×10⁴m³，M50 单位钻压成本产气量 45.8m³/ 美元。加砂强度 3.50～4.00t/m 统计气井 10 口，M50 加砂强度 3.74t/m，M50 百米段长 EUR 为 1280×10⁴m³，M50 单位钻压成本产气量 34.6m³/ 美元。

水平段长 3000～3500m 时，百米段长 EUR 和单位钻压成本产气量随加砂强度增加呈先上升后下降趋势。加砂强度 1.50～2.00t/m 统计气井 9 口，M50 加砂强度 1.78t/m，M50 百米段长 EUR 为 989×10⁴m³，M50 单位钻压成本产气量 34.2m³/ 美元。加砂强度 2.00～2.50t/m 统计气井 38 口，M50 加砂强度 2.29t/m，M50 百米段长 EUR 为 1025×10⁴m³，M50 单位钻压成本产气量 44.5m³/ 美元。加砂强度 2.50～3.00t/m 统计气井 30 口，M50 加砂强度 2.90t/m，M50 百米段长 EUR 为 1088×10⁴m³，M50 单位钻压成本产气量 43.1m³/ 美元。加砂强度 3.00～3.50t/m 统计气井 23 口，M50 加砂强度 3.08t/m，M50 百米段长 EUR 为 1240×10⁴m³，M50 单位钻压成本产气量 40.9m³/ 美元。

水平段长 3500～4000m 时，加砂强度 2.00～2.50t/m 统计气井 18 口，M50 加砂强度 2.25t/m，M50 百米段长 EUR 为 1116×10⁴m³，M50 单位钻压成本产气量 47.8m³/ 美元。加砂强度 2.50～3.00t/m 统计气井 21 口，M50 加砂强度 2.90t/m，M50 百米段长 EUR 为 1469×10⁴m³，M50 单位钻压成本产气量 52.6m³/ 美元。

垂深 1500～2000m 气井不同加砂强度对应技术指标百米段长 EUR 的 M50 值统计规律显示，随加砂强度增加，技术指标百米段长 EUR 整体呈先增加后下降趋势，曲线存在拐点。水平段长小于 1500m 时，曲线拐点对应加砂强度范围为 2.5～3.0t/m。加砂强度大于 3.0t/m 时，百米段长 EUR 呈下降趋势。水平段长为 1500～3000m 时，曲线拐点对应加砂强度范围为 3.0～3.5t/m。加砂强度大于 3.5t/m 时，百米段长 EUR 呈下降趋势。水平段长范围为 3000～3500m 时，百米段长 EUR 保持相对较低水平。

垂深 1500～2000m 气井不同加砂强度对应经济指标单位钻压成本产气量 M50 值统计规律显示，单位钻压成本产气量整体呈先增加后下降趋势，曲线存在拐点。水平段长为 1000～2000m 时，曲线拐点对应加砂强度范围为 2.5～3.0t/m。加砂强度大于 3.0t/m 时，单位钻压成本产气量呈下降趋势。水平段长为 2000～3000m 时，曲线拐点对应加砂强度范围为 3.0～3.5t/m。加砂强度大于 3.5t/m 时，单位钻压成本产气量呈下降趋势。水平段长为 3000～3500m 的气井因统计样本点相对较少，统计规律代表性相对较低。

Marcellus 页岩气藏垂深 1500～2000m 页岩气水平井水平段长分析结果显示，随加砂强度增加，技术指标百米段长 EUR 整体呈先上升后下降趋势。综合均值、P50 值和 M50

值统计规律，合理加砂强度与水平段长密切相关。总体规律为随水平段长增加，气井合理加砂强度成增加趋势。水平段长 1000～1500m 对应合理加砂强度为 2.5～3.0t/m。水平段长 1500～2000m 对应合理加砂强度为 2.5～3.0t/m。水平段长 2000～2500m 对应合理加砂强度为 3.0～3.5t/m。水平段长 2500～3000m 对应合理加砂强度为 3.0～3.5t/m。水平段长超过 3000m 时，受限于统计样本数无法给出合理加砂强度范围。

7.4.2.2 垂深 2000～2500m 气井

图 7-53 给出了 Marcellus 页岩气藏垂深 2000～2500m 气井加砂强度与百米段长 EUR 和单位钻压成本产气量均值统计曲线。不同加砂强度对应百米段长 EUR 统计曲线显示，随加砂强度增加，百米段长 EUR 呈先增加后下降趋势，曲线存在拐点。随加砂强度增加，单位钻压成本产气量同样呈先增加后下降趋势，曲线也存在拐点。统计曲线显示存在最优加砂强度。

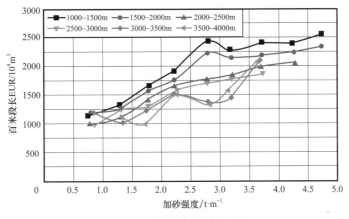

(a) 加砂强度与百米段长 EUR

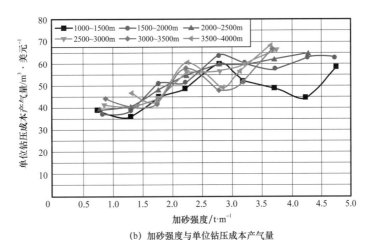

(b) 加砂强度与单位钻压成本产气量

图 7-53 Marcellus 页岩气藏垂深 2000～2500m 气井加砂强度与百米段长 EUR
和单位钻压成本产气量均值统计曲线

水平段长 1000～1500m 时，百米段长 EUR 和单位钻压成本产气量随加砂强度增加呈先上升后下降趋势。加砂强度 0.50～1.00t/m 统计气井 48 口，平均加砂强度 0.75t/m，平均百米段长 EUR 为 $1129 \times 10^4 m^3$，平均单位钻压成本产气量 38.9m³/美元。加砂强度 1.00～1.50t/m 统计气井 87 口，平均加砂强度 1.29t/m，平均百米段长 EUR 为 $1309 \times 10^4 m^3$，平均单位钻压成本产气量 35.9m³/美元。加砂强度 1.50～2.00t/m 统计气井 178 口，平均加砂强度 1.80t/m，平均百米段长 EUR 为 $1649 \times 10^4 m^3$，平均单位钻压成本产气量 44.9m³/美元。加砂强度 2.00～2.50t/m 统计气井 203 口，平均加砂强度 2.22t/m，平均百米段长 EUR 为 $1908 \times 10^4 m^3$，平均单位钻压成本产气量 48.6m³/美元。加砂强度 2.50～3.00t/m 统计气井 176 口，平均加砂强度 2.79t/m，平均百米段长 EUR 为 $2428 \times 10^4 m^3$，平均单位钻压成本产气量 60.1m³/美元。加砂强度 3.00～3.50t/m 统计气井 82 口，平均加砂强度 3.19t/m，平均百米段长 EUR 为 $2265 \times 10^4 m^3$，平均单位钻压成本产气量 52.0m³/美元。加砂强度 3.50～4.00t/m 统计气井 51 口，平均加砂强度 3.71t/m，平均百米段长 EUR 为 $2385 \times 10^4 m^3$，平均单位钻压成本产气量 49.0m³/美元。加砂强度 4.00～4.50t/m 统计气井 13 口，平均加砂强度 4.23t/m，平均百米段长 EUR 为 $2405 \times 10^4 m^3$，平均单位钻压成本产气量 44.5m³/美元。加砂强度 4.50～5.00t/m 统计气井 6 口，平均加砂强度 4.75t/m，平均百米段长 EUR 为 $2541 \times 10^4 m^3$，平均单位钻压成本产气量 58.2m³/美元。

水平段长 1500～2000m 时，百米段长 EUR 和单位钻压成本产气量随加砂强度增加呈先上升后下降趋势。加砂强度 0.50～1.00t/m 统计气井 35 口，平均加砂强度 0.81t/m，平均百米段长 EUR 为 $1182 \times 10^4 m^3$，平均单位钻压成本产气量 37.4m³/美元。加砂强度 1.00～1.50t/m 统计气井 116 口，平均加砂强度 1.30t/m，平均百米段长 EUR 为 $1244 \times 10^4 m^3$，平均单位钻压成本产气量 38.7m³/美元。加砂强度 1.50～2.00t/m 统计气井 306 口，平均加砂强度 1.78t/m，平均百米段长 EUR 为 $1565 \times 10^4 m^3$，平均单位钻压成本产气量 51.1m³/美元。加砂强度 2.00～2.50t/m 统计气井 247 口，平均加砂强度 2.23t/m，平均百米段长 EUR 为 $1751 \times 10^4 m^3$，平均单位钻压成本产气量 51.5m³/美元。加砂强度 2.50～3.00t/m 统计气井 239 口，平均加砂强度 2.79t/m，平均百米段长 EUR 为 $2225 \times 10^4 m^3$，平均单位钻压成本产气量 63.7m³/美元。加砂强度 3.00～3.50t/m 统计气井 101 口，平均加砂强度 3.19t/m，平均百米段长 EUR 为 $2135 \times 10^4 m^3$，平均单位钻压成本产气量 60.3m³/美元。加砂强度 3.50～4.00t/m 统计气井 66 口，平均加砂强度 3.72t/m，平均百米段长 EUR 为 $2186 \times 10^4 m^3$，平均单位钻压成本产气量 57.7m³/美元。加砂强度 4.00～4.50t/m 统计气井 17 口，平均加砂强度 4.26t/m，平均百米段长 EUR 为 $2239 \times 10^4 m^3$，平均单位钻压成本产气量 62.7m³/美元。加砂强度 4.50～5.00t/m 统计气井 10 口，平均加砂强度 4.73t/m，平均百米段长 EUR 为 $2335 \times 10^4 m^3$，平均单位钻压成本产气量 62.7m³/美元。

水平段长 2000～2500m 时，百米段长 EUR 和单位钻压成本产气量随加砂强度增加呈先上升后下降趋势。加砂强度 0.50～1.00t/m 统计气井 16 口，平均加砂强度 0.79t/m，平均百米段长 EUR 为 $995 \times 10^4 m^3$，平均单位钻压成本产气量 $39.7 m^3$/美元。加砂强度 $1.00 \sim 1.50 t/m$ 统计气井 98 口，平均加砂强度 $1.30 t/m$，平均百米段长 EUR 为 $1098 \times 10^4 m^3$，平均单位钻压成本产气量 $40.3 m^3$/美元。加砂强度 $1.50 \sim 2.00 t/m$ 统计气井 191 口，平均加砂强度 $1.78 t/m$，平均百米段长 EUR 为 $1412 \times 10^4 m^3$，平均单位钻压成本产气量 $47.9 m^3$/美元。加砂强度 $2.00 \sim 2.50 t/m$ 统计气井 158 口，平均加砂强度 $2.24 t/m$，平均百米段长 EUR 为 $1659 \times 10^4 m^3$，平均单位钻压成本产气量 $54.6 m^3$/美元。加砂强度 $2.50 \sim 3.00 t/m$ 统计气井 138 口，平均加砂强度 $2.79 t/m$，平均百米段长 EUR 为 $1767 \times 10^4 m^3$，平均单位钻压成本产气量 $59.9 m^3$/美元。加砂强度 $3.00 \sim 3.50 t/m$ 统计气井 75 口，平均加砂强度 $3.23 t/m$，平均百米段长 EUR 为 $1836 \times 10^4 m^3$，平均单位钻压成本产气量 $60.2 m^3$/美元。加砂强度 $3.50 \sim 4.00 t/m$ 统计气井 38 口，平均加砂强度 $3.70 t/m$，平均百米段长 EUR 为 $1986 \times 10^4 m^3$，平均单位钻压成本产气量 $62.0 m^3$/美元。加砂强度 $4.00 \sim 4.50 t/m$ 统计气井 10 口，平均加砂强度 $4.28 t/m$，平均百米段长 EUR 为 $2044 \times 10^4 m^3$，平均单位钻压成本产气量 $64.5 m^3$/美元。

水平段长 $2500 \sim 3000 m$ 时，百米段长 EUR 和单位钻压成本产气量随加砂强度增加呈先上升后下降趋势。加砂强度 $0.50 \sim 1.00 t/m$ 统计气井 6 口，平均加砂强度 $0.87 t/m$，平均百米段长 EUR 为 $964 \times 10^4 m^3$，平均单位钻压成本产气量 $41.0 m^3$/美元。加砂强度 $1.00 \sim 1.50 t/m$ 统计气井 53 口，平均加砂强度 $1.32 t/m$，平均百米段长 EUR 为 $1235 \times 10^4 m^3$，平均单位钻压成本产气量 $40.0 m^3$/美元。加砂强度 $1.50 \sim 2.00 t/m$ 统计气井 94 口，平均加砂强度 $1.78 t/m$，平均百米段长 EUR 为 $1293 \times 10^4 m^3$，平均单位钻压成本产气量 $44.3 m^3$/美元。加砂强度 $2.00 \sim 2.50 t/m$ 统计气井 72 口，平均加砂强度 $2.27 t/m$，平均百米段长 EUR 为 $1553 \times 10^4 m^3$，平均单位钻压成本产气量 $55.7 m^3$/美元。加砂强度 $2.50 \sim 3.00 t/m$ 统计气井 107 口，平均加砂强度 $2.79 t/m$，平均百米段长 EUR 为 $1683 \times 10^4 m^3$，平均单位钻压成本产气量 $56.5 m^3$/美元。加砂强度 $3.00 \sim 3.50 t/m$ 统计气井 76 口，平均加砂强度 $3.20 t/m$，平均百米段长 EUR 为 $1766 \times 10^4 m^3$，平均单位钻压成本产气量 $59.3 m^3$/美元。加砂强度 $3.50 \sim 4.00 t/m$ 统计气井 73 口，平均加砂强度 $3.74 t/m$，平均百米段长 EUR 为 $1853 \times 10^4 m^3$，平均单位钻压成本产气量 $65.9 m^3$/美元。

水平段长 $3000 \sim 3500 m$ 时，百米段长 EUR 和单位钻压成本产气量随加砂强度增加呈先上升后下降趋势。加砂强度 $0.50 \sim 1.00 t/m$ 统计气井 7 口，平均加砂强度 $0.87 t/m$，平均百米段长 EUR 为 $1181 \times 10^4 m^3$，平均单位钻压成本产气量 $44.4 m^3$/美元。加砂强度 $1.00 \sim 1.50 t/m$ 统计气井 21 口，平均加砂强度 $1.33 t/m$，平均百米段长 EUR 为 $1020 \times 10^4 m^3$，平均单位钻压成本产气量 $40.2 m^3$/美元。加砂强度 $1.50 \sim 2.00 t/m$ 统计气井 39 口，平均加砂强度 $1.75 t/m$，平均百米段长 EUR 为 $1227 \times 10^4 m^3$，平均单位钻压成本产气量 $42.0 m^3$/美元。加砂强度 $2.00 \sim 2.50 t/m$ 统计气井 51 口，平均加砂强度 $2.24 t/m$，平均百米段长 EUR 为 $1501 \times 10^4 m^3$，平均单位钻压成本产气量 $58.1 m^3$/美元。加砂强度 $2.50 \sim 3.00 t/m$ 统计气井 57 口，平均加砂强度 $2.80 t/m$，平均百米段长 EUR

为 $1363 \times 10^4 m^3$，平均单位钻压成本产气量 48.2m^3/ 美元。加砂强度 3.00～3.50t/m 统计气井 42 口，平均加砂强度 3.18t/m，平均百米段长 EUR 为 $1448 \times 10^4 m^3$，平均单位钻压成本产气量 51.8m^3/ 美元。加砂强度 3.50～4.00t/m 统计气井 19 口，平均加砂强度 3.68t/m，平均百米段长 EUR 为 $2103 \times 10^4 m^3$，平均单位钻压成本产气量 66.6 m^3/ 美元。

水平段长 3500～4000m 时，百米段长 EUR 和单位钻压成本产气量随加砂强度增加呈先上升后下降趋势。加砂强度 1.00～1.50t/m 统计气井 6 口，平均加砂强度 1.32t/m，平均百米段长 EUR 为 $1108 \times 10^4 m^3$，平均单位钻压成本产气量 46.5m^3/ 美元。加砂强度 1.50～2.00t/m 统计气井 5 口，平均加砂强度 1.72t/m，平均百米段长 EUR 为 $988 \times 10^4 m^3$，平均单位钻压成本产气量 43.2m^3/ 美元。加砂强度 2.00～2.50t/m 统计气井 16 口，平均加砂强度 2.25t/m，平均百米段长 EUR 为 $1496 \times 10^4 m^3$，平均单位钻压成本产气量 60.6m^3/ 美元。加砂强度 2.50～3.00t/m 统计气井 18 口，平均加砂强度 2.84t/m，平均百米段长 EUR 为 $1325 \times 10^4 m^3$，平均单位钻压成本产气量 49.7m^3/ 美元。加砂强度 3.00～3.50t/m 统计气井 9 口，平均加砂强度 3.13t/m，平均百米段长 EUR 为 $1565 \times 10^4 m^3$，平均单位钻压成本产气量 56.7m^3/ 美元。加砂强度 3.50～4.00t/m 统计气井 11 口，平均加砂强度 3.64t/m，平均百米段长 EUR 为 $2066 \times 10^4 m^3$，平均单位钻压成本产气量 68.2m^3/ 美元。

垂深 2000～2500m 气井不同加砂强度对应技术指标百米段长 EUR 的均值统计规律显示，随加砂强度增加，技术指标百米段长 EUR 整体呈先增加后下降趋势，曲线存在拐点。水平段长小于 2000m 时，曲线拐点对应加砂强度范围为 2.5～3.0t/m。加砂强度大于 3.0t/m 时，百米段长 EUR 呈相对稳定趋势。水平段长为 2000～3000m 时，百米段长 EUR 随加砂强度增加而增加，均值统计曲线未出现拐点。水平段长范围为 3000～4000m 时，加砂强度由 3.0～3.5t/m 增加至 3.5～4.0t/m 时，百米段长 EUR 仍呈显著上升趋势。由于缺失加砂强度大于 4.0t/m 样本点，百米段长 EUR 平均值统计曲线未出现显著拐点。

垂深 2000～2500m 气井不同加砂强度对应经济指标单位钻压成本产气量均值统计规律显示，单位钻压成本产气量整体呈先增加后下降趋势，曲线存在拐点。水平段长小于 2000m 时，曲线拐点对应加砂强度范围为 2.5～3.0t/m。加砂强度大于 3.0t/m 时，单位钻压成本产气量呈下降趋势。水平段长为 2000～3000m 时，单位钻压成本产气量均值统计曲线未出现明显拐点。水平段长为 3000～4000m 时，加砂强度由 3.0～3.5t/m 增加至 3.5～4.0t/m 时，单位钻压成本产气量仍呈显著上升趋势。由于缺失加砂强度大于 4.0t/m 样本点，单位钻压成本产气量均值统计曲线未出现显著拐点。

图 7-54 给出了 Marcellus 页岩气藏垂深 2000～2500m 气井加砂强度与百米段长 EUR 和单位钻压成本产气量 P50 值统计曲线。不同加砂强度对应百米段长 EUR 统计曲线显示，随加砂强度增加，百米段长 EUR 呈先增加后下降趋势，曲线存在拐点。随加砂强度增加，单位钻压成本产气量同样呈先增加后下降趋势，曲线也存在拐点。统计曲线显示存在最优加砂强度。

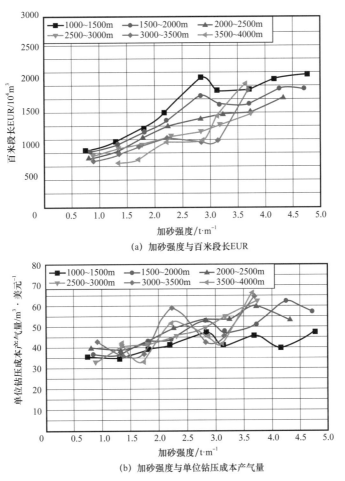

图 7-54　Marcellus 页岩气藏垂深 2000～2500m 气井加砂强度与百米段长 EUR
和单位钻压成本产气量 P50 值统计曲线

水平段长 1000～1500m 时，百米段长 EUR 和单位钻压成本产气量随加砂强度增加呈先上升后下降趋势。加砂强度 0.50～1.00t/m 统计气井 48 口，P50 加砂强度 0.75t/m，P50 百米段长 EUR 为 $1054 \times 10^4 m^3$，P50 单位钻压成本产气量 $35.3 m^3$/ 美元。加砂强度 1.00～1.50t/m 统计气井 87 口，P50 加砂强度 1.30t/m，P50 百米段长 EUR 为 $1229 \times 10^4 m^3$，P50 单位钻压成本产气量 $34.9 m^3$/ 美元。加砂强度 1.50～2.00t/m 统计气井 178 口，P50 加砂强度 1.81t/m，P50 百米段长 EUR 为 $1485 \times 10^4 m^3$，P50 单位钻压成本产气量 $38.8 m^3$/ 美元。加砂强度 2.00～2.50t/m 统计气井 203 口，P50 加砂强度 2.19t/m，P50 百米段长 EUR 为 $1742 \times 10^4 m^3$，P50 单位钻压成本产气量 $41.2 m^3$/ 美元。加砂强度 2.50～3.00t/m 统计气井 176 口，P50 加砂强度 2.84t/m，P50 百米段长 EUR 为 $2382 \times 10^4 m^3$，P50 单位钻压成本产气量 $47.1 m^3$/ 美元。加砂强度 3.00～3.50t/m 统计气井 82 口，P50 加砂强度 3.13t/m，P50 百米段长 EUR 为 $2162 \times 10^4 m^3$，P50 单位钻压成本产气量 $41.0 m^3$/ 美元。加砂强度 3.50～4.00t/m 统计气井 51 口，P50 加砂强度 3.70t/m，P50 百米段长 EUR 为 $2189 \times 10^4 m^3$，

P50 单位钻压成本产气量 45.8m³/ 美元。加砂强度 4.00～4.50t/m 统计气井 13 口，P50 加砂强度 4.15t/m，P50 百米段长 EUR 为 2375×10⁴m³，P50 单位钻压成本产气量 39.9m³/ 美元。加砂强度 4.50～5.00t/m 统计气井 6 口，P50 加砂强度 4.76t/m，P50 百米段长 EUR 为 2456×10⁴m³，P50 单位钻压成本产气量 47.5m³/ 美元。

水平段长 1500～2000m 时，百米段长 EUR 和单位钻压成本产气量随加砂强度增加呈先上升后下降趋势。加砂强度 0.50～1.00t/m 统计气井 35 口，P50 加砂强度 0.85t/m，P50 百米段长 EUR 为 1034×10⁴m³，P50 单位钻压成本产气量 37.2m³/ 美元。加砂强度 1.00～1.50t/m 统计气井 116 口，P50 加砂强度 1.33t/m，P50 百米段长 EUR 为 1174×10⁴m³，P50 单位钻压成本产气量 36.8m³/ 美元。加砂强度 1.50～2.00t/m 统计气井 306 口，P50 加砂强度 1.80t/m，P50 百米段长 EUR 为 1394×10⁴m³，P50 单位钻压成本产气量 42.8m³/ 美元。加砂强度 2.00～2.50t/m 统计气井 247 口，P50 加砂强度 2.22t/m，P50 百米段长 EUR 为 1604×10⁴m³，P50 单位钻压成本产气量 44.0m³/ 美元。加砂强度 2.50～3.00t/m 统计气井 239 口，P50 加砂强度 2.83t/m，P50 百米段长 EUR 为 2068×10⁴m³，P50 单位钻压成本产气量 53.2m³/ 美元。加砂强度 3.00～3.50t/m 统计气井 101 口，P50 加砂强度 3.16t/m，P50 百米段长 EUR 为 1919×10⁴m³，P50 单位钻压成本产气量 47.4m³/ 美元。加砂强度 3.50～4.00t/m 统计气井 66 口，P50 加砂强度 3.71t/m，P50 百米段长 EUR 为 1922×10⁴m³，P50 单位钻压成本产气量 51.1m³/ 美元。加砂强度 4.00～4.50t/m 统计气井 17 口，P50 加砂强度 4.24t/m，P50 百米段长 EUR 为 2197×10⁴m³，P50 单位钻压成本产气量 62.6m³/ 美元。加砂强度 4.50～5.00t/m 统计气井 10 口，P50 加砂强度 4.71t/m，P50 百米段长 EUR 为 2185×10⁴m³，P50 单位钻压成本产气量 57.5 m³/ 美元。

水平段长 2000～2500m 时，百米段长 EUR 和单位钻压成本产气量随加砂强度增加呈先上升后下降趋势。加砂强度 0.50～1.00t/m 统计气井 16 口，P50 加砂强度 0.81t/m，P50 百米段长 EUR 为 916×10⁴m³，P50 单位钻压成本产气量 40.1m³/ 美元。加砂强度 1.00～1.50t/m 统计气井 98 口，P50 加砂强度 1.34t/m，P50 百米段长 EUR 为 1054×10⁴m³，P50 单位钻压成本产气量 39.0m³/ 美元。加砂强度 1.50～2.00t/m 统计气井 191 口，P50 加砂强度 1.79t/m，P50 百米段长 EUR 为 1290×10⁴m³，P50 单位钻压成本产气量 42.7m³/ 美元。加砂强度 2.00～2.50t/m 统计气井 158 口，P50 加砂强度 2.25t/m，P50 百米段长 EUR 为 1504×10⁴m³，P50 单位钻压成本产气量 49.5m³/ 美元。加砂强度 2.50～3.00t/m 统计气井 138 口，P50 加砂强度 2.82t/m，P50 百米段长 EUR 为 1640×10⁴m³，P50 单位钻压成本产气量 53.4m³/ 美元。加砂强度 3.00～3.50t/m 统计气井 75 口，P50 加砂强度 3.23t/m，P50 百米段长 EUR 为 1737×10⁴m³，P50 单位钻压成本产气量 54.0m³/ 美元。加砂强度 3.50～4.00t/m 统计气井 38 口，P50 加砂强度 3.73t/m，P50 百米段长 EUR 为 1770×10⁴m³，P50 单位钻压成本产气量 60.0m³/ 美元。加砂强度 4.00～4.50t/m 统计气井 10 口，P50 加砂强度 4.32t/m，P50 百米段长 EUR 为 2041×10⁴m³，P50 单位钻压成本产气量 53.2 m³/ 美元。

水平段长 2500～3000m 时，百米段长 EUR 和单位钻压成本产气量随加砂强度增加呈先上升后下降趋势。加砂强度 0.50～1.00t/m 统计气井 6 口，P50 加砂强度 0.88t/m，P50 百米段长 EUR 为 $954 \times 10^4 m^3$，P50 单位钻压成本产气量 32.9m^3/美元。加砂强度 1.00～1.50t/m 统计气井 53 口，P50 加砂强度 1.34t/m，P50 百米段长 EUR 为 $1095 \times 10^4 m^3$，P50 单位钻压成本产气量 40.5m^3/美元。加砂强度 1.50～2.00t/m 统计气井 94 口，P50 加砂强度 1.78t/m，P50 百米段长 EUR 为 $1169 \times 10^4 m^3$，P50 单位钻压成本产气量 41.1m^3/美元。加砂强度 2.00～2.50t/m 统计气井 72 口，P50 加砂强度 2.31t/m，P50 百米段长 EUR 为 $1323 \times 10^4 m^3$，P50 单位钻压成本产气量 45.2m^3/美元。加砂强度 2.50～3.00t/m 统计气井 107 口，P50 加砂强度 2.81t/m，P50 百米段长 EUR 为 $1398 \times 10^4 m^3$，P50 单位钻压成本产气量 49.1m^3/美元。加砂强度 3.00～3.50t/m 统计气井 76 口，P50 加砂强度 3.17t/m，P50 百米段长 EUR 为 $1532 \times 10^4 m^3$，P50 单位钻压成本产气量 55.3m^3/美元。加砂强度 3.50～4.00t/m 统计气井 73 口，P50 加砂强度 3.75t/m，P50 百米段长 EUR 为 $1732 \times 10^4 m^3$，P50 单位钻压成本产气量 62.2m^3/美元。

水平段长 3000～3500m 时，百米段长 EUR 和单位钻压成本产气量随加砂强度增加呈先上升后下降趋势。加砂强度 0.50～1.00t/m 统计气井 7 口，P50 加砂强度 0.90t/m，P50 百米段长 EUR 为 $877 \times 10^4 m^3$，P50 单位钻压成本产气量 43.0m^3/美元。加砂强度 1.00～1.50t/m 统计气井 21 口，P50 加砂强度 1.36t/m，P50 百米段长 EUR 为 $1000 \times 10^4 m^3$，P50 单位钻压成本产气量 36.4m^3/美元。加砂强度 1.50～2.00t/m 统计气井 39 口，P50 加砂强度 1.73t/m，P50 百米段长 EUR 为 $1145 \times 10^4 m^3$，P50 单位钻压成本产气量 37.5m^3/美元。加砂强度 2.00～2.50t/m 统计气井 51 口，P50 加砂强度 2.22t/m，P50 百米段长 EUR 为 $1288 \times 10^4 m^3$，P50 单位钻压成本产气量 58.8m^3/美元。加砂强度 2.50～3.00t/m 统计气井 57 口，P50 加砂强度 2.84t/m，P50 百米段长 EUR 为 $1216 \times 10^4 m^3$，P50 单位钻压成本产气量 42.9m^3/美元。加砂强度 3.00～3.50t/m 统计气井 42 口，P50 加砂强度 3.14t/m，P50 百米段长 EUR 为 $1251 \times 10^4 m^3$，P50 单位钻压成本产气量 45.5m^3/美元。加砂强度 3.50～4.00t/m 统计气井 19 口，P50 加砂强度 3.69t/m，P50 百米段长 EUR 为 $2171 \times 10^4 m^3$，P50 单位钻压成本产气量 64.6m^3/美元。

水平段长 3500～4000m 时，百米段长 EUR 和单位钻压成本产气量随加砂强度增加呈先上升后下降趋势。加砂强度 1.00～1.50t/m 统计气井 6 口，P50 加砂强度 1.35t/m，P50 百米段长 EUR 为 $831 \times 10^4 m^3$，P50 单位钻压成本产气量 42.4m^3/美元。加砂强度 1.50～2.00t/m 统计气井 5 口，P50 加砂强度 1.72t/m，P50 百米段长 EUR 为 $894 \times 10^4 m^3$，P50 单位钻压成本产气量 33.6m^3/美元。加砂强度 2.00～2.50t/m 统计气井 16 口，P50 加砂强度 2.22t/m，P50 百米段长 EUR 为 $1208 \times 10^4 m^3$，P50 单位钻压成本产气量 52.2m^3/美元。加砂强度 2.50～3.00t/m 统计气井 18 口，P50 加砂强度 2.86t/m，P50 百米段长 EUR 为 $1248 \times 10^4 m^3$，P50 单位钻压成本产气量 45.3m^3/美元。加砂强度 3.00～3.50t/m 统计气井 9 口，P50 加砂强度 3.13t/m，P50 百米段长 EUR 为 $1699 \times 10^4 m^3$，P50 单位钻压成本产气量 42.2m^3/美元。加砂强度 3.50～4.00t/m 统计气井 11 口，P50 加砂强度 3.64t/m，P50 百米段

长 EUR 为 $2298 \times 10^4 m^3$，P50 单位钻压成本产气量 $66.7 m^3$/ 美元。

垂深 2000～2500m 气井不同加砂强度对应技术指标百米段长 EUR 的 P50 值统计规律显示，随加砂强度增加，技术指标百米段长 EUR 整体呈先增加后下降趋势，曲线存在拐点。水平段长小于 2000m 时，曲线拐点对应加砂强度范围为 2.5～3.0t/m。加砂强度大于 3.0t/m 时，百米段长 EUR 呈相对稳定趋势。水平段长为 2000～3000m 时，百米段长 EUR 随加砂强度增加而增加，P50 值统计曲线未出现拐点。水平段长范围为 3000～4000m 时，加砂强度由 3.0～3.5t/m 增加至 3.5～4.0t/m 时，百米段长 EUR 仍呈显著上升趋势。由于缺失加砂强度大于 4.0t/m 样本点，百米段长 EUR P50 值统计曲线未出现显著拐点。

垂深 2000～2500m 气井不同加砂强度对应经济指标单位钻压成本产气量 P50 值统计规律显示，单位钻压成本产气量整体呈先增加后下降趋势，曲线存在拐点。水平段长小于 2000m 时，曲线拐点对应加砂强度范围为 2.5～3.0t/m。加砂强度大于 3.0t/m 时，单位钻压成本产气量呈下降趋势。水平段长为 2000～3000m 时，单位钻压成本产气量 P50 值统计曲线未出现明显拐点。水平段长为 3000～4000m 时，加砂强度由 3.0～3.5t/m 增加至 3.5～4.0t/m 时，单位钻压成本产气量仍呈显著上升趋势。由于缺失加砂强度大于 4.0t/m 样本点，单位钻压成本产气量 P50 值统计曲线未出现显著拐点。

图 7-55 给出了 Marcellus 页岩气藏垂深 2000～2500m 气井加砂强度与百米段长 EUR 和单位钻压成本产气量 M50 值统计曲线。不同加砂强度对应百米段长 EUR 统计曲线显示，随加砂强度增加，百米段长 EUR 呈先增加后下降趋势，曲线存在拐点。随加砂强度增加，单位钻压成本产气量同样呈先增加后下降趋势，曲线也存在拐点。统计曲线显示存在最优加砂强度。

水平段长 1000～1500m 时，百米段长 EUR 和单位钻压成本产气量随加砂强度增加呈先上升后下降趋势。加砂强度 0.50～1.00t/m 统计气井 48 口，M50 加砂强度 0.75t/m，M50 百米段长 EUR 为 $1047 \times 10^4 m^3$，M50 单位钻压成本产气量 $34.6 m^3$/ 美元。加砂强度 1.00～1.50t/m 统计气井 87 口，M50 加砂强度 1.30t/m，M50 百米段长 EUR 为 $1216 \times 10^4 m^3$，M50 单位钻压成本产气量 $34.0 m^3$/ 美元。加砂强度 1.50～2.00t/m 统计气井 178 口，M50 加砂强度 1.81t/m，M50 百米段长 EUR 为 $1559 \times 10^4 m^3$，M50 单位钻压成本产气量 $40.7 m^3$/ 美元。加砂强度 2.00～2.50t/m 统计气井 203 口，M50 加砂强度 2.20t/m，M50 百米段长 EUR 为 $1770 \times 10^4 m^3$，M50 单位钻压成本产气量 $42.5 m^3$/ 美元。加砂强度 2.50～3.00t/m 统计气井 176 口，M50 加砂强度 2.82t/m，M50 百米段长 EUR 为 $2379 \times 10^4 m^3$，M50 单位钻压成本产气量 $56.5 m^3$/ 美元。加砂强度 3.00～3.50t/m 统计气井 82 口，M50 加砂强度 3.15t/m，M50 百米段长 EUR 为 $2233 \times 10^4 m^3$，M50 单位钻压成本产气量 $53.5 m^3$/ 美元。加砂强度 3.50～4.00t/m 统计气井 51 口，M50 加砂强度 3.70t/m，M50 百米段长 EUR 为 $2261 \times 10^4 m^3$，M50 单位钻压成本产气量 $46.7 m^3$/ 美元。加砂强度 4.00～4.50t/m 统计气井 13 口，M50 加砂强度 4.22t/m，M50 百米段长 EUR 为 $2236 \times 10^4 m^3$，M50 单位钻压成本产气量 $42.2 m^3$/ 美元。加砂强度 4.50～5.00t/m 统计气井 6 口，M50 加砂强度 4.76t/m，M50 百米段长 EUR 为 $2234 \times 10^4 m^3$，M50 单位钻压成本产气量 $45.4 m^3$/ 美元。

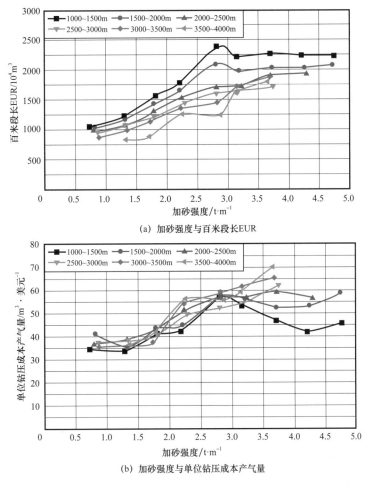

(a) 加砂强度与百米段长 EUR

(b) 加砂强度与单位钻压成本产气量

图 7-55　Marcellus 页岩气藏垂深 2000～2500m 气井加砂强度与百米段长 EUR
和单位钻压成本产气量 M50 值统计曲线

　　水平段长 1500～2000m 时，百米段长 EUR 和单位钻压成本产气量随加砂强度增加呈先
上升后下降趋势。加砂强度 0.50～1.00t/m 统计气井 35 口，M50 加砂强度 0.83t/m，M50 百米
段长 EUR 为 1016×10⁴m³，M50 单位钻压成本产气量 40.7m³/ 美元。加砂强度 1.00～1.50t/m
统计气井 116 口，M50 加砂强度 1.31t/m，M50 百米段长 EUR 为 1169×10⁴m³，M50 单位钻压
成本产气量 35.5m³/ 美元。加砂强度 1.50～2.00t/m 统计气井 306 口，M50 加砂强度 1.79t/m，
M50 百米段长 EUR 为 1417×10⁴m³，M50 单位钻压成本产气量 43.3m³/ 美元。加砂强度
2.00～2.50t/m 统计气井 247 口，M50 加砂强度 2.22t/m，M50 百米段长 EUR 为 1653×10⁴m³，
M50 单位钻压成本产气量 44.8m³/ 美元。加砂强度 2.50～3.00t/m 统计气井 239 口，M50 加砂
强度 2.81t/m，M50 百米段长 EUR 为 2100×10⁴m³，M50 单位钻压成本产气量 57.4m³/ 美元。
加砂强度 3.00～3.50t/m 统计气井 101 口，M50 加砂强度 3.17t/m，M50 百米段长 EUR 为
1974×10⁴m³，M50 单位钻压成本产气量 56.1m³/ 美元。加砂强度 3.50～4.00t/m 统计气井 66
口，M50 加砂强度 3.72t/m，M50 百米段长 EUR 为 2020×10⁴m³，M50 单位钻压成本产气量

52.3m³/美元。加砂强度 4.00～4.50t/m 统计气井 17 口，M50 加砂强度 4.25t/m，M50 百米段长 EUR 为 2020×10⁴m³，M50 单位钻压成本产气量 52.8m³/美元。加砂强度 4.50～5.00t/m 统计气井 10 口，M50 加砂强度 4.73t/m，M50 百米段长 EUR 为 2072×10⁴m³，M50 单位钻压成本产气量 58.4m³/美元。

水平段长 2000～2500m 时，百米段长 EUR 和单位钻压成本产气量随加砂强度增加呈先上升后下降趋势。加砂强度 0.50～1.00t/m 统计气井 16 口，M50 加砂强度 0.80t/m，M50 百米段长 EUR 为 975×10⁴m³，M50 单位钻压成本产气量 36.5m³/美元。加砂强度 1.00～1.50t/m 统计气井 98 口，M50 加砂强度 1.32t/m，M50 百米段长 EUR 为 1056×10⁴m³，M50 单位钻压成本产气量 38.5m³/美元。加砂强度 1.50～2.00t/m 统计气井 191 口，M50 加砂强度 1.79t/m，M50 百米段长 EUR 为 1294×10⁴m³，M50 单位钻压成本产气量 42.6m³/美元。加砂强度 2.00～2.50t/m 统计气井 158 口，M50 加砂强度 2.24t/m，M50 百米段长 EUR 为 1536×10⁴m³，M50 单位钻压成本产气量 51.1m³/美元。加砂强度 2.50～3.00t/m 统计气井 138 口，M50 加砂强度 2.81t/m，M50 百米段长 EUR 为 1701×10⁴m³，M50 单位钻压成本产气量 56.5m³/美元。加砂强度 3.00～3.50t/m 统计气井 75 口，M50 加砂强度 3.22t/m，M50 百米段长 EUR 为 1726×10⁴m³，M50 单位钻压成本产气量 56.8m³/美元。加砂强度 3.50～4.00t/m 统计气井 38 口，M50 加砂强度 3.70t/m，M50 百米段长 EUR 为 1907×10⁴m³，M50 单位钻压成本产气量 59.4m³/美元。加砂强度 4.00～4.50t/m 统计气井 10 口，M50 加砂强度 4.29t/m，M50 百米段长 EUR 为 1922×10⁴m³，M50 单位钻压成本产气量 56.3m³/美元。

水平段长 2500～3000m 时，百米段长 EUR 和单位钻压成本产气量随加砂强度增加呈先上升后下降趋势。加砂强度 0.50～1.00t/m 统计气井 6 口，M50 加砂强度 0.87t/m，M50 百米段长 EUR 为 929×10⁴m³，M50 单位钻压成本产气量 37.0m³/美元。加砂强度 1.00～1.50t/m 统计气井 53 口，M50 加砂强度 1.33t/m，M50 百米段长 EUR 为 1050×10⁴m³，M50 单位钻压成本产气量 37.8m³/美元。加砂强度 1.50～2.00t/m 统计气井 94 口，M50 加砂强度 1.79t/m，M50 百米段长 EUR 为 1187×10⁴m³，M50 单位钻压成本产气量 39.9m³/美元。加砂强度 2.00～2.50t/m 统计气井 72 口，M50 加砂强度 2.29t/m，M50 百米段长 EUR 为 1431×10⁴m³，M50 单位钻压成本产气量 48.8m³/美元。加砂强度 2.50～3.00t/m 统计气井 107 口，M50 加砂强度 2.80t/m，M50 百米段长 EUR 为 1594×10⁴m³，M50 单位钻压成本产气量 52.1m³/美元。加砂强度 3.00～3.50t/m 统计气井 76 口，M50 加砂强度 3.18t/m，M50 百米段长 EUR 为 1634×10⁴m³，M50 单位钻压成本产气量 54.3m³/美元。加砂强度 3.50～4.00t/m 统计气井 73 口，M50 加砂强度 3.75t/m，M50 百米段长 EUR 为 1707×10⁴m³，M50 单位钻压成本产气量 61.8m³/美元。

水平段长 3000～3500m 时，百米段长 EUR 和单位钻压成本产气量随加砂强度增加呈先上升后下降趋势。加砂强度 0.50～1.00t/m 统计气井 7 口，M50 加砂强度 0.89t/m，M50 百米段长 EUR 为 880×10⁴m³，M50 单位钻压成本产气量 35.4m³/美元。加砂强度 1.00～1.50t/m 统计气井 21 口，M50 加砂强度 1.35t/m，M50 百米段长 EUR 为 996×10⁴m³，

M50 单位钻压成本产气量 36.2m³/ 美元。加砂强度 1.50～2.00t/m 统计气井 39 口，M50 加砂强度 1.74t/m，M50 百米段长 EUR 为 1132×10⁴m³，M50 单位钻压成本产气量 37.4 m³/ 美元。加砂强度 2.00～2.50t/m 统计气井 51 口，M50 加砂强度 2.23t/m，M50 百米段长 EUR 为 1343×10⁴m³，M50 单位钻压成本产气量 54.0m³/ 美元。加砂强度 2.50～3.00t/m 统计气井 57 口，M50 加砂强度 2.82t/m，M50 百米段长 EUR 为 1436×10⁴m³，M50 单位钻压成本产气量 58.4m³/ 美元。加砂强度 3.00～3.50t/m 统计气井 42 口，M50 加砂强度 3.15t/m，M50 百米段长 EUR 为 1695×10⁴m³，M50 单位钻压成本产气量 61.4m³/ 美元。加砂强度 3.50～4.00t/m 统计气井 19 口，M50 加砂强度 3.67t/m，M50 百米段长 EUR 为 1871×10⁴m³，M50 单位钻压成本产气量 65.3m³/ 美元。

水平段长 3500～4000m 时，百米段长 EUR 和单位钻压成本产气量随加砂强度增加呈先上升后下降趋势。加砂强度 1.00～1.50t/m 统计气井 6 口，M50 加砂强度 1.33t/m，M50 百米段长 EUR 为 831×10⁴m³，M50 单位钻压成本产气量 35.6m³/ 美元。加砂强度 1.50～2.00t/m 统计气井 5 口，M50 加砂强度 1.71t/m，M50 百米段长 EUR 为 880×10⁴m³，M50 单位钻压成本产气量 40.0m³/ 美元。加砂强度 2.00～2.50t/m 统计气井 16 口，M50 加砂强度 2.24t/m，M50 百米段长 EUR 为 1247×10⁴m³，M50 单位钻压成本产气量 55.9m³/ 美元。加砂强度 2.50～3.00t/m 统计气井 18 口，M50 加砂强度 2.86t/m，M50 百米段长 EUR 为 1236×10⁴m³，M50 单位钻压成本产气量 55.3m³/ 美元。加砂强度 3.00～3.50t/m 统计气井 9 口，M50 加砂强度 3.13t/m，M50 百米段长 EUR 为 1614×10⁴m³，M50 单位钻压成本产气量 58.8m³/ 美元。加砂强度 3.50～4.00t/m 统计气井 11 口，M50 加砂强度 3.64t/m，M50 百米段长 EUR 为 1790×10⁴m³，M50 单位钻压成本产气量 69.7m³/ 美元。

垂深 2000～2500m 气井不同加砂强度对应技术指标百米段长 EUR 的 M50 值统计规律显示，随加砂强度增加，技术指标百米段长 EUR 整体呈先增加后下降趋势，曲线存在拐点。水平段长小于 2000m 时，曲线拐点对应加砂强度范围为 2.5～3.0t/m。加砂强度大于 3.0t/m 时，百米段长 EUR 呈相对稳定趋势。水平段长为 2000～3000m 时，百米段长 EUR 随加砂强度增加而增加，M50 值统计曲线未出现拐点。水平段长范围为 3000～4000m 时，加砂强度由 3.0～3.5t/m 增加至 3.5～4.0t/m 时，百米段长 EUR 仍呈显著上升趋势。由于缺失加砂强度大于 4.0t/m 样本点，百米段长 EUR M50 值统计曲线未出现显著拐点。

垂深 2000～2500m 气井不同加砂强度对应经济指标单位钻压成本产气量 M50 值统计规律显示，单位钻压成本产气量整体呈先增加后下降趋势，曲线存在拐点。水平段长小于 2000m 时，曲线拐点对应加砂强度范围为 2.5～3.0t/m。加砂强度大于 3.0t/m 时，单位钻压成本产气量呈下降趋势。水平段长为 2000～3000m 时，单位钻压成本产气量 M50 值统计曲线未出现明显拐点。水平段长为 3000～4000m 时，加砂强度由 3.0～3.5t/m 增加至 3.5～4.0t/m 时，单位钻压成本产气量仍呈显著上升趋势。由于缺失加砂强度大于 4.0t/m 样本点，单位钻压成本产气量 M50 值统计曲线未出现显著拐点。

Marcellus 页岩气藏垂深 2000～2500m 页岩气水平井加砂强度分析结果显示，随加砂强度增加，技术指标百米段长 EUR 整体呈先上升后下降趋势。综合均值、P50 值和 M50

值统计规律，合理加砂强度与水平段长密切相关。总体规律为随水平段长增加，气井合理加砂强度成增加趋势。水平段长 1000～1500m 对应合理加砂强度为 2.5～3.0t/m。水平段长 1500～2000m 对应合理加砂强度为 2.5～3.0t/m。水平段长 2000～2500m 对应合理加砂强度为 3.0～3.5t/m。水平段长 2500～3000m 对应合理加砂强度为 3.0～3.5t/m。水平段长超过 3000m 时，受限于统计样本数无法给出合理加砂强度范围。

7.4.2.3　垂深 2500～3000m 气井

图 7-56 给出了 Marcellus 页岩气藏垂深 2500～3000m 气井加砂强度与百米段长 EUR 和单位钻压成本产气量均值统计曲线。不同加砂强度对应百米段长 EUR 统计曲线显示，随加砂强度增加，百米段长 EUR 呈先增加后下降趋势，曲线存在拐点。随加砂强度增加，单位钻压成本产气量同样呈先增加后下降趋势，曲线也存在拐点。统计曲线显示存在最优加砂强度。

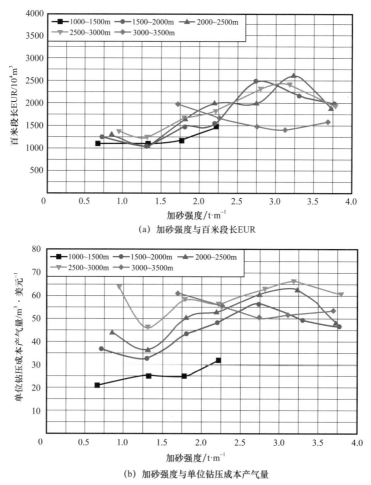

(a) 加砂强度与百米段长EUR

(b) 加砂强度与单位钻压成本产气量

图 7-56　Marcellus 页岩气藏垂深 2500～3000m 气井加砂强度与百米段长 EUR 和单位钻压成本产气量均值统计曲线

水平段长 1000～1500m 时，百米段长 EUR 和单位钻压成本产气量随加砂强度增加呈先上升后下降趋势。加砂强度 0.50～1.00t/m 统计气井 17 口，平均加砂强度 0.67t/m，平均百米段长 EUR 为 $1095 \times 10^4 m^3$，平均单位钻压成本产气量 20.9m³/美元。加砂强度 1.00～1.50t/m 统计气井 10 口，平均加砂强度 1.32t/m，平均百米段长 EUR 为 $1079 \times 10^4 m^3$，平均单位钻压成本产气量 25.3m³/美元。加砂强度 1.50～2.00t/m 统计气井 11 口，平均加砂强度 1.77t/m，平均百米段长 EUR 为 $1170 \times 10^4 m^3$，平均单位钻压成本产气量 24.8m³/美元。加砂强度 2.00～2.50t/m 统计气井 8 口，平均加砂强度 2.22t/m，平均百米段长 EUR 为 $1459 \times 10^4 m^3$，平均单位钻压成本产气量 31.6m³/美元。

水平段长 1500～2000m 时，百米段长 EUR 和单位钻压成本产气量随加砂强度增加呈先上升后下降趋势。加砂强度 0.50～1.00t/m 统计气井 37 口，平均加砂强度 0.72t/m，平均百米段长 EUR 为 $1229 \times 10^4 m^3$，平均单位钻压成本产气量 36.6m³/美元。加砂强度 1.00～1.50t/m 统计气井 28 口，平均加砂强度 1.30t/m，平均百米段长 EUR 为 $1053 \times 10^4 m^3$，平均单位钻压成本产气量 32.8m³/美元。加砂强度 1.50～2.00t/m 统计气井 36 口，平均加砂强度 1.81t/m，平均百米段长 EUR 为 $1666 \times 10^4 m^3$，平均单位钻压成本产气量 43.3m³/美元。加砂强度 2.00～2.50t/m 统计气井 35 口，平均加砂强度 2.20t/m，平均百米段长 EUR 为 $1539 \times 10^4 m^3$，平均单位钻压成本产气量 37.9m³/美元。加砂强度 2.50～3.00t/m 统计气井 10 口，平均加砂强度 2.73t/m，平均百米段长 EUR 为 $2472 \times 10^4 m^3$，平均单位钻压成本产气量 56.2m³/美元。加砂强度 3.00～3.50t/m 统计气井 10 口，平均加砂强度 3.31t/m，平均百米段长 EUR 为 $2165 \times 10^4 m^3$，平均单位钻压成本产气量 43.1m³/美元。加砂强度 3.50～4.00t/m 统计气井 19 口，平均加砂强度 3.77t/m，平均百米段长 EUR 为 $1981 \times 10^4 m^3$，平均单位钻压成本产气量 46.6m³/美元。

水平段长 2000～2500m 时，百米段长 EUR 和单位钻压成本产气量随加砂强度增加呈先上升后下降趋势。加砂强度 0.50～1.00t/m 统计气井 51 口，平均加砂强度 0.85t/m，平均百米段长 EUR 为 $1304 \times 10^4 m^3$，平均单位钻压成本产气量 43.5m³/美元。加砂强度 1.00～1.50t/m 统计气井 47 口，平均加砂强度 1.32t/m，平均百米段长 EUR 为 $1070 \times 10^4 m^3$，平均单位钻压成本产气量 36.4m³/美元。加砂强度 1.50～2.00t/m 统计气井 48 口，平均加砂强度 1.80t/m，平均百米段长 EUR 为 $1829 \times 10^4 m^3$，平均单位钻压成本产气量 54.3m³/美元。加砂强度 2.00～2.50t/m 统计气井 42 口，平均加砂强度 2.20t/m，平均百米段长 EUR 为 $2007 \times 10^4 m^3$，平均单位钻压成本产气量 57.9m³/美元。加砂强度 2.50～3.00t/m 统计气井 15 口，平均加砂强度 2.76t/m，平均百米段长 EUR 为 $1987 \times 10^4 m^3$，平均单位钻压成本产气量 47.3m³/美元。加砂强度 3.00～3.50t/m 统计气井 11 口，平均加砂强度 3.24t/m，平均百米段长 EUR 为 $2620 \times 10^4 m^3$，平均单位钻压成本产气量 62.7m³/美元。加砂强度 3.50～4.00t/m 统计气井 15 口，平均加砂强度 3.72t/m，平均百米段长 EUR 为 $1873 \times 10^4 m^3$，平均单位钻压成本产气量 47.8m³/美元。

水平段长 2500～3000m 时，百米段长 EUR 和单位钻压成本产气量随加砂强度增加呈先上升后下降趋势。加砂强度 0.50～1.00t/m 统计气井 12 口，平均加砂强度 0.94t/m，平均百米段长 EUR 为 $1355 \times 10^4 m^3$，平均单位钻压成本产气量 63.5m³/美元。加砂强度 1.00～1.50t/m 统计气井 40 口，平均加砂强度 1.31t/m，平均百米段长 EUR 为 $1221 \times 10^4 m^3$，平均单位钻压成本产气量 46.0m³/美元。加砂强度 1.50～2.00t/m 统计气井 24 口，平均加砂强度 1.79t/m，平均百米段长 EUR 为 $1663 \times 10^4 m^3$，平均单位钻压成本产气量 57.9m³/美元。加砂强度 2.00～2.50t/m 统计气井 30 口，平均加砂强度 2.21t/m，平均百米段长 EUR 为 $1803 \times 10^4 m^3$，平均单位钻压成本产气量 56.3m³/美元。加砂强度 2.50～3.00t/m 统计气井 13 口，平均加砂强度 2.80t/m，平均百米段长 EUR 为 $2395 \times 10^4 m^3$，平均单位钻压成本产气量 71.6m³/美元。加砂强度 3.00～3.50t/m 统计气井 13 口，平均加砂强度 3.18t/m，平均百米段长 EUR 为 $2003 \times 10^4 m^3$，平均单位钻压成本产气量 55.8m³/美元。加砂强度 3.50～4.00t/m 统计气井 7 口，平均加砂强度 3.79t/m，平均百米段长 EUR 为 $1899 \times 10^4 m^3$，平均单位钻压成本产气量 60.1m³/美元。

水平段长 3000～3500m 时，百米段长 EUR 和单位钻压成本产气量随加砂强度增加呈先上升后下降趋势。加砂强度 1.50～2.00t/m 统计气井 7 口，平均加砂强度 1.71t/m，平均百米段长 EUR 为 $1960 \times 10^4 m^3$，平均单位钻压成本产气量 71.0m³/美元。加砂强度 2.00～2.50t/m 统计气井 10 口，平均加砂强度 2.27t/m，平均百米段长 EUR 为 $1659 \times 10^4 m^3$，平均单位钻压成本产气量 55.3m³/美元。加砂强度 2.50～3.00t/m 统计气井 13 口，平均加砂强度 2.75t/m，平均百米段长 EUR 为 $1461 \times 10^4 m^3$，平均单位钻压成本产气量 50.2m³/美元。加砂强度 3.00～3.50t/m 统计气井 7 口，平均加砂强度 3.12t/m，平均百米段长 EUR 为 $1404 \times 10^4 m^3$，平均单位钻压成本产气量 51.4m³/美元。加砂强度 3.50～4.00t/m 统计气井 5 口，平均加砂强度 3.69t/m，平均百米段长 EUR 为 $1576 \times 10^4 m^3$，平均单位钻压成本产气量 53.0m³/美元。

垂深 2500～3000m 气井不同加砂强度对应技术指标百米段长 EUR 的均值统计规律显示，随加砂强度增加，技术指标百米段长 EUR 整体呈先增加后下降趋势，曲线存在拐点。水平段长为 1500～2000m 时，曲线拐点对应加砂强度范围为 2.5～3.0t/m。加砂强度大于 3.0t/m 时，百米段长 EUR 呈相对稳定趋势。水平段长为 2000～3000m 时，百米段长 EUR 随加砂强度增加而增加，曲线拐点对应加砂强度范围为 3.0～3.5t/m。水平段长范围为 3000～3500m 时，受统计样本点数量限制，百米段长 EUR 统计曲线未出现明显先上升后下降规律。

垂深 2500～3000m 气井不同加砂强度对应经济指标单位钻压成本产气量均值统计规律显示，单位钻压成本产气量整体呈先增加后下降趋势，曲线存在拐点。水平段长为 1500～2000m 时，曲线拐点对应加砂强度范围为 2.5～3.0t/m。加砂强度大于 3.0t/m 时，单位钻压成本产气量呈下降趋势。水平段长为 2000～3000m 时，曲线拐点对应加砂强度范围为 3.0～3.5t/m。水平段长为 3000～3500m 时，单位钻压成本产气量统计曲线未出现明显先上升后下降规律。

图 7-57 给出了 Marcellus 页岩气藏垂深 2500～3000m 气井加砂强度与百米段长 EUR 和单位钻压成本产气量 P50 值统计曲线。不同加砂强度对应百米段长 EUR 统计曲线显

示，随加砂强度增加，百米段长 EUR 呈先增加后下降趋势，曲线存在拐点。随加砂强度增加，单位钻压成本产气量同样呈先增加后下降趋势，曲线也存在拐点。统计曲线显示存在最优加砂强度。

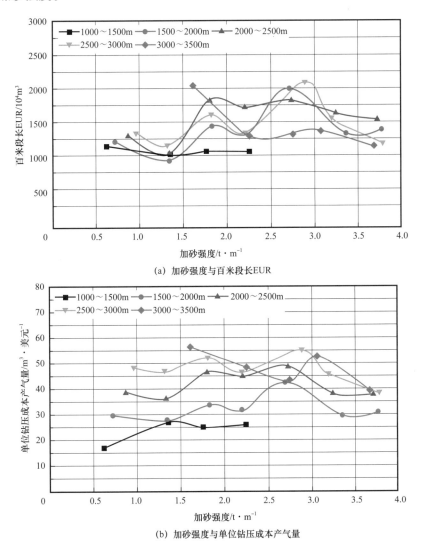

(a) 加砂强度与百米段长EUR

(b) 加砂强度与单位钻压成本产气量

图 7-57　Marcellus 页岩气藏垂深 2500～3000m 气井加砂强度与百米段长 EUR 和单位钻压成本产气量 P50 值统计曲线

水平段长 1000～1500m 时，百米段长 EUR 和单位钻压成本产气量随加砂强度增加呈先上升后下降趋势。加砂强度 0.50～1.00t/m 统计气井 17 口，P50 加砂强度 0.62t/m，P50 百米段长 EUR 为 $1173 \times 10^4 m^3$，P50 单位钻压成本产气量 $16.8 m^3 /$ 美元。加砂强度 1.00～1.50t/m 统计气井 10 口，P50 加砂强度 1.35t/m，P50 百米段长 EUR 为 $1061 \times 10^4 m^3$，P50 单位钻压成本产气量 $26.8 m^3 /$ 美元。加砂强度 1.50～2.00t/m 统计气井 11 口，P50 加砂强度 1.76t/m，P50 百米段长 EUR 为 $1092 \times 10^4 m^3$，P50 单位钻压成本产气量 $24.8 m^3 /$ 美元。

加砂强度 2.00～2.50t/m 统计气井 8 口，P50 加砂强度 2.25t/m，P50 百米段长 EUR 为 1094×10^{4}m^3，P50 单位钻压成本产气量 25.9m^3/ 美元。

水平段长 1500～2000m 时，百米段长 EUR 和单位钻压成本产气量随加砂强度增加呈先上升后下降趋势。加砂强度 0.50～1.00t/m 统计气井 37 口，P50 加砂强度 0.72t/m，P50 百米段长 EUR 为 1239×10^{4}m^3，P50 单位钻压成本产气量 39.6m^3/ 美元。加砂强度 1.00～1.50t/m 统计气井 28 口，P50 加砂强度 1.34t/m，P50 百米段长 EUR 为 963×10^{4}m^3，P50 单位钻压成本产气量 27.6m^3/ 美元。加砂强度 1.50～2.00t/m 统计气井 36 口，P50 加砂强度 1.83t/m，P50 百米段长 EUR 为 1463×10^{4}m^3，P50 单位钻压成本产气量 33.6m^3/ 美元。加砂强度 2.00～2.50t/m 统计气井 35 口，P50 加砂强度 2.21t/m，P50 百米段长 EUR 为 1355×10^{4}m^3，P50 单位钻压成本产气量 31.6m^3/ 美元。加砂强度 2.50～3.00t/m 统计气井 10 口，P50 加砂强度 2.71t/m，P50 百米段长 EUR 为 2005×10^{4}m^3，P50 单位钻压成本产气量 42.4m^3/ 美元。加砂强度 3.00～3.50t/m 统计气井 10 口，P50 加砂强度 3.36t/m，P50 百米段长 EUR 为 1361×10^{4}m^3，P50 单位钻压成本产气量 29.5m^3/ 美元。加砂强度 3.50～4.00t/m 统计气井 19 口，P50 加砂强度 3.77t/m，P50 百米段长 EUR 为 1416×10^{4}m^3，P50 单位钻压成本产气量 30.8m^3/ 美元。

水平段长 2000～2500m 时，百米段长 EUR 和单位钻压成本产气量随加砂强度增加呈先上升后下降趋势。加砂强度 0.50～1.00t/m 统计气井 51 口，P50 加砂强度 0.87t/m，P50 百米段长 EUR 为 1320×10^{4}m^3，P50 单位钻压成本产气量 38.7m^3/ 美元。加砂强度 1.00～1.50t/m 统计气井 47 口，P50 加砂强度 1.34t/m，P50 百米段长 EUR 为 1061×10^{4}m^3，P50 单位钻压成本产气量 36.2m^3/ 美元。加砂强度 1.50～2.00t/m 统计气井 48 口，P50 加砂强度 1.80t/m，P50 百米段长 EUR 为 1845×10^{4}m^3，P50 单位钻压成本产气量 46.4m^3/ 美元。加砂强度 2.00～2.50t/m 统计气井 42 口，P50 加砂强度 2.21t/m，P50 百米段长 EUR 为 1739×10^{4}m^3，P50 单位钻压成本产气量 45.1m^3/ 美元。加砂强度 2.50～3.00t/m 统计气井 15 口，P50 加砂强度 2.73t/m，P50 百米段长 EUR 为 1840×10^{4}m^3，P50 单位钻压成本产气量 38.6m^3/ 美元。加砂强度 3.00～3.50t/m 统计气井 11 口，P50 加砂强度 3.25t/m，P50 百米段长 EUR 为 2656×10^{4}m^3，P50 单位钻压成本产气量 68.1m^3/ 美元。加砂强度 3.50～4.00t/m 统计气井 15 口，P50 加砂强度 3.72t/m，P50 百米段长 EUR 为 1569×10^{4}m^3，P50 单位钻压成本产气量 37.9m^3/ 美元。

水平段长 2500～3000m 时，百米段长 EUR 和单位钻压成本产气量随加砂强度增加呈先上升后下降趋势。加砂强度 0.50～1.00t/m 统计气井 12 口，P50 加砂强度 0.96t/m，P50 百米段长 EUR 为 1367×10^{4}m^3，P50 单位钻压成本产气量 67.9m^3/ 美元。加砂强度 1.00～1.50t/m 统计气井 40 口，P50 加砂强度 1.31t/m，P50 百米段长 EUR 为 1185×10^{4}m^3，P50 单位钻压成本产气量 46.8m^3/ 美元。加砂强度 1.50～2.00t/m 统计气井 24 口，P50 加砂强度 1.82t/m，P50 百米段长 EUR 为 1631×10^{4}m^3，P50 单位钻压成本产气量 51.9m^3/ 美元。加砂强度 2.00～2.50t/m 统计气井 30 口，P50 加砂强度 2.20t/m，P50 百米段长 EUR 为 1367×10^{4}m^3，P50 单位钻压成本产气量 42.4m^3/ 美元。加砂强度 2.50～3.00t/m 统计气

井 13 口，P50 加砂强度 2.89t/m，P50 百米段长 EUR 为 2096×10⁴m³，P50 单位钻压成本产气量 64.9m³/美元。加砂强度 3.00～3.50t/m 统计气井 13 口，P50 加砂强度 3.19t/m，P50 百米段长 EUR 为 1580×10⁴m³，P50 单位钻压成本产气量 45.8m³/美元。加砂强度 3.50～4.00t/m 统计气井 7 口，P50 加砂强度 3.78t/m，P50 百米段长 EUR 为 1207×10⁴m³，P50 单位钻压成本产气量 38.3m³/美元。

水平段长 3000～3500m 时，百米段长 EUR 和单位钻压成本产气量随加砂强度增加呈先上升后下降趋势。加砂强度 1.50～2.00t/m 统计气井 7 口，P50 加砂强度 1.61t/m，P50 百米段长 EUR 为 2055×10⁴m³，P50 单位钻压成本产气量 76.2m³/美元。加砂强度 2.00～2.50t/m 统计气井 10 口，P50 加砂强度 2.26t/m，P50 百米段长 EUR 为 1323×10⁴m³，P50 单位钻压成本产气量 48.4m³/美元。加砂强度 2.50～3.00t/m 统计气井 13 口，P50 加砂强度 2.75t/m，P50 百米段长 EUR 为 1348×10⁴m³，P50 单位钻压成本产气量 43.1m³/美元。加砂强度 3.00～3.50t/m 统计气井 7 口，P50 加砂强度 3.07t/m，P50 百米段长 EUR 为 1395×10⁴m³，P50 单位钻压成本产气量 52.4m³/美元。加砂强度 3.50～4.00t/m 统计气井 5 口，P50 加砂强度 3.68t/m，P50 百米段长 EUR 为 1178×10⁴m³，P50 单位钻压成本产气量 39.1m³/美元。

垂深 2500～3000m 气井不同加砂强度对应技术指标百米段长 EUR 的 P50 值统计规律显示，随加砂强度增加，技术指标百米段长 EUR 整体呈先增加后下降趋势，曲线存在拐点。水平段长为 1500～3000m 时，曲线拐点对应加砂强度范围为 2.5～3.0t/m。加砂强度大于 3.0t/m 时，百米段长 EUR 呈相对稳定趋势。水平段长范围为 3000～3500m 时，受统计样本点数量限制，百米段长 EUR 统计曲线未出现明显先上升后下降规律。

垂深 2500～3000m 气井不同加砂强度对应经济指标单位钻压成本产气量 P50 值统计规律显示，单位钻压成本产气量整体呈先增加后下降趋势，曲线存在拐点。水平段长为 1500～3000m 时，曲线拐点对应加砂强度范围为 2.5～3.0t/m。加砂强度大于 3.0t/m 时，单位钻压成本产气量呈下降趋势。水平段长为 3000～3500m 时，曲线拐点对应加砂强度范围为 3.0～3.5t/m。

图 7-58 给出了 Marcellus 页岩气藏垂深 2500～3000m 气井加砂强度与百米段长 EUR 和单位钻压成本产气量 M50 值统计曲线。不同加砂强度对应百米段长 EUR 统计曲线显示，随加砂强度增加，百米段长 EUR 呈先增加后下降趋势，曲线存在拐点。随加砂强度增加，单位钻压成本产气量同样呈先增加后下降趋势，曲线也存在拐点。统计曲线显示存在最优加砂强度。

水平段长 1000～1500m 时，百米段长 EUR 和单位钻压成本产气量随加砂强度增加呈先上升后下降趋势。加砂强度 0.50～1.00t/m 统计气井 17 口，M50 加砂强度 0.64t/m，M50 百米段长 EUR 为 1119×10⁴m³，M50 单位钻压成本产气量 18.6m³/美元。加砂强度 1.00～1.50t/m 统计气井 10 口，M50 加砂强度 1.35t/m，M50 百米段长 EUR 为 1067×10⁴m³，M50 单位钻压成本产气量 25.0m³/美元。加砂强度 1.50～2.00t/m 统计气井 11 口，M50 加砂强度 1.77t/m，M50 百米段长 EUR 为 1181×10⁴m³，M50 单位钻压成本产气量 23.9m³/美元。加砂强度 2.00～2.50t/m 统计气井 8 口，M50 加砂强度 2.21t/m，M50 百米段长 EUR 为 1180×10⁴m³，M50 单位钻压成本产气量 26.7m³/美元。

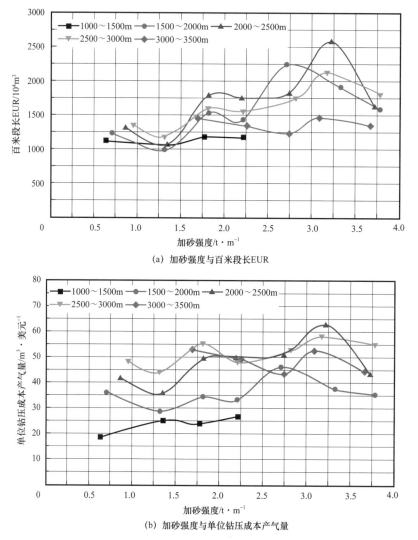

(a) 加砂强度与百米段长EUR

(b) 加砂强度与单位钻压成本产气量

图 7-58　Marcellus 页岩气藏垂深 2500～3000m 气井加砂强度与百米段长 EUR
和单位钻压成本产气量 M50 值统计曲线

　　水平段长 1500～2000m 时，百米段长 EUR 和单位钻压成本产气量随加砂强度增加呈先上升后下降趋势。加砂强度 0.50～1.00t/m 统计气井 37 口，M50 加砂强度 0.71t/m，M50 百米段长 EUR 为 1229×10⁴m³，M50 单位钻压成本产气量 35.9m³/美元。加砂强度 1.00～1.50t/m 统计气井 28 口，M50 加砂强度 1.32t/m，M50 百米段长 EUR 为 998×10⁴m³，M50 单位钻压成本产气量 29.0m³/美元。加砂强度 1.50～2.00t/m 统计气井 36 口，M50 加砂强度 1.82t/m，M50 百米段长 EUR 为 1525×10⁴m³，M50 单位钻压成本产气量 34.4 m³/美元。加砂强度 2.00～2.50t/m 统计气井 35 口，M50 加砂强度 2.21t/m，M50 百米段长 EUR 为 $1433 \times 10^4 m^3$，M50 单位钻压成本产气量 $33.3 m^3$/美元。加砂强度 $2.50 \sim 3.00 t/m$ 统计气井 10 口，M50 加砂强度 $2.71 t/m$，M50 百米段长 EUR 为 $2236 \times 10^4 m^3$，M50 单位钻压成本产气量 $46.1 m^3$/美元。加砂强度 $3.00 \sim 3.50 t/m$ 统计气井 10 口，M50 加砂强度 $3.33 t/m$，M50 百米段长 EUR 为 $1907 \times 10^4 m^3$，M50 单位钻压成本产气量 $37.8 m^3$/美元。加砂强度 $3.50 \sim 4.00 t/m$ 统计气井 19 口，M50 加砂强度 $3.78 t/m$，M50 百米段长 EUR 为 $1589 \times 10^4 m^3$，M50 单位钻压成本产气量 $35.4 m^3$/美元。

水平段长 $2000 \sim 2500 m$ 时，百米段长 EUR 和单位钻压成本产气量随加砂强度增加呈先上升后下降趋势。加砂强度 $0.50 \sim 1.00 t/m$ 统计气井 51 口，M50 加砂强度 $0.87 t/m$，M50 百米段长 EUR 为 $1324 \times 10^4 m^3$，M50 单位钻压成本产气量 $41.7 m^3$/美元。加砂强度 $1.00 \sim 1.50 t/m$ 统计气井 47 口，M50 加砂强度 $1.34 t/m$，M50 百米段长 EUR 为 $1071 \times 10^4 m^3$，M50 单位钻压成本产气量 $35.6 m^3$/美元。加砂强度 $1.50 \sim 2.00 t/m$ 统计气井 48 口，M50 加砂强度 $1.82 t/m$，M50 百米段长 EUR 为 $1792 \times 10^4 m^3$，M50 单位钻压成本产气量 $49.6 m^3$/美元。加砂强度 $2.00 \sim 2.50 t/m$ 统计气井 42 口，M50 加砂强度 $2.19 t/m$，M50 百米段长 EUR 为 $1761 \times 10^4 m^3$，M50 单位钻压成本产气量 $49.6 m^3$/美元。加砂强度 $2.50 \sim 3.00 t/m$ 统计气井 15 口，M50 加砂强度 $2.75 t/m$，M50 百米段长 EUR 为 $1831 \times 10^4 m^3$，M50 单位钻压成本产气量 $44.8 m^3$/美元。加砂强度 $3.00 \sim 3.50 t/m$ 统计气井 11 口，M50 加砂强度 $3.23 t/m$，M50 百米段长 EUR 为 $2578 \times 10^4 m^3$，M50 单位钻压成本产气量 $62.7 m^3$/美元。加砂强度 $3.50 \sim 4.00 t/m$ 统计气井 15 口，M50 加砂强度 $3.73 t/m$，M50 百米段长 EUR 为 $1622 \times 10^4 m^3$，M50 单位钻压成本产气量 $43.5 m^3$/美元。

水平段长 $2500 \sim 3000 m$ 时，百米段长 EUR 和单位钻压成本产气量随加砂强度增加呈先上升后下降趋势。加砂强度 $0.50 \sim 1.00 t/m$ 统计气井 12 口，M50 加砂强度 $0.95 t/m$，M50 百米段长 EUR 为 $1351 \times 10^4 m^3$，M50 单位钻压成本产气量 $68.1 m^3$/美元。加砂强度 $1.00 \sim 1.50 t/m$ 统计气井 40 口，M50 加砂强度 $1.32 t/m$，M50 百米段长 EUR 为 $1184 \times 10^4 m^3$，M50 单位钻压成本产气量 $44.1 m^3$/美元。加砂强度 $1.50 \sim 2.00 t/m$ 统计气井 24 口，M50 加砂强度 $1.82 t/m$，M50 百米段长 EUR 为 $1593 \times 10^4 m^3$，M50 单位钻压成本产气量 $55.2 m^3$/美元。加砂强度 $2.00 \sim 2.50 t/m$ 统计气井 30 口，M50 加砂强度 $2.21 t/m$，M50 百米段长 EUR 为 $1552 \times 10^4 m^3$，M50 单位钻压成本产气量 $47.8 m^3$/美元。加砂强度 $2.50 \sim 3.00 t/m$ 统计气井 13 口，M50 加砂强度 $2.82 t/m$，M50 百米段长 EUR 为 $2153 \times 10^4 m^3$，M50 单位钻压成本产气量 $62.7 m^3$/美元。加砂强度 $3.00 \sim 3.50 t/m$ 统计气井 13 口，M50 加砂强度 $3.17 t/m$，M50 百米段长 EUR 为 $1623 \times 10^4 m^3$，M50 单位钻压成本产气量 $48.0 m^3$/美元。加砂强度 $3.50 \sim 4.00 t/m$ 统计气井 7 口，M50 加砂强度 $3.78 t/m$，M50 百米段长 EUR 为 $1801 \times 10^4 m^3$，M50 单位钻压成本产气量 $54.7 m^3$/美元。

水平段长 $3000 \sim 3500 m$ 时，百米段长 EUR 和单位钻压成本产气量随加砂强度增加呈先上升后下降趋势。加砂强度 $1.50 \sim 2.00 t/m$ 统计气井 7 口，M50 加砂强度 $1.69 t/m$，M50 百米段长 EUR 为 $2051 \times 10^4 m^3$，M50 单位钻压成本产气量 $73.0 m^3$/美元。加砂强度 $2.00 \sim 2.50 t/m$ 统计气井 10 口，M50 加砂强度 $2.26 t/m$，M50 百米段长 EUR 为

$1339 \times 10^4 m^3$，M50 单位钻压成本产气量 $48.9 m^3/$ 美元。加砂强度 $2.50 \sim 3.00 t/m$ 统计气井 13 口，M50 加砂强度 $2.75 t/m$，M50 百米段长 EUR 为 $1237 \times 10^4 m^3$，M50 单位钻压成本产气量 $43.4 m^3/$ 美元。加砂强度 $3.00 \sim 3.50 t/m$ 统计气井 7 口，M50 加砂强度 $3.09 t/m$，M50 百米段长 EUR 为 $1461 \times 10^4 m^3$，M50 单位钻压成本产气量 $52.4 m^3/$ 美元。加砂强度 $3.50 \sim 4.00 t/m$ 统计气井 5 口，M50 加砂强度 $3.67 t/m$，M50 百米段长 EUR 为 $1349 \times 10^4 m^3$，M50 单位钻压成本产气量 $44.3 m^3/$ 美元。

垂深 $2500 \sim 3000 m$ 气井不同加砂强度对应技术指标百米段长 EUR 的 M50 值统计规律显示，随加砂强度增加，技术指标百米段长 EUR 整体呈先增加后下降趋势，曲线存在拐点。水平段长为 $1500 \sim 2000 m$ 时，曲线拐点对应加砂强度范围为 $2.5 \sim 3.0 t/m$。加砂强度大于 $3.0 t/m$ 时，百米段长 EUR 呈相对稳定趋势。水平段长范围为 $2000 \sim 3500 m$ 时，曲线拐点对应加砂强度范围为 $3.0 \sim 3.5 t/m$。加砂强度大于 $3.5 t/m$ 时，百米段长 EUR 呈下降趋势。

垂深 $2500 \sim 3000 m$ 气井不同加砂强度对应经济指标单位钻压成本产气量 M50 值统计规律显示，单位钻压成本产气量整体呈先增加后下降趋势，曲线存在拐点。水平段长为 $1500 \sim 2000 m$ 时，曲线拐点对应加砂强度范围为 $2.5 \sim 3.0 t/m$。加砂强度大于 $3.0 t/m$ 时，单位钻压成本产气量呈下降趋势。水平段长为 $2000 \sim 3500 m$ 时，曲线拐点对应加砂强度范围为 $3.0 \sim 3.5 t/m$。加砂强度大于 $3.5 t/m$ 时，单位钻压成本产气量呈下降趋势。

Marcellus 页岩气藏垂深 $2500 \sim 3000 m$ 页岩气水平井加砂强度分析结果显示，随加砂强度增加，技术指标百米段长 EUR 整体呈先上升后下降趋势。综合均值、P50 值和 M50 值统计规律，合理加砂强度与水平段长密切相关。总体规律为随水平段长增加，气井合理加砂强度呈增加趋势。水平段长 $1500 \sim 2000 m$ 对应合理加砂强度为 $2.5 \sim 3.0 t/m$。水平段长 $2000 \sim 2500 m$ 对应合理加砂强度为 $3.0 \sim 3.5 t/m$。水平段长 $2500 \sim 3000 m$ 对应合理加砂强度为 $3.0 \sim 3.5 t/m$。水平段长超过 $3000 m$ 时，受限于统计样本数，无法给出合理加砂强度范围。

7.4.3　合理段间距

段间距一直是页岩气水平井分段压裂设计施工中的关键参数之一，在垂深、水平段长和加砂强度基础上，对 Marcellus 页岩气藏页岩气水平井合理段间距进行探索分析。为了提高统计样本点数量，针对垂深 $1500 \sim 2500 m$ 且加砂强度范围为 $2.0 \sim 3.0 t/m$ 的所有页岩气水平井，将其作为样本库进行合理段间距分析。水平段长划分为 $1000 \sim 2000 m$ 和 $2000 \sim 3000 m$ 两个样本组。分别对每个样本组不同段间距对应页岩气水平井百米段长 EUR 和单位钻压成本产气量进行统计分析。

图 7-59 给出了 Marcellus 页岩气藏页岩气水平井不同段间距对应百米段长 EUR 和单位钻压成本产气量均值统计曲线，统计气井垂深范围 $1500 \sim 2500 m$，加砂强度范围 $2.0 \sim 3.0 t/m$，水平段长范围 $1000 \sim 2000 m$。段间距 $20 \sim 30 m$ 气井 5 口，平均段间距 $27.6 m$，平均百米段长 EUR 为 $1773 \times 10^4 m^3$，平均单位钻压成本产气量 $44.3 m^3/$ 美元。段间距 $30 \sim 40 m$ 气井 22 口，平均段间距 $34.0 m$，平均百米段长 EUR 为 $1764 \times 10^4 m^3$，平均单位钻压成本产气

量 47.8m³/美元。段间距 40~50m 气井 177 口，平均段间距 45.9m，平均百米段长 EUR 为 1648×10⁴m³，平均单位钻压成本产气量 42.5m³/美元。段间距 50~60m 气井 282 口，平均段间距 58.0m，平均百米段长 EUR 为 2307×10⁴m³，平均单位钻压成本产气量 59.2m³/美元。段间距 60~70m 气井 232 口，平均段间距 64.0m，平均百米段长 EUR 为 1979×10⁴m³，平均单位钻压成本产气量 55.4m³/美元。段间距 70~80m 气井 160 口，平均段间距 75.2m，平均百米段长 EUR 为 1783×10⁴m³，平均单位钻压成本产气量 52.9m³/美元。段间距 80~90m 气井 120 口，平均段间距 85.2m，平均百米段长 EUR 为 1567×10⁴m³，平均单位钻压成本产气量 45.0m³/美元。段间距 90~100m 气井 64 口，平均段间距 93.5m，平均百米段长 EUR 为 1842×10⁴m³，平均单位钻压成本产气量 46.2m³/美元。段间距 100~110m 气井 50 口，平均段间距 104.6m，平均百米段长 EUR 为 1730×10⁴m³，平均单位钻压成本产气量 50.3m³/美元。段间距 110~120m 气井 19 口，平均段间距 113.1m，平均百米段长 EUR 为 1776×10⁴m³，平均单位钻压成本产气量 57.0m³/美元。

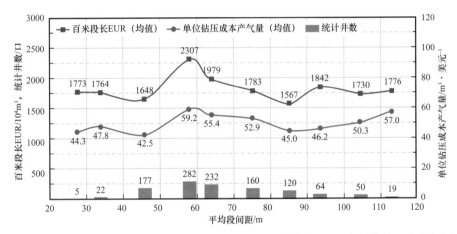

图 7-59　Marcellus 页岩气藏页岩气水平井不同段间距对应百米段长 EUR 和单位钻压成本产气量均值统计曲线（垂深 1500~2500m，加砂强度 2.0~3.0t/m，水平段长 1000~2000m）

页岩气水平井垂深范围为 1500~2500m、加砂强度范围为 2.0~3.0t/m、水平段长范围为 1000~2000m 时，不同段间距对应百米段长 EUR 和单位钻压成本产气量均值统计曲线显示，技术指标百米段长 EUR 与段间距呈波动变化规律，百米段长 EUR 峰值对应段间距范围为 50~60m。经济指标单位钻压成本产气量与段间距同样呈波动变化规律，单位钻压成本产气量峰值对应段间距范围为 50~60m。统计规律显示垂深范围为 1500~2500m、加砂强度范围为 2.0~3.0t/m、水平段长范围为 1000~2000m 时，页岩气水平井合理段间距范围为 50~60m。

图 7-60 给出了 Marcellus 页岩气藏页岩气水平井不同段间距对应百米段长 EUR 和单位钻压成本产气量 P50 值统计曲线，统计气井垂深范围 1500~2500m，加砂强度范围 2.0~3.0t/m，水平段长范围 1000~2000m。段间距 20~30m 气井 5 口，P50 段间距 27.8m，P50 百米段长 EUR 为 1729×10⁴m³，P50 单位钻压成本产气量 47.5m³/美元。段间距

30～40m 气井 22 口，P50 段间距 33.1m，P50 百米段长 EUR 为 $1815 \times 10^4 m^3$，P50 单位钻压成本产气量44.0m³/美元。段间距 40～50m 气井 177 口，P50 段间距 45.5m，P50 百米段长 EUR 为 $1515 \times 10^4 m^3$，P50 单位钻压成本产气量37.2m³/美元。段间距 50～60m 气井282 口，P50 段间距 59.2m，P50 百米段长 EUR 为 $2118 \times 10^4 m^3$，P50 单位钻压成本产气量52.6m³/美元。段间距 60～70m 气井 232 口，P50 段间距 63.2m，P50 百米段长 EUR 为$1770 \times 10^4 m^3$。段间距 70～80m 气井 160 口，P50单位钻压成本产气量47.4m³/美元。段间距 70～80m 气井 160 口，P50段间距 75.1m，P50 百米段长 EUR 为 $1914 \times 10^4 m^3$，P50 单位钻压成本产气量46.8m³/美元。段间距 80～90m 气井 120 口，P50 段间距 84.7m，P50 百米段长 EUR 为 $1371 \times 10^4 m^3$，P50 单位钻压成本产气量36.3m³/美元。段间距 90～100m 气井 64 口，P50 段间距 92.7m，P50 百米段长 EUR 为 $1554 \times 10^4 m^3$，P50 单位钻压成本产气量39.7m³/美元。段间距100～110m 气井 50 口，P50 段间距 104.7m，P50 百米段长 EUR 为 $1593 \times 10^4 m^3$，P50 单位钻压成本产气量46.6m³/美元。段间距 110～120m 气井 19 口，P50 段间距 112.4m，P50百米段长 EUR 为 $1405 \times 10^4 m^3$，P50 单位钻压成本产气量49.2m³/美元。

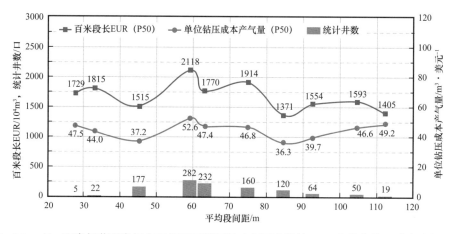

图 7-60　Marcellus 页岩气藏页岩气水平井不同段间距对应百米段长 EUR 和单位钻压成本产气量 P50 值
统计曲线（垂深 1500～2500m，加砂强度 2.0～3.0t/m，水平段长 1000～2000m）

页岩气水平井垂深范围 1500～2500m、加砂强度范围 2.0～3.0t/m、水平段长范围1000～2000m 时，不同段间距对应百米段长 EUR 和单位钻压成本产气量 P50 值统计曲线显示，技术指标百米段长 EUR 与段间距呈波动变化规律，百米段长 EUR 峰值对应段间距范围为 50～60m。经济指标单位钻压成本产气量与段间距同样呈波动变化规律，单位钻压成本产气量峰值对应段间距范围为 50～60m。统计规律显示，垂深范围 1500～2500m、加砂强度范围 2.0～3.0t/m、水平段长范围 1000～2000m 时，页岩气水平井合理段间距范围为 50～60m。

图 7-61 给出了 Marcellus 页岩气藏页岩气水平井不同段间距对应百米段长 EUR 和单位钻压成本产气量 M50 值统计曲线，统计气井垂深范围 1500～2500m，加砂强度范围 2.0～3.0t/m，水平段长范围 1000～2000m。段间距 20～30m 气井 5 口，M50 段间距

27.8m，M50 百米段长 EUR 为 $1772 \times 10^4 m^3$，M50 单位钻压成本产气量 50.3m³/ 美元。段间距 30～40m 气井 22 口，M50 段间距 33.3m，M50 百米段长 EUR 为 $1765 \times 10^4 m^3$，M50 单位钻压成本产气量 44.8m³/ 美元。段间距 40～50m 气井 177 口，M50 段间距 45.7m，M50 百米段长 EUR 为 $1553 \times 10^4 m^3$，M50 单位钻压成本产气量 38.6m³/ 美元。段间距 50～60m 气井 282 口，M50 段间距 58.9m，M50 百米段长 EUR 为 $2182 \times 10^4 m^3$，M50 单位钻压成本产气量 53.2m³/ 美元。段间距 60～70m 气井 232 口，M50 段间距 63.5m，M50 百米段长 EUR 为 $1805 \times 10^4 m^3$，M50 单位钻压成本产气量 49.8m³/ 美元。段间距 70～80m 气井 160 口，M50 段间距 75.1m，M50 百米段长 EUR 为 $2036 \times 10^4 m^3$，M50 单位钻压成本产气量 49.3m³/ 美元。段间距 80～90m 气井 120 口，M50 段间距 85.0m，M50 百米段长 EUR 为 $1414 \times 10^4 m^3$，M50 单位钻压成本产气量 37.8m³/ 美元。段间距 90～100m 气井 64 口，M50 段间距 93.0m，M50 百米段长 EUR 为 $1648 \times 10^4 m^3$，M50 单位钻压成本产气量 41.8m³/ 美元。段间距 100～110m 气井 50 口，M50 段间距 105.5m，M50 百米段长 EUR 为 $1883 \times 10^4 m^3$，M50 单位钻压成本产气量 55.0m³/ 美元。段间距 110～120m 气井 19 口，M50 段间距 112.4m，M50 百米段长 EUR 为 $1428 \times 10^4 m^3$，M50 单位钻压成本产气量 48.6m³/ 美元。

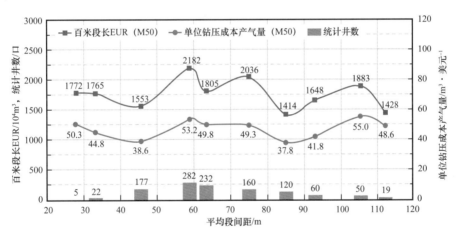

图 7-61　Marcellus 页岩气藏页岩气水平井不同段间距对应百米段长 EUR 和单位钻压成本产气量 M50 值统计曲线（垂深 1500～2500m，加砂强度 2.0～3.0t/m，水平段长 1000～2000m）

　　页岩气水平井垂深范围 1500～2500m、加砂强度范围 2.0～3.0t/m、水平段长范围 1000～2000m 时，不同段间距对应百米段长 EUR 和单位钻压成本产气量 M50 值统计曲线显示，技术指标百米段长 EUR 与段间距呈波动变化规律，百米段长 EUR 峰值对应段间距范围为 50～60m。经济指标单位钻压成本产气量与段间距同样呈波动变化规律，单位钻压成本产气量峰值对应段间距范围为 50～60m。统计规律显示，垂深范围 1500～2500m、加砂强度范围 2.0～3.0t/m、水平段长范围 1000～2000m 时，页岩气水平井合理段间距范围为 50～60m。

　　图 7-62 给出了 Marcellus 页岩气藏页岩气水平井不同段间距对应百米段长 EUR 和单位钻压成本产气量均值统计曲线，统计气井垂深范围 1500～2500m，加砂强度范围 2.0～3.0t/m，

水平段长范围 2000～3000m。段间距 40～50m 气井 84 口，平均段间距 46.0m，平均百米段长 EUR 为 1472×10⁴m³，平均单位钻压成本产气量 50.1m³/美元。段间距 50～60m 气井 110 口，平均段间距 57.2m，平均百米段长 EUR 为 1426×10⁴m³，平均单位钻压成本产气量 50.1m³/美元。段间距 60～70m 气井 239 口，平均段间距 63.2m，平均百米段长 EUR 为 1551×10⁴m³，平均单位钻压成本产气量 53.9m³/美元。段间距 70～80m 气井 96 口，平均段间距 75.2m，平均百米段长 EUR 为 1667×10⁴m³，平均单位钻压成本产气量 56.4m³/美元。段间距 80～90m 气井 53 口，平均段间距 84.4m，平均百米段长 EUR 为 1526×10⁴m³，平均单位钻压成本产气量 48.2m³/美元。段间距 90～100m 气井 27 口，平均段间距 93.9m，平均百米段长 EUR 为 1320×10⁴m³，平均单位钻压成本产气量 45.0m³/美元。段间距 100～110m 气井 27 口，平均段间距 105.8m，平均百米段长 EUR 为 1406×10⁴m³，平均单位钻压成本产气量 54.6m³/美元。段间距 110～120m 气井 19 口，平均段间距 114.3m，平均百米段长 EUR 为 1359×10⁴m³，平均单位钻压成本产气量 53.9m³/美元。

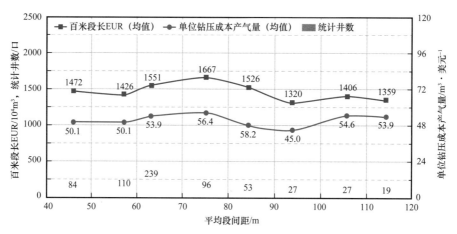

图 7-62　Marcellus 页岩气藏页岩气水平井不同段间距对应百米段长 EUR 和单位钻压成本产气量均值统计曲线（垂深 1500～2500m，加砂强度 2.0～3.0t/m，水平段长 2000～3000m）

页岩气水平井垂深范围 1500～2500m、加砂强度范围 2.0～3.0t/m、水平段长范围 2000～3000m 时，不同段间距对应百米段长 EUR 和单位钻压成本产气量均值统计曲线显示，技术指标百米段长 EUR 与段间距呈先上升后下降变化规律，百米段长 EUR 峰值对应段间距范围为 70～80m。经济指标单位钻压成本产气量与段间距同样呈先上升后下降变化规律，单位钻压成本产气量峰值对应段间距范围为 70～80m。统计规律显示，垂深范围 1500～2500m、加砂强度范围 2.0～3.0t/m、水平段长范围 2000～3000m 时，页岩气水平井合理段间距范围为 70～80m。

图 7-63 给出了 Marcellus 页岩气藏页岩气水平井不同段间距对应百米段长 EUR 和单位钻压成本产气量 P50 值统计曲线，统计气井垂深范围 1500～2500m，加砂强度范围 2.0～3.0t/m、水平段长范围 2000～3000m。段间距 40～50m 气井 84 口，P50 段间距 45.5m，P50 百米段长 EUR 为 1365×10⁴m³，P50 单位钻压成本产气量 45.4m³/美元。段间

距 50~60m 气井 110 口，P50 段间距 58.2m，P50 百米段长 EUR 为 1189×10⁴m³，P50 单位钻压成本产气量 40.6m³/美元。段间距 60~70m 气井 239 口，P50 段间距 62.3m，P50 百米段长 EUR 为 1309×10⁴m³，P50 单位钻压成本产气量 44.5m³/美元。段间距 70~80m 气井 96 口，P50 段间距 75.6m，P50 百米段长 EUR 为 1483×10⁴m³，P50 单位钻压成本产气量 45.9m³/美元。段间距 80~90m 气井 53 口，P50 段间距 84.4m，P50 百米段长 EUR 为 1345×10⁴m³，P50 单位钻压成本产气量 45.1m³/美元。段间距 90~100m 气井 27 口，P50 段间距 93.9m，P50 百米段长 EUR 为 1278×10⁴m³，P50 单位钻压成本产气量 43.2m³/美元。段间距 100~110m 气井 27 口，P50 段间距 106.3m，P50 百米段长 EUR 为 1321×10⁴m³，P50 单位钻压成本产气量 49.5m³/美元。段间距 110~120m 气井 19 口，P50 段间距 113.8m，P50 百米段长 EUR 为 1377×10⁴m³，P50 单位钻压成本产气量 50.8m³/美元。

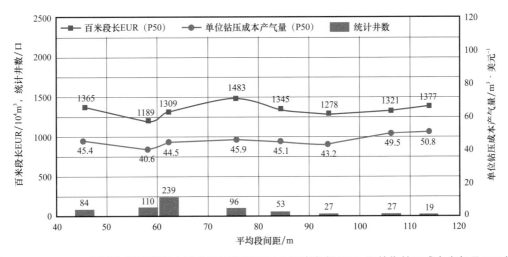

图 7-63 Marcellus 页岩气藏页岩气水平井不同段间距对应百米段长 EUR 和单位钻压成本产气量 P50 值统计曲线（垂深 1500~2500m，加砂强度 2.0~3.0t/m，水平段长 2000~3000m）

页岩气水平井垂深范围 1500~2500m、加砂强度范围 2.0~3.0t/m、水平段长范围 2000~3000m 时，不同段间距对应百米段长 EUR 和单位钻压成本产气量 P50 统计曲线显示，技术指标百米段长 EUR 与段间距呈先上升后下降变化规律，百米段长 EUR 峰值对应段间距范围为 70~80m。经济指标单位钻压成本产气量与段间距同样呈先上升后下降变化规律，单位钻压成本产气量峰值对应段间距范围为 70~80m。统计规律显示，垂深范围 1500~2500m、加砂强度范围 2.0~3.0t/m、水平段长范围 2000~3000m 时，页岩气水平井合理段间距范围为 70~80m。

图 7-64 给出了 Marcellus 页岩气藏页岩气水平井不同段间距对应百米段长 EUR 和单位钻压成本产气量 M50 值统计曲线，统计气井垂深范围 1500~2500m，加砂强度范围 2.0~3.0t/m、水平段长范围 2000~3000m。段间距 40~50m 气井 84 口，M50 段间距 45.8m，M50 百米段长 EUR 为 1394×10⁴m³，M50 单位钻压成本产气量 45.8m³/美元。段间距 50~60m 气井 110 口，M50 段间距 57.9m，M50 百米段长 EUR 为 1175×10⁴m³，M50 单

位钻压成本产气量 40.8m³/美元。段间距 60～70m 气井 239 口，M50 段间距 62.5m，M50 百米段长 EUR 为 1391×10⁴m³，M50 单位钻压成本产气量 45.6m³/美元。段间距 70～80m 气井 96 口，M50 段间距 75.3m，M50 百米段长 EUR 为 1518×10⁴m³，M50 单位钻压成本产气量 47.8m³/美元。段间距 80～90m 气井 53 口，M50 段间距 84.2m，M50 百米段长 EUR 为 1347×10⁴m³，M50 单位钻压成本产气量 45.5m³/美元。段间距 90～100m 气井 27 口，M50 段间距 93.8m，M50 百米段长 EUR 为 1264×10⁴m³，M50 单位钻压成本产气量 45.0m³/美元。段间距 100～110m 气井 27 口，M50 段间距 106.2m，M50 百米段长 EUR 为 1413×10⁴m³，M50 单位钻压成本产气量 51.8m³/美元。段间距 110～120m 气井 19 口，M50 段间距 113.9m，M50 百米段长 EUR 为 1306×10⁴m³，M50 单位钻压成本产气量 52.6m³/美元。

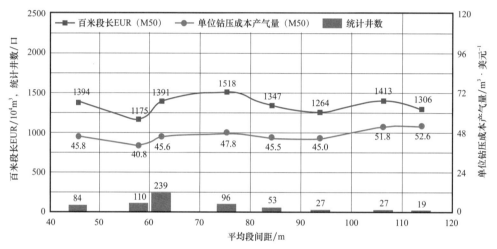

图 7-64　Marcellus 页岩气藏页岩气水平井不同段间距对应百米段长 EUR 和单位钻压成本产气量 M50 值统计曲线（垂深 1500～2500m，加砂强度 2.0～3.0t/m，水平段长 2000～3000m）

页岩气水平井垂深范围 1500～2500m、加砂强度范围 2.0～3.0t/m、水平段长范围 2000～3000m 时，不同段间距对应百米段长 EUR 和单位钻压成本产气量 M50 统计曲线显示，技术指标百米段长 EUR 与段间距呈先上升后下降变化规律，百米段长 EUR 峰值对应段间距范围为 70～80m。经济指标单位钻压成本产气量与段间距同样呈先上升后下降变化规律，单位钻压成本产气量峰值对应段间距范围为 70～80m。统计规律显示，垂深范围 1500～2500m、加砂强度范围 2.0～3.0t/m、水平段长范围 2000～3000m 时，页岩气水平井合理段间距范围为 70～80m。

Marcellus 页岩气藏垂深 1500～2500m 页岩气水平井段分段压裂段间距与水平段长相关。加砂强度 2.0～3.0t/m 范围内，平均段间距变化范围在 20～120m 范围内，气井技术指标百米段长 EUR 随平均段间距增加整体呈先上升后下降趋势，百米段长 EUR 与平均段间距统计规律曲线存在拐点。加砂强度 2.0～3.0t/m 范围内，水平段长 1000～2000m 气井对应合理段间距范围为 50～60m。加砂强度 2.0～3.0t/m 范围内，水平段长 2000～3000m 气井对应合理段间距范围为 50～60m。

第8章 展 望

Marcellus 页岩气藏以开采页岩气为主，该气藏为北美地区一典型常压中浅层页岩气藏。地层压力特征与国内四川盆地太阳浅层页岩气田、海陆过渡相和陆相页岩气勘探区块相似，整体储层呈现常压或微超压特征。气藏垂深主体位于 1000～2500m，与国内长宁、威远、昭通及鄂尔多斯盆地东缘海陆过渡相页岩气地层特征相似。按照目前国内针对页岩气藏垂深分类方法以 2000m 和 3500m 为界线，Marcellus 页岩气藏介于浅层和中深层页岩气藏之间。表 8-1 给出了 Marcellus 页岩气藏特征参数表。作为目前世界上最大产量规模的非常规天然气藏，Marcellus 页岩气藏的开发特征可为国内四川盆地海相浅层页岩气和海陆过渡相页岩气开发提供参考借鉴。

表 8-1 Marcellus 页岩气藏特征参数表

气藏特征	描述
所属盆地	Appalachian 非对称前陆盆地，边界为冲断带、构造背斜和前寒武纪隆起
地理位置	俄亥俄州、西弗吉尼亚州、宾夕法尼亚州、纽约州、马里兰州、肯塔基州、田纳西州、弗吉尼亚州
气藏面积	$24.60 \times 10^4 km^2$
有利区面积	$18.65 \times 10^4 km^2$
核心区面积	$12.95 \times 10^4 km^2$
页岩气探明储量	$2.18 \times 10^{12} m^3$
页岩气储量丰度	（$4.4～16.4$）$\times 10^8 m^3/km^2$，平均储量丰度 $10.9 \times 10^8 m^3/km^2$
原油探明储量	$2002 \times 10^4 t$
沉积环境	深水盆地无氧沉积环境
地层厚度	$15.2～201.2m$，主体位于 $15.2～79.2m$
岩相特征	软到中等硬度、易碎、黑色或褐色、钙质高放射性页岩，页岩层内存在石灰岩或碳酸盐结晶物的夹层
矿物组成	石英 27%～31%，伊利石 9%～34%，伊 / 蒙混层黏土 1%～7%，绿泥石 0～4%，方解石 3%～48%，白云石 0～10%，钠长石 0～4%，黄铁矿 5%～13%，石膏 0～6%
有机碳含量	TOC 含量 1%～27%，平均 4%，有机质以 II 型干酪根为主
热成熟度	干气核心区 $R_o \geq 1.60$（峰值 3.5）或 CAI ≥ 3 或 TAI ≥ 5 或 $T_{max} \geq 470°C$
地层压力系数	$0.80～1.20$

续表

气藏特征	描述
地层压力	5～30MPa
钻遇深度	500～3000m，主体位于 1000～2500m
储层孔隙度	6%～10%
储层渗透率	1～1000nD
含气饱和度	55%～80%
含气量	1.70～2.84m³/t

通过 Marcellus 页岩气藏水平井钻完井、分段压裂、开发指标、开发成本及合理开发技术政策探讨，主要获得以下认识。

（1）垂深是页岩气藏关键开发指标，Marcellus 页岩气藏页岩气水平井百米段长 EUR 统计结果显示，随垂深增加，气井百米段长 EUR 整体呈线性增加规律（图 8-1）。其他条件保持恒定时，气藏压力和含气量呈线性增加，气井开发指标呈线性增加。浅层页岩气藏开发中钻井受水垂比限制，不同垂深气井应针对性设计开发技术政策。不同垂深气井水平段长与加砂强度之间存在合理匹配关系。

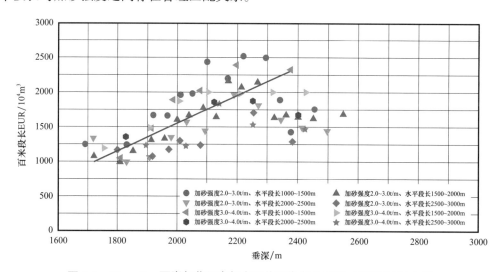

图 8-1 Marcellus 页岩气藏页岩气水平井百米段长 EUR 与垂深统计曲线

（2）不同垂深页岩气井水平段长与加砂强度存在合理匹配关系。Marcellus 页岩气藏不同垂深气井水平段长与加砂强度分析结果显示，随水平段长增加，技术指标百米段长 EUR 整体呈下降趋势，经济指标单位钻压成本产气量呈先上升后下降趋势，存在合理水平段长范围。相同水平段长范围内，随加砂强度增加，技术指标百米段长 EUR 和经济指标单位钻压成本产气量呈先上升后下降趋势，存在合理加砂强度范围。垂深 1500～2000m

页岩气水平井合理水平段长范围为 2000～2500m，对应合理加砂强度范围为 3.0～3.5t/m。垂深 2000～2500m 气井，加砂强度小于 2.0t/m 时，气井合理水平段长范围为 1500～2000m。加砂强度为 2.0～3.5t/m 时，气井合理水平段长范围为 2000～2500m。加砂强度为 3.5～4.0t/m 时，气井合理水平段长范围为 2500～3000m。垂深 2500～3000m 气井，加砂强度小于 3.5t/m 时，气井合理水平段长范围为 1500～2000m。加砂强度为 3.5～4.0t/m 时，气井合理水平段长范围为 2000～2500m。

根据不同垂深页岩气藏水平井水平段长与加砂强度统计结果，将实际统计合理水平段长与加砂强度数据点绘制散点图。根据实际统计数据散点变化规律近似绘制 Marcellus 页岩气藏不同垂深范围气井合理水平段长与加砂强度匹配关系图版（图 8-2）。图版显示加砂强度恒定时，随垂深增加，气井合理水平段长呈缩短趋势。垂深范围保持恒定时，加砂强度与合理水平段长存在匹配关系，随加砂强度增加，合理水平段长呈增加趋势。

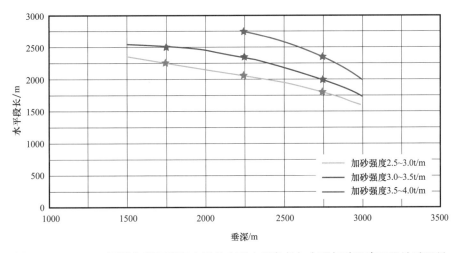

图 8-2 Marcellus 页岩气藏页岩气水平井合理水平段长与合理加砂强度匹配关系图版

（3）标准指标学习曲线。水垂比、平均段间距、加砂强度、用液强度、百米段长压裂成本和百米段长 EUR 标准指标可用于不同气藏间进行横向对比分析。表 8-2 给出了不同年度标准指标统计 P25、P50 和 P75 值。根据 P50 值统计结果，目前 Marcellus 页岩气藏钻井水垂比逐年呈增加趋势，2019 年水垂比稳定在 1.17。水平井分段压裂平均段间距由初期超过 100m 逐年下降至 2019 年的 65.6m。加砂强度呈逐年增加趋势，加砂强度由初期 1.53t/m 增加至 2018 年 3.03t/m，2019 年受统计样本点限制加砂强度统计 P50 值仅为 2.66t/m。用液强度由初期 13.3m³/m 逐年增加至 2018 年的 20.4m³/m。百米段长压裂成本总体呈先上升后下降趋势，百米段长压裂成本由初期 13.5 万美元上升至 2015 年的 21.5 万美元，后续开始逐年下降至 2019 年的 15.0 万美元。单位钻压成本产气量呈逐年上升趋势，表明开发成本逐年下降，单位钻压成本产气量由初期 32.9m³/美元逐年上升至 2019 年的 54.2m³/美元。百米段长 EUR 由初期 1120×10⁴m³ 逐年增加至 2019 年的 1673×10⁴m³。

表 8-2　Marcellus 页岩气藏历年标准指标统计表

年份		2009	2010	2011	2012	2013	2014	2015	2016	2017	2018	2019
水垂比	P25	0.48	0.52	0.53	0.58	0.61	0.67	0.79	0.85	0.88	0.93	0.86
	P50	0.62	0.66	0.69	0.72	0.76	0.84	1.01	1.08	1.12	1.29	1.17
	P75	0.75	0.82	0.83	0.91	0.95	1.07	1.26	1.46	1.45	1.55	1.67
段间距 / m	P25	85.2	82.9	77.9	60.4	57.7	55.9	53.3	55.0	57.7	56.9	58.5
	P50	104.9	97.8	93.6	83.9	62.8	60.0	60.1	61.6	59.8	61.1	65.6
	P75	123.1	117.7	124.3	102.3	84.9	75.8	68.5	69.0	63.9	70.6	72.7
加砂强度 / $t \cdot m^{-1}$	P25	0.76	1.26	1.29	1.45	1.89	2.09	2.12	2.21	2.37	2.36	2.24
	P50	1.53	1.68	1.68	1.88	2.37	2.54	2.60	2.82	3.12	3.03	2.66
	P75	2.04	2.17	2.06	2.28	2.94	2.97	3.02	3.11	3.60	3.57	3.40
用液强度 / $m^3 \cdot m^{-1}$	P25	10.7	10.4	9.8	11.4	14.9	15.7	15.0	15.3	17.9	15.5	14.8
	P50	13.3	12.5	12.6	15.2	18.2	19.4	19.4	19.1	20.8	20.4	17.1
	P75	16.1	15.8	16.2	18.3	22.8	22.7	23.3	24.1	24.6	22.8	19.6
百米段长压裂成本 / 万美元	P25	11.1	9.5	9.8	12.6	14.9	15.2	15.2	12.9	13.7	13.5	12.1
	P50	13.5	12.4	12.4	16.4	18.4	18.3	21.5	16.1	17.3	16.2	15.0
	P75	17.1	15.2	16.2	21.2	22.5	22.1	24.9	21.1	20.6	19.6	19.4
单位钻压成本产气量 / $m^3 \cdot$ 美元$^{-1}$	P25	25.5	20.8	21.9	24.1	28.1	28.9	27.7	36.0	38.7	38.0	29.7
	P50	32.9	33.8	34.8	38.2	40.4	40.0	41.5	55.4	54.4	56.6	54.2
	P75	42.6	54.2	52.8	53.1	59.6	58.2	62.5	80.0	83.4	82.8	103.2
百米段长 EUR/ $10^4 m^3$	P25	807	777	825	976	1145	1158	1092	1126	1139	1086	810
	P50	1120	1140	1218	1321	1607	1590	1541	1625	1572	1537	1673
	P75	1561	1614	1743	1979	2406	2342	2126	2311	2260	2148	2771

参考文献

［1］何培，冯连勇，Tom Wilber. 马塞勒斯页岩气藏单井产量递减规律及可采储量预测［J］. 新疆石油地质，2015，36（2）：249-252.

［2］孟庆峰，侯贵廷. 阿巴拉契亚盆地 Marcellus 页岩气藏地质特征及启示［J］. 中国石油勘探，2012，17（1）：67-73.

［3］孙健，易积正，胡德高. 北美主要页岩层系油气地质特征［M］. 北京：中国石化出版社，2018.

［4］孙喜爱，张艳芳，姜鲲鹏，等. 美国超大型页岩气区 Marcellus 页岩气资源现状及其影响［A］. 中国地质学会. 中国地质学会 2015 学术年会论文摘要汇编（中册）［C］. 中国地质学会：中国地质学会地质学报编辑部，2015：3.

［5］王淑芳，董大忠，王玉满，等. 中美海相页岩气地质特征对比研究［J］. 天然气地球科学，2015，26（9）：1666-1678.

［6］夏永江，于荣泽，卞亚南，等. 美国 Appalachian 盆地 Marcellus 页岩气藏开发模式综述［J］. 科学技术与工程，2014，14（20）：152-161.

［7］颜彩娜，金之钧，赵建华，等. 美国 Marcellus 页岩与中国南方龙马溪组页岩地质特征对比及启示［J］. 地质科技情报，2016，35（6）：122-130.

［8］张涛，尹宏伟，等. 下扬子地区高家边组底部黑色页岩与北美 Marcellus 页岩地质特征对比［J］. 高校地质学报，2016，22（1）：152-158.

［9］Ajayi B T，Walker K J，Wutherich K，et al. Channel hydraulic fracturing and its applicability in the Marcellus shale［C］//SPE149426 presented at the SPE Eastern Regional Meeting. Colombus，Ohio，USA：Society of Petroleum Engineers，2011：1-11.

［10］Al-Alwani，Mustafa A，Britt，et al. Al-Attar. Long-Term Productivity Comparison of Gel and Water Fracture Stimulation in Marcellus Shale Play［C］. Paper presented at the SPE Annual Technical Conference and Exhibition，Calgary，Alberta，Canada，September 2019.

［11］Anderson D M，Nobakht M，Moghadam S，et al. Analysis of production data from fractured shale gas wells［C］//SPE131787 presented at the SPE Unconventional Gas Conference. Pittsburgh，Pennsylvania，USA：Society of Petroleum Engineers，2010：1-15.

［12］Arthur J D，Bohm B，Layne M. Considerations for development of Marcellus Shale gas［J］. World Oil，2009，65-69.

［13］Arthur J D，Langhus B，Alleman D. An overview of modern shale gas development in the United States［J］. All Consulting，2008，3：14-17.

［14］Asala，Hope I，Chebeir，et al. An Integrated Machine-Learning Approach to Shale-Gas Supply-Chain Optimization and Refrac Candidate Identification. SPE Reservoir & Engineering，2019，22：1201-1224.

［15］Belvalkar R A，Oyewole S. Development of Marcellus shale in Pennsylvania［C］//SPE134852 presented at the SPE Annual Technical Conference and Exhibition. Florence，Italy：Society of Petroleum

Engineers, 2010: 1–12.

[16] Belyadi F, Mashayekhi A, Aminian K, et al. Analysis of production performance of the hydraulically fractured horizontal wells[C] //SPE 161348 presented at the SPE Eastern Regional Meeting. Lexington, Kentucky, USA: Society of Petroleum Engineers, 2012: 1–9.

[17] Blood, David, Lash, et al. Horizontal Targeting Strategies and Challenges: Examples from the Marcellus Shale, Appalachian Basin, USA[C]. Paper presented at the SPE/AAPG/SEG Unconventional Resources Technology Conference, Denver, Colorado, USA, July 2019.

[18] Boersma T, Johnson C. The shale gas revolution: US and EU policy and research agendas[J]. Review of Policy Research, 2012, 29 (4): 570–576.

[19] Bohn, Rob, Hull, et al. Learnings from the Marcellus Shale Energy and Environmental Lab (MSEEL) Using Fiber Optic Tools and Geomechanical Modeling[C]. Paper presented at the SPE/AAPG/SEG Unconventional Resources Technology Conference, Virtual, July 2020.

[20] Boswell, Ray, Carney, et al. Using Production Data to Constrain Resource Volumes and Recovery Efficiency in the Marcellus Play of West Virginia[C]. Paper presented at the SPE Annual Technical Conference and Exhibition, Virtual, October 2020.

[21] Brown R L, Meckfessel B. Improving Marcellus shale performance using PDC bits with optimized torque management technology, cutting structure aggressiveness and unique roller cone steel tooth cutting structures[C] // SPE presented at the SPE Eastern Regional Meeting. Morgantown, West Virginia, USA: 2010, 14.

[22] Cakici D, Dick C, Mookerjee A, et al. Marcellus well spacing optimization – pilot data integration and dynamic modeling study[C] //SPE168702 presented at the Unconventional Resources Technology Conference. Denver, Colorado, USA: Society of Petroleum Engineers, 2013: 1–10.

[23] Carr T R, Wang G C, McClain T. Petrophysical analysis and sequence stratigraphy of the Utica shale and Marcellus shale, Appalachian basin, USA[C] //IPTC–16935 presented at the International Petroleum Technology Conference. Beijing, China: International Petroleum Technology Conference, 2013: 1–13.

[24] Carr, Timothy, Ghahfarokhi, et al. Marcellus Shale Energy and Environmental Laboratory (MSEEL) Results and Plans: Improved Subsurface Reservoir Characterization and Engineered Completions[C]. Paper presented at the SPE/AAPG/SEG Unconventional Resources Technology Conference, Denver, Colorado, USA, July 2019.

[25] Coleman J L, Milici R C, Cook T A, et al. Assessment of undiscovered oil and gas resources of the Devonian Marcellus Shale of the Appalachian Basin Province[R]. 2011: U.S. Geological Survey Fact Sheet 2011–3092, 2011.

[26] Cook J R. Predicting production from the Marcellus shale with two–layer dynamic inflow performance curves[C] //SPE146947 presented at the Canadian Unconventional Resources Conference. Alberta,

Canada : Society of Petroleum Engineers, 2011: 1–9.

［27］ Curtis J B. Fractured shale–gas systems［J］. AAPG Bulletin, 2002, 86（11）: 1921–1938.

［28］ Curtis M E, Ambrose R J, Sondergeld C H, et al. Investigation of the relationship between organic porosity and thermal maturity in the Marcellus shale［C］//SPE144370 presented at the North American Unconventional Gas Conference and Exhibition. The Woodlands, Texas, USA : Society of Petroleum Engineers, 2011: 1–4.

［29］ Daniel J, William M K. Water Resources and Natural Gas Production from the Marcellus Shale［M］. USGS Fact Sheet 2009–3032, 2009. http : //md.water.usgs.gov/publicat ions/fs–2009–3032/fs–2009–3032.pdf.

［30］ Davila W, Azizov A A, Janwadkar S S, et al. Overcoming drilling challenges in the Marcellus unconventional shale play using a new steerable motor with optimized design［C］//SPE151132 presented at the SPE/EAGE European Unconventional Resources Conference and Exhibition.Vienna, Austria : Society of Petroleum Engineers, 2012: 1–14.

［31］ Dawson F M. Shale gas resources of Canada : Opportunities and Challenges［R］. Canadian Society for Unconventional Gas Technical Luncheon, 2008.

［32］ Dennison J M. Petroleum related to Middle and Upper Devonian deltaic facies in central Appalachians［J］. AAPG Bulletin, 1971, 55（8）: 1179–1193.

［33］ Drohan P J, Brittingham M, Bishop J, et al. Early trends in landcover change and forest fragmentation due to shale–gas development in Pennsylvania : A potential outcome for the northcentral Appalachians ［J］. Environmental management, 2012, 49（5）: 1061–1075.

［34］ Edwards K L, Weissert S, Jackson J B, et al. Marcellus shale hydraulic fracturing and optimal well spacing to maximize recovery and control costs［C］//SPE 140463 presented at the SPE Hydraulic Fracturing Technology Conference. The Woodlands, Texas, USA : Society of Petroleum Engineers, 2011: 1–13.

［35］ Ejofodomi E, Baihly J D, Malpani R, et al. Integrating all available data to improve production in the Marcellus shale［C］// SPE144321 presented at the North American Unconventional Gas Conference and Exhibition. The Woodlands, Texas, USA : Society of Petroleum Engineers, 2011: 1–37.

［36］ El Sgher, Mohamed , Aminian, et al. The Impact of Rock Properties and Stress Shadowing on the Hydraulic Fracture Properties in Marcellus Shale［C］. Paper presented at the SPE Eastern Regional Meeting, Charleston, West Virginia, USA, October 2019.

［37］ Emmanuel O O, Sonnenberg S A. Geologic Characterization and the Depositional Environment of the Middle Devonian Marcellus Shale, Appalachian Basin, NE USA［C］//SPE168686 presented at the Unconventional Resources Technology Conference. Denver, Colorado, USA : Society of Petroleum Engineers, 2013: 1–10.

［38］ Engelder T, Lash G G, Uzcátegui R S. Joint sets that enhance production from Middle and Upper

Devonian gas shales of the Appalachian Basin［J］. AAPG bulletin, 2009, 93（7）: 857-889.

［39］ Engelder T, Lash G G. Marcellus Shale play's vast resource potential creating stir in the Appalachian［R］. The American Oil and Gas Reporter, 2008.

［40］ Engelder T. Marcellus 2008: Report Card on the Breakout Year for Gas Production in the Appalachian Basin［J］. Fort Worth Basin Oil & Gas Magazine, 2008.

［41］ Eshkalak M O, Mohaghegh S D, Esmaili S. Synthetic, geomechanical logs for Marcellus shale［C］// SPE163960 presented at the Digital Energy Conference. The Woodlands, Texas, USA : Society of Petroleum Engineers, 2013: 1-16.

［42］ Evans M A. Fluid inclusions in veins from the Middle Devonian shales : A record of deformation conditions and fluid evolution in the Appalachian Plateau［J］. Geological Society of America Bulletin, 1995, 107（3）: 327-339.

［43］ Fontaine J, Johnson N, Schoen D. Design, execution, and evaluation of a typical Marcellus shale slickwater stimulation : a case study［C］//SPE117772 presented at the SPE Eastern Regional/AAPG Eastern Section Joint Meeting. Pittsburgh, Pennsylvania, USA : Society of Petroleum Engineers, 2008: 1-11.

［44］ Gottschling J C. HZ Marcellus well cementing in Appalachia［C］//SPE125985 presented at the SPE Eastern Regional Meeting. Charleston, West Virginia, USA : Society of Petroleum Engineers, 2009: 1-8.

［45］ Gottschling J C. Marcellus net fracturing pressure analysis［C］//SPE139110 presented at the SPE Eastern Regional Meeting. Morgantown, West Virginia, USA : Society of Petroleum Engineers, 2010: 1-7.

［46］ Guo Q X, Ji L J, Rajabov V, et al. Marcellus and Haynesville drilling data : analysis and lessons learned［C］//SPE158894 presented at the SPE Asia Pacific Oil and Gas Conference and Exhibition. Perth, Australia : Society of Petroleum Engineers, 2012: 1-9.

［47］ Gupta, Ishank, Rai, et al. Water Weakening : A Laboratory Study of Marcellus, Woodford, Eagle Ford, and Wolfcamp Shales［J］. S SPE Reservoir & Engineering, 2019, 22: 418-427.

［48］ Haider B A, Aizad T, Ayaz S A. A comprehensive shale gas exploitation sequence for Pakistan and other emerging shale plays［C］// SPE163123 presented at the SPE/PAPG Annual Technical Conference. Islamabad, Pakistan : Society of Petroleum Engineers, 2012: 1-21.

［49］ Handwerger D A, Keller J, Vaughn K. Improved petrophysical core measurements on tight shale reservoirs using retort and crushed samples［C］//SPE147456 presented at the SPE Annual Technical Conference and Exhibition. Denver, Colorado, USA : Society of Petroleum Engineers, 2011: 1-21.

［50］ Hanna C, Douglas C, Asr H, et al. Application specific steel body PDC bit technology reduces drilling costs in unconventional North America Shale Plays［C］//SPE144456 presented at the SPE Annual Technical Conference and Exhibition. Denver, Colorado, USA : Society of Petroleum Engineers, 2011: 1-14.

［51］Hategan F, Hawkes R V. Well production performance analysis for unconventional shale gas reservoirs : a conventional approach［C］//SPE162749 presented at the Canadian Unconventional Resources Conference. Calgary, Alberta, Canada : Society of Petroleum Engineers, 2012: 1-40.

［52］Houston N A, Blauch M E, Weaver D R, et al. Fracture-stimulation in the Marcellus shale-lessons learned in fluid selection and execution［C］//SPE 125987 presented at the SPE Eastern Regional Meeting. Charleston, West Virginia, USA : Society of Petroleum Engineers, 2=2009: 1-11.

［53］Hulsey B J, Cornette B, Pratt D. Surface microseismic mapping reveals details of the Marcellus shale［C］//SPE138806 presented at the SPE Eastern Regional Meeting. Morgantown, West Virginia, USA : Society of Petroleum Engineers, 2010: 1-7.

［54］Hummes O, Bond P R, Symons W, et al. Using advanced drilling technology to enable well factory concept in the Marcellus shale［C］//SPE151466 presented at the IADC/SPE Drilling Conference and Exhibition. San Diego, California, USA : Society of Petroleum Engineers, 2012: 1-17.

［55］Hurey M J, Johnson J, Huls B T. Gas factory : operational efficiencies in the Marcellus shale lead to exceptional results［C］//SPE165708 presented at the SPE Eastern Regional Meeting. Pittsburgh, Pennsylvania, USA : Society of Petroleum Engineers, 2013: 1-11.

［56］Hurey M J, Johnson J, Huls B T. Gas factory : operational efficiencies in the Marcellus shale lead to exceptional results［C］//SPE 165708 presented at the SPE Eastern Regional Meeting : Pittsburgh, Pennsylvania, USA : 2013: 1-4.

［57］International Energy Outlook［R］. U.S. Energy Information Administration, 2013.

［58］International Energy Outlook［R］. U.S. Energy Information Administration, 2016.

［59］International Energy Outlook［R］. U.S. Energy information Administration, 2017.

［60］Jarvie D M. Shale resource systems for oil and gas : Part 2 Shale-oil resource systems［C］//Breyer J. Shale Reservoirs : Giant Resources for the 21st Century. AAPG Memoir, 2012: 89-119.

［61］Jayakumar R, Rai R. Impact of uncertainty in estimation of shale gas reservoir and completion properties on EUR and optimal development planning : a Marcellus study［J］. SPE Reservoir Evaluation & Engineering, 2014, (reprint): 1-14.

［62］Jenden P D, Drazan D J, Kaplan I R. Mixing of thermogenic natural gases in northern Appalachian Basin［J］. AAPG Bulletin, 1993, 77 (6): 980-998.

［63］Kargbo D M, Wilhelm R G, Campbell D J. Natural gas plays in the Marcellus shale : challenges and potential opportunities［J］. Environmental Science&Technology, 2010, 44 (15): 5679-5684.

［64］Kathy R B, Richard S. A Comparative Study of the Mississippian Barnett Shale, Fort Worth Basin, and Devonian Marcellus Shale, Appalachian Basin［R］. U.S. Department of Energy, DOE/NETL-2011/1478, 2011.

［65］Kaufman P, Atwood K, Forrest G, et al. Marcellus shale gas asset optimization driven by technology integration［C］//SPE164345 presented at the SPE Middle East Oil and Gas Show and Conference.

Manama, Bahrain : Society of Petroleum Engineers, 2013: 1-10.

[66] Khalil, Rayan , Emadi, et al. Investigation of Rock Properties of the Marcellus Formation-An Experimental Study[C] . Paper presented at the SPE Eastern Regional Meeting, Charleston, West Virginia, USA, October 2019.

[67] Khodabakhshnejad, Arman, Zeynal, et al. The Sensitivity of Well Performance to Well Spacing and Configuration – A Marcellus Case Study[C] . Paper presented at the SPE/AAPG/SEG Unconventional Resources Technology Conference, Denver, Colorado, USA, July 2019.

[68] Kirschbaum M A, Schenk C J, Cook T A, et al. Assessment of undiscovered oil and gas resources of the Ordovician Utica Shale of the Appalachian Basin Province[R] . U.S. Geological Survey Fact Sheet 2012-3116, 2012.

[69] Kravits M S, Frear R M, Bordwell D. Analysis of plunger lift applications in the Marcellus shale[C] // SPE147225 presented at the SPE Annual Technical Conference and Exhibition. Denver, Colorado, USA : Society of Petroleum Engineers, 2011: 1-10.

[70] Lash G, Loewy S, Engelder T. Preferential jointing of Upper Devonian black shale, Appalachian Plateau, USA : evidence supporting hydrocarbon generation as a joint-driving mechanism[J] . Geological Society, London, Special Publications, 2004, 231 (1): 129-151.

[71] Laughrey C D, Baldassare F J. Geochemistry and origin of some natural gases in the Plateau Province, central Appalachian Basin, Pennsylvania and Ohio[J] . AAPG bulletin, 1998, 82 (2): 317-335.

[72] Lee D S, Herman J D, Elsworth D, et al. A critical evaluation of unconventional gas recovery from the marcellus shale, northeastern United States[J] . KSCE Journal of Civil Engineering, 2011, 15 (4): 679-687.

[73] Li B J, Carney B J, Tim C Characterizing Natural Fractures and Sub-seismic Faults for Well Completion of Marcellus Shale in the MSEEL Consortium Project, West Virginia, USA[C] . Paper presented at the SPE/AAPG/SEG Unconventional Resources Technology Conference, Virtual, July 2020.

[74] Lutz B D, Lewis A N, Doyle M W. Generation, transport, and disposal of wastewater associated with Marcellus shale gas development[J] . Water Resources Research, 2013, 49 (2): 647-656.

[75] MacDonald C, Brewer J, Cakici M D, et al. A multi-domain approach to completion and stimulation design in the Marcellus Shale[C] //SPE168756 presented at the Unconventional Resources Technology Conference. Denver, Colorado, USA : Society of Petroleum Engineers, 2013: 1-10.

[76] Marcellus Play Report : geology review and map updates[R] . U.S. Department of Energy Information Administration, 2017.

[77] Marcellus Play updates[R] . U.S. Energy Information Administration, based on Drilling Info Inc., New York State Geological Survey, Ohio State Geological Survey, Pennsylvania Bureau of Topographic & Geologic Survey, West Virginia Geological & Economic Survey, and U.S. Geological Survey, 2015.

［78］ Mayerhofer M J，Stegent N A，Barth J O，et al. Integrating fracture diagnostics and engineering data in the Marcellus shale［C］//SPE145363 presented at the SPE Annual Technical Conference and Exhibition. Denver，Colorado，USA：Society of Petroleum Engineers，2011：1-15.

［79］ Mccluskey A E. Production logging on coil tubing in a Marcellus shale horizontal completion［C］// SPE154221 presented at the ICoTA Coiled Tubing & Well Intervention Conference and Exhibition. Woodlands，Texas，USA：Society of Petroleum Engineers，2013：1-11.

［80］ Milici R C，Swezey C S. Assessment of Appalachian basin oil and gas resources：Devonian shale— Middle and Upper Paleozoic Total Petroleum System［R］. USGS Open-File Report 2006-1237，2009. http：//pubs.usgs.gov/of/2006/1237/.

［81］ Mohaghegh S D，Esmaili S，Eshkalak M O. Synthetic，geomechanical logs for Marcellus shale［C］// SPE163960 presented at the SPE Digital Energy Conference. Woodlands，Texas，USA：Society of Petroleum Engineers，2013：1-16.

［82］ Myers R R. Stimulation and production analysis of unpressured（Marcellus）shale gas［C］//SPE119901 presented at the SPE Shale Gas Production Conference. Fort Worth，Texas，USA：Society of Petroleum Engineers，2008：1-8.

［83］ Neuhaus C W，Blair K，Telker C，et al. Hydrocarbon production and microseismic monitoring - treatment optimization in the Marcellus shale［C］//SPE164807 presented at the EAGE Annual Conference & Exhibition incorporating SPE Europec. London，UK：Society of Petroleum Engineers，2013：1-11.

［84］ Neuhaus C W，Williams-Stroud S C，Remington C，et al. Integrated microseismic monitoring for field optimization in the Marcellus shale - a case study［C］//SPE 161965 presented at the SPE Canadian Unconventional Resources Conference. Calgary，Alberta，Canada：Society of Petroleum Engineers，2012：1-16.

［85］ Nikolaeva，Alfiya ，Boyer，et al. Complex Approach to Optimize Completion and Well Placement Strategy for Unconventional Gas Wells：Marcellus Study［C］. Paper presented at the SPE/IATMI Asia Pacific Oil & Gas Conference and Exhibition，Bali，Indonesia，October 2019.

［86］ Olawoyin R O，Wang J Y，Oyewole S A. Environmental Safety Assessment of Drilling Operations in the Marcellus-Shale Gas Development ［C］// SPE163905 presented at the SPE/ICoTA Coiled Tubing & Well Intervention Conference and Exhibition，.2012：The Woodlands，Texas，USA，1-11.

［87］ Olmstead S M，Muehlenbachs L A，Shih J S，et al. Shale gas development impacts on surface water quality in Pennsylvania ［J］. Proceedings of the National Academy of Sciences，2013，110（13）：4962-4967.

［88］ Osborn S G，McIntosh J C. Chemical and isotopic tracers of the contribution of microbial gas in Devonian organic-rich shales and reservoir sandstones，northern Appalachian basin［J］. Applied Geochemistry，2010，25（3）：456-471.

[89] Osholake T A, Wang J Y, Ertekin T. Factors affecting hydraulically fractured well performances in the Marcellus shale gas reservoirs[C]//SPE144076 presented at the North American Unconventional Gas Conference and Exhibition. The Woodlands, Texas, USA : Society of Petroleum Engineers, 2011: 1-12.

[90] Perkins C. Logistics of Marcellus shale stimulation : changing the face of completions in Appalachia[C]// SPE117754 presented at the SPE Eastern Regional/AAPG Eastern Section Joint Meeting. Pittsburgh, Pennsylvania, USA : Society of Petroleum Engineers, 2008: 1-4.

[91] Poedjono B, Zabaldano J P, Shevchenko I, et al. Case studies in the Application of pad design drilling in the Marcellus shale[C]//SPE SPE139045 presented at the Eastern Regional Meeting. Morgantown, West Virginia, USA : Society of Petroleum Engineers, 2010: 1-9.

[92] Review of Emerging Resources : U.S. Shale Gas and Shale Oil Plays[R]. Washington : U. S. Department of Energy Information Administration, 2011.

[93] Roen J B. Geology of the Devonian black shales of the Appalachian Basin[J]. Organic Geochemistry, 1984, 5(4): 241-254.

[94] Rowan E, Engle M, Kirby C, et al. Radium content of oil-and gas-field produced waters in the Northern Appalachian basin(USA)—Summary and discussion of data[R]. US Geological Survey Scientific Investigations Report 2011-5135, 2011.

[95] Ryder R T, Burruss R C, Hatch J R. Black shale source rocks and oil generation in the Cambrian and Ordovician of the Central Appalachian Basin, USA[J]. AAPG bulletin, 1998, 82(3): 412-441.

[96] Salehi I A, Ciezobka J. Controlled hydraulic fracturing of naturally fractured shales – a case study in the Marcellus shale examining how to identify and exploit natural fractures[C]//SPE164524 presented at the SPE Unconventional Resources Conference-USA. The Woodlands, Texas, USA : Society of Petroleum Engineers, 2013: 1-20.

[97] Schumacker, Eric, Philip V. Slimhole Unconventional Well-Design Optimization Enables Drilling Performance Improvement and Cost Reduction[J]. SPE Drilling & Completion, 2019, 34: 426-440.

[98] Shale gas and oil plays, Lower 48 States[R]. U.S. Energy Information Administration, 2016.

[99] Shen D, Shcolnik D, Steiner W H, et al. Evaluation of scale inhibitors in Marcellus waters containing high levels of dissolved iron[C]//SPE141145 presented at the SPE International Symposium on Oilfield Chemistry. Woodlands, Texas, USA : Society of Petroleum Engineers, 2011: 1-12.

[100] Sutton R P, Cox S A, Barree R D. Shale gas plays : a performance perspective[C]//SPE138447 presented at the Tight Gas Completions Conference. San Antonio, Texas, USA : Society of Petroleum Engineers, 2010: 1-12.

[101] Technically Recoverable Shale Gas and Shale oil Resources : An Assessment of 137 Shale Formations in 41 Countries Outside the United States[R]. U.S. Energy Information Administration, 2013.

[102] Thompson J M, Mangha V O, Anderson D M. Improved shale gas production forecasting using a simplified analytical method-a marcellus case study[C]//SPE144436 presented at the North American

Unconventional Gas Conference and Exhibition. The Woodlands, Texas, USA : Society of Petroleum Engineers, 2011: 1-12.

[103] Vanorsdale C R. Evaluation of Devonian shale gas reservoirs [J] . SPE Reservoir Engineering, 1987, 2 (2) : 209-216.

[104] Ward J. Kerogen density in the Marcellus shale [C] // SPE131767 presented at the SPE Unconventional Gas Conference. Pittsburgh, Pennsylvania, USA : Society of Petroleum Engineers, 2010: 1-4.

[105] Williams R H, Khatri D K, Keese R F, et al. Flexible, expanding cement system (FECS) successfully provides zonal isolation across Marcellus shale gas trends [C] //SPE149440 presented at the Canadian Unconventional Resources Conference. Alberta, Canada : Society of Petroleum Engineers, 2011: 1-19.

[106] World shale gas resources : An initial assessment of 14 region outside the United States [R] . U.S. Energy Information Administration, 2011.

[107] Wrightstone G. Marcellus shale-geologic controls on production [C] //American Association of Petroleum Geologists Annual Convention, Denver CO, 2009. http : //www. searchanddiscovery. net/ documents/2009/10206wrightstone/index. htm.

[108] Wutherich K, Walker K J, Aso I I, et al. Evaluating an Engineered Completion Design in the Marcellus Shale Using Microseismic Monitoring [C] //SPE159681 presented at the SPE Annual Technical Conference and Exhibition. San Antonio, Texas, USA : Society of Petroleum Engineers, 2012: 1-10.

[109] Xi Z K, Eugene M. Combining Decline-Curve Analysis and Geostatistics To Forecast Gas Production in the Marcellus Shale [J] . SPE Reservoir & Engineering, 2019, 22: 1562-1574.

[110] Yalavarthi R, Nyaaba C, Shebl M A. Role of detailed reservoir characterization and lateral placement on well performance in the Marcellus shale gas reservoir [C] //IPTC16718 presented at the International Petroleum Technology Conference. Beijing, China : International Petroleum Technology Conference, 2013: 1-11.

[111] Yildirim, Levent T, Wang, et al. Petrophysical Evaluation of Shale Gas Reservoirs : A Field Case Study of Marcellus Shale [C] . Paper presented at the Abu Dhabi International Petroleum Exhibition & Conference, Abu Dhabi, UAE, November 2019.

[112] Zhang, L F, Tice, Michael , et al. A Laboratory Study of the Impact of Reinjecting Flowback Fluids on Formation Damage in the Marcellus Shale [J] . SPE Journal, 2020, 25: 788-799.

[113] Zhang M , Chakraborty, Nirjhor , et al. Numerical and Experimental Analysis of Diffusion and Sorption Kinetics Effects in Marcellus Shale Gas Transport [C] . Paper presented at the SPE Reservoir Simulation Conference, Galveston, Texas, USA, April 2019.

[114] Zhu, Y X , Timothy C. Interpretation of Hydraulic Fractures Based on Microseismic Response in the Marcellus Shale, Monongalia County, West Virginia, USA : Implications for Shale Gas Production [J] .

SPE Reservoir Evaluation & Engineering，2020，23：1265-1278.

［115］A Zielinski R E. Physical and chemical characterization of Devonian gas shale：Mound Laboratories，MLM-M-ML-79-43-0004，1977.

［116］Zielinski R E，McIver R D. Resource and exploration assessment of the oil and gas potential in the Devonian gas shales in the Appalachian Basin：DOE/DP-0053-1125；MLM-MU-86-61-0002，1981.

［117］Zielinski R E，McIver R D. Resource and exploration assessment of the oil and gas potential in the Devonian gas shales of the Appalachian Basin：MLM-MU-82-61-0002，DOE/DP/0053-1125，1982.

［118］Zielinski R E，Nance S W. Physical and chemical characterization of Devonian gas shale，quarterly status report（January 1-March 31，1970：MLM-ML-79-43-0004，MLM-EGSP-TPR-Q-009，1979.

［119］Zinn C，Blood D R，Morath P. Evaluating the impact of wellbore azimuth in the Marcellus shale［C］// SPE149468 presented at the SPE Eastern Regional Meeting. Colombus，Ohio，USA：Society of Petroleum Engineers，2011：1-8.